Benjamin Nowak

MÉMO VISUEL D'AGRONOMIE

Enjeux et défis de l'agriculture expliqués en 100 infographies

DUNOD

NOUS NOUS ENGAGEONS EN FAVEUR DE L'ENVIRONNEMENT :

PAPIER CERTIFIÉ

Nos livres sont imprimés sur des papiers certifiés pour réduire notre impact sur l'environnement.

Le format de nos ouvrages est pensé afin d'optimiser l'utilisation du papier.

Depuis plus de 30 ans, nous imprimons 70 % de nos livres en France et 25 % en Europe et nous mettons tout en œuvre pour augmenter cet engagement auprès des imprimeurs français.

Nous limitons l'utilisation du plastique sur nos ouvrages (film sur les couvertures et les livres).

Crédits iconographiques : LIORIKI/Shutterstock : pp. 13, 47, 87 et 99. HN Works/shutterstock : pp. 75 et 87. KRIBOX/Shutterstock : p. 87, Pensiri/Shutterstock : p. 87, majivecka/Shutterstock : p. 87, Vorobiov Oleksii 8/Shutterstock : p. 113, Zhenyakot/Shutterstock : p. 113

Illustration de couverture et de table des matières : Arc Tina/Shutterstock
Conception graphique de la couverture : Florie Bauduin
Direction artistique : Nicolas Wiel
Mise en page : Belle Page

11 rue Paul Bert, 92240 Malakoff
www.dunod.com

ISBN 978-2-10-086178-1

« Je parle d'un sentiment plus proche de la notion portugaise de *saudade*, une personne, un lieu ou un sentiment de la vie irrémédiablement perdu ; une ombre intime qui vous accompagne partout et qui, même si vous l'oubliez le plus souvent, peut à tout moment vous déchirer le cœur, une sentimentalité obstinée, une violente colère à l'idée que vous n'êtes pas là où vous aimeriez être, une mélancolie irrationnelle et enfantine, née de la conviction que vous vous êtes vous-même induit en erreur et dupé en épousant un mode de vie auquel vous n'avez jamais réussi à adhérer complètement. »

Jim Harrison, *En marge*

Remerciements

Merci aux éditions Dunod, notamment Aurélie Cauvin et Anthony Volle, pour l'aide et les conseils apportés lors de la rédaction de cet ouvrage. Pour Bérengère et pour Hector, qui est toujours le premier à découvrir mes nouvelles illustrations le matin.

Table des matières

Introduction

Pour mon fils, les cours de mathématiques ont commencé l'année dernière, dès sa première année d'école maternelle, et vont se poursuivre pendant encore de longues années d'école. Si les mathématiques constituent une matière connue de tous les élèves, ce n'est pas le cas de toutes les disciplines. Les enseignements d'agronomie apparaissent bien plus tard dans les cursus scolaires, laissant ainsi parfois les apprenants perplexes.

DÉFINITION DE L'AGRONOMIE

Au sens large, l'agronomie est la discipline scientifique relative à la production agricole mais, de manière similaire à la définition stricte de l'agriculture qui exclut l'élevage, l'agronomie désigne le plus souvent la science qui étudie les productions végétales. C'est cette seconde définition, plus restreinte, qui est la plus communément admise en France. **L'agronomie s'appuie sur des disciplines variées** comme l'écologie, la génétique ou encore l'écophysiologie. Mais l'agronomie est une science appliquée, dont la finalité est d'optimiser la conduite des cultures pour en obtenir une production. Pour cette raison, l'agronomie a parfois été qualifiée d'« écologie du champ cultivé » . Des outils et des méthodes spécifiques, comme le diagnostic agronomique présenté dans la première partie de cet ouvrage, ont ainsi été mis au point pour décomposer les interactions entre les pratiques agricoles, les caractéristiques du milieu et les peuplements végétaux cultivés, afin de comprendre l'élaboration des différentes composantes du rendement (le nombre de plantes, le nombre d'épis, le nombre de grains, etc.) au cours d'une saison culturale. Le caractère appliqué de la discipline implique aussi que l'agronomie doit mobiliser des méthodes et des outils issus des sciences humaines et sociales, comme l'économie, la géographie ou encore la sociologie pour analyser le fonctionnement et les interactions entre les acteurs impliqués dans les filières de production, des agriculteurs aux industries agro-alimentaires. Par exemple, la mise en œuvre de pratiques non optimales pour les cultures peut s'expliquer par des contraintes organisationnelles, comme un manque de main-d'œuvre disponible pour effectuer les travaux agricoles.

PLAN DU LIVRE

À travers différents cas d'étude, cet ouvrage montre différentes applications du raisonnement agronomique. Les études de cas présentées sont illustrées par des visualisations de données issues d'analyse de bases de données agricoles ou inspirées de résultats marquants présentés dans la littérature scientifique. Un exemple de visualisation de données est présenté sur la figure ci-contre, qui résume **les principaux termes associés à l'agronomie**. Ces mots ont été extraits puis analysés à la suite d'une recherche internet portant sur la définition de la discipline.

La définition de l'agronomie

L'**agronomie** est la discipline scientifique relative aux processus concernant l'agriculture, et en particulier aux **productions végétales**.

Centrée sur la production agricole, l'agronomie est une science appliquée.

Elle mélange des concepts issus des disciplines fondamentales relatives au **fonctionnement des plantes** (écophysiologie, génétique, etc.), mais aussi des sciences humaines et sociales pour comprendre les **déterminants des pratiques agricoles.**

Les exemples illustrés dans ce livre montrent la diversité des thématiques abordées par les agronomes.

Le nuage de mots ci-dessous résume les termes qui reviennent le plus fréquemment dans la définition de l'agronomie.

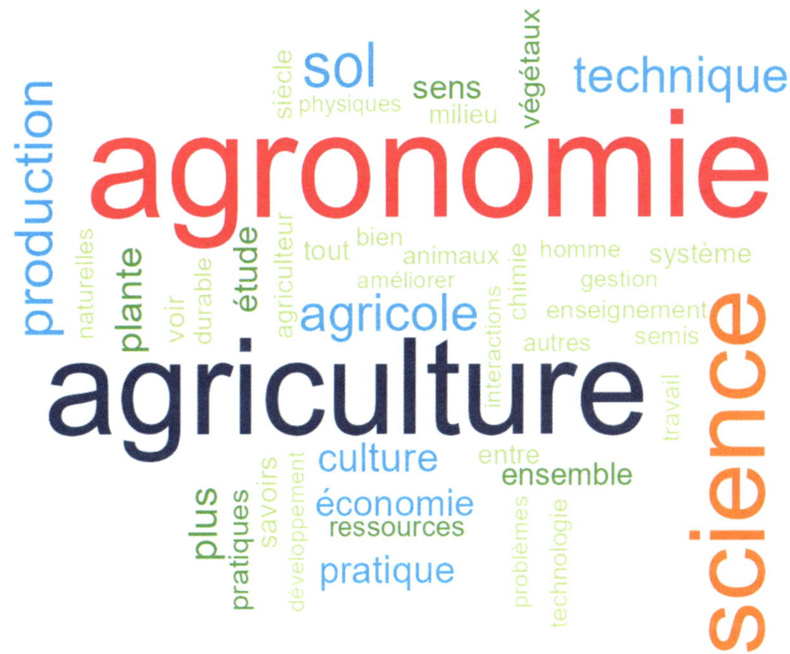

Partie 1
12 000 ans d'agriculture

DES PREMIERS SYSTÈMES AGRICOLES AUX SYSTÈMES AGRICOLES ACTUELS

L'évolution des systèmes agricoles

Au cours des 12 000 dernières années, le développement de l'agriculture a permis d'augmenter fortement la population humaine. Le nombre maximal de personnes qui peuvent être nourries par l'agriculture dépend de l'étendue des surfaces agricoles cultivées, mais aussi des mécanismes de renouvellement de la fertilité des sols. Ces deux éléments ont longtemps été dépendants l'un de l'autre.

LES PREMIERS SYSTÈMES AGRICOLES

Dans les premiers systèmes de cultures sur abattis-brûlis, le renouvellement de la fertilité des sols était assuré par une alternance entre plusieurs dizaines d'années de jachères forestières suivies d'un défrichement par brulis puis mise en culture pour quelques années de récolte avant retour en jachère. Ces premiers systèmes agricoles ont permis de nourrir une population plus importante par rapport à la chasse et à la cueillette, **mais la densité maximale de population était limitée en raison de la surface de jachère nécessaire** pour assurer le maintien de la fertilité des sols.

Les civilisations hydro-agricoles des vallées de Mésopotamie, de l'Indus et du Nil ont pu atteindre des densités de populations bien plus élevées. Par rapport aux systèmes sur abattis-brûlis, ces systèmes ont permis de passer d'une vingtaine de personnes à 100 hab./km^2, grâce à un renouvellement de la fertilité des sols basé sur les crues des fleuves. Des cultures de décrue étaient ensuite semées au fur et à mesure du retrait des eaux. Mais ces systèmes agricoles bénéficiaient de conditions particulières, et n'ont pu être mis en place que sur de faibles surfaces.

LA COMPLÉMENTARITÉ ENTRE CULTURES ET TROUPEAUX

Historiquement, le renouvellement de la fertilité des sols a longtemps été assuré par **la complémentarité entre les cultures et les troupeaux**. Pendant l'Antiquité, les troupeaux pâturent le ***saltus*** pendant la journée, une zone semi-naturelle composée de landes non cultivées et réservées au pacage des animaux d'élevage. Après le pâturage, les troupeaux vont passer la nuit sur les champs de l'***ager***, terme qui désigne l'ensemble des terres cultivées qui vont ainsi être amendées avant l'implantation des cultures. Mais ce système nécessitait d'importantes périodes de jachères, pour que le parcage des troupeaux ne détruise pas les cultures en place. La révolution agricole de Moyen Âge va permettre d'optimiser les transferts de fertilité du ***saltus*** vers l'***ager***. Avec le développement de la forge, des chariots lourds vont être utilisés pour transporter les fourrages du ***saltus*** jusqu'aux troupeaux. Tous les fumiers produits vont ainsi pouvoir être récupérés, puis transportés jusqu'à l'***ager***. Le développement du travail du sol lourd, comme le labour, est une autre évolution marquante de ces systèmes.

L'évolution des surfaces cultivées de -4 000 à 1800

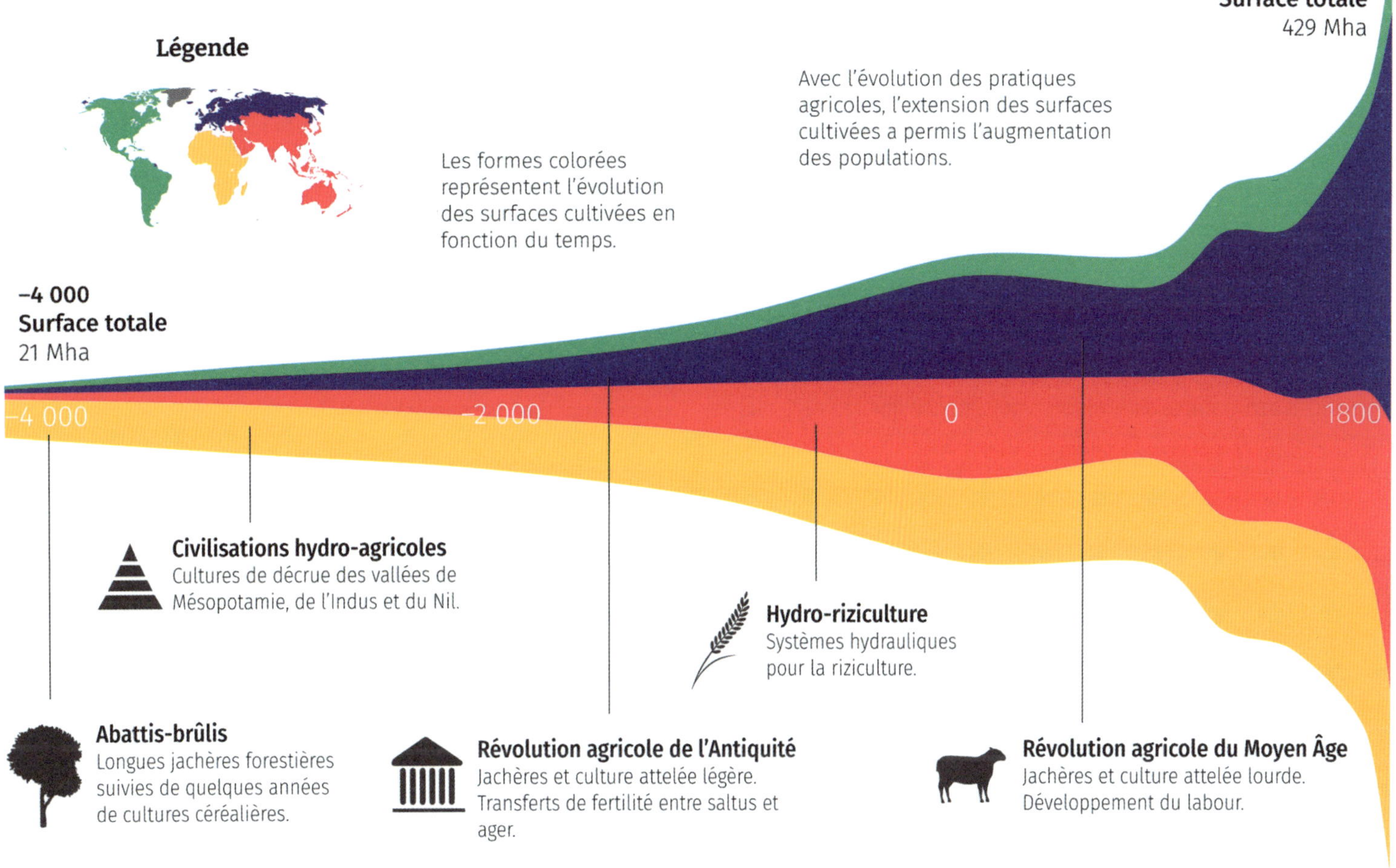

Le renouvellement de la fertilité des sols

Les **mécanismes de renouvellement de la fertilité des sols ont été au cœur de la conception des premiers systèmes agricoles**. Les périodes de cultures alternaient avec des jachères, périodes pendant lesquelles les déjections produites par les troupeaux étaient apportées au sol. Avec le développement des chariots lourds qui permettent de transporter les fumiers des troupeaux sans être dépendant du parcage nocturne des animaux sur l'ager, les périodes de jachères vont pouvoir être réduites : on passe de l'**assolement biennal de l'Antiquité** à l'**assolement triennal du Moyen Âge** (voir ci-contre).

DE L'ENTRETIEN DE LA FERTILITÉ DES SOLS…

Support de culture des plantes, le sol est l'un des sujets d'étude privilégiés des agronomes, qui ont longtemps pensé que les végétaux se nourrissaient directement des particules solides du sol. Au XVIIIe siècle, le chimiste allemand Franz Karl Achard définit l'humus du sol comme un « précipité sombre issu d'une extraction à pH alcalin ». Quelques décennies plus tard, dans ses ***Principes raisonnés d'agriculture***, Albrecht Thaër développe la théorie de l'humus selon laquelle « la matière sèche des plantes est dérivée de l'humus des sols ».

… À LA GESTION DE LA NUTRITION DES CULTURES

Cette théorie va être remise en cause par Justus von Liebig, qui va montrer que les plantes ne se nourrissent pas directement des particules de sol, mais plutôt des éléments nutritifs issus de la minéralisation de la matière organique. Il va alors définir deux grandes lois qui vont avoir un fort impact dans le développement de l'agriculture.

La **loi de restitution** définit la quantité minimale d'éléments nutritifs à apporter au sol pour maintenir les rendements : « Il suffirait donc, pour rendre au sol ce que le froment lui a enlevé, de lui appliquer. »

La **loi du minimum** introduit la notion de facteur limitant, c'est-à-dire que les rendements des cultures sont limités par l'élément qui est présent en quantité la plus faible (par rapport aux besoins des plantes) : « L'insuffisance d'un élément assimilable dans le sol réduit l'efficacité des autres éléments, et, par suite, diminue le rendement des récoltes. » Cette dernière loi a fréquemment été illustrée par l'image d'un tonneau dont l'armature est composée de lames de bois de différentes tailles. Quelle que soit la taille des autres lames de bois, le volume d'eau maximal que peut contenir le tonneau sera toujours limité par la taille de la lame la plus petite : c'est le facteur limitant. Par analogie, pour les cultures, le rendement sera d'abord limité par l'élément dont l'offre sera la plus faible par rapport au besoin de la plante. Les découvertes de von Liebig concernant la nutrition des plantes vont entraîner le **développement de l'industrie des engrais**.

L’évolution des assolements

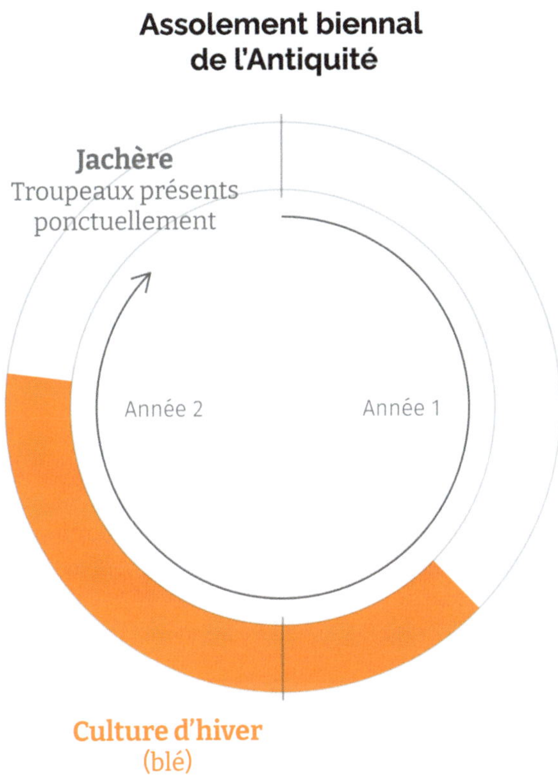

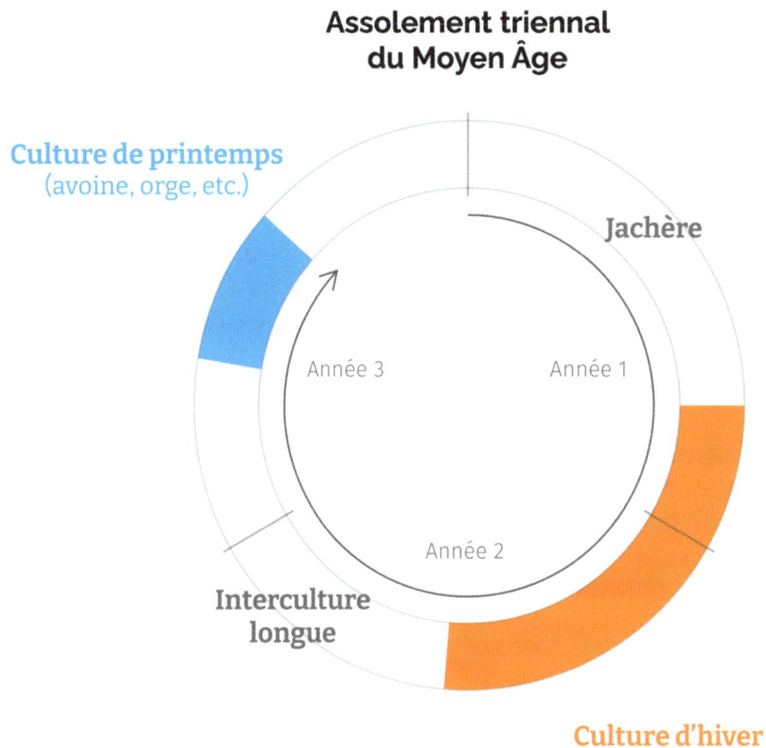

Le développement des engrais

Avec les lois de Liebig, les agronomes vont comprendre que certains éléments sont plus importants que les autres pour garantir la nutrition des cultures et ainsi assurer les rendements agricoles. Alors que les systèmes agricoles précédents étaient plutôt basés sur l'enrichissement du sol, avec la complémentarité entre l'***ager*** et le ***saltus*** citée précédemment par exemple, l'industrie des engrais va fortement se développer au XIXe siècle.

NOURRIR LE SOL OU NOURRIR LES PLANTES

En agronomie, **les amendements désignent l'ensemble des produits dont l'épandage vise principalement à améliorer les caractéristiques du sol** (comme les fumiers, qui vont apporter de la matière organique ou la chaux, qui va permettre de lutter contre l'acidification naturelle des sols). **Les engrais, quant à eux, sont des produits qui vont apporter des éléments minéraux (principalement l'azote, le phosphore et le potassium) sous des formes directement utilisables par les plantes**, sans passer par une phase de minéralisation dans le sol. Il est important de préciser ici que, pour les engrais, ce qui compte est bien la teneur en éléments minéraux assimilables par les plantes, et non la teneur totale. Par exemple, certaines roches peuvent présenter des teneurs élevées en phosphore mais, en l'absence d'un traitement chimique préalable pour augmenter la solubilité de cet élément, il va rester inerte dans le sol, non accessible pour les plantes. De façon générale, les éléments minéraux doivent être en solution dans la phase liquide du sol pour pouvoir être prélevés par les racines.

LES PREMIERS ENGRAIS

Alors que les apports des amendements organiques, comme les fumiers, ne sont plus suffisants pour garantir des rendements agricoles qui répondent aux besoins d'une population mondiale grandissante, le XIXe siècle va donc être marqué par la recherche des produits pouvant être utilisés comme engrais. L'ivoire, ou encore les ossements, ont été parmi les premiers engrais utilisés en agriculture pour couvrir les besoins en phosphore des plantes. Il a même été envisagé d'utiliser la terre des cimetières pour combler les besoins des cultures. Plus tard, les scories Thomas, co-produits issus de la fabrication de l'acier, ont été utilisées pour fertiliser et chauler simultanément les champs. Mais dans cette quête aux engrais, un produit a occupé une place particulière : le guano. **Le guano est un engrais organique très efficace**, contenant plus de 10 % d'azote et de phosphore, qui est formé par le dépôt des fèces de certains oiseaux sur la côte Pacifique de l'Amérique du Sud. L'intérêt de cette ressource était connu des civilisations andines, avec des traces d'utilisation du guano qui remontent à plus de 3 000 ans. Au XIXe siècle, **le guano était extrait des îles du Pacifique pour être exporté en Europe et épandu dans les champs**. Des tensions concernant la propriété des îles où le guano était abondant ont alors conduit à la Guerre du Pacifique (1879-1884) qui oppose le Chili au Pérou et à la Bolivie. À la suite de cette guerre, remportée par le Chili, les frontières de la Bolivie ont été redéfinies et le pays a perdu son accès à l'océan Pacifique.

L'exploitation du guano en Amérique du Sud

Données : Morel (1876)

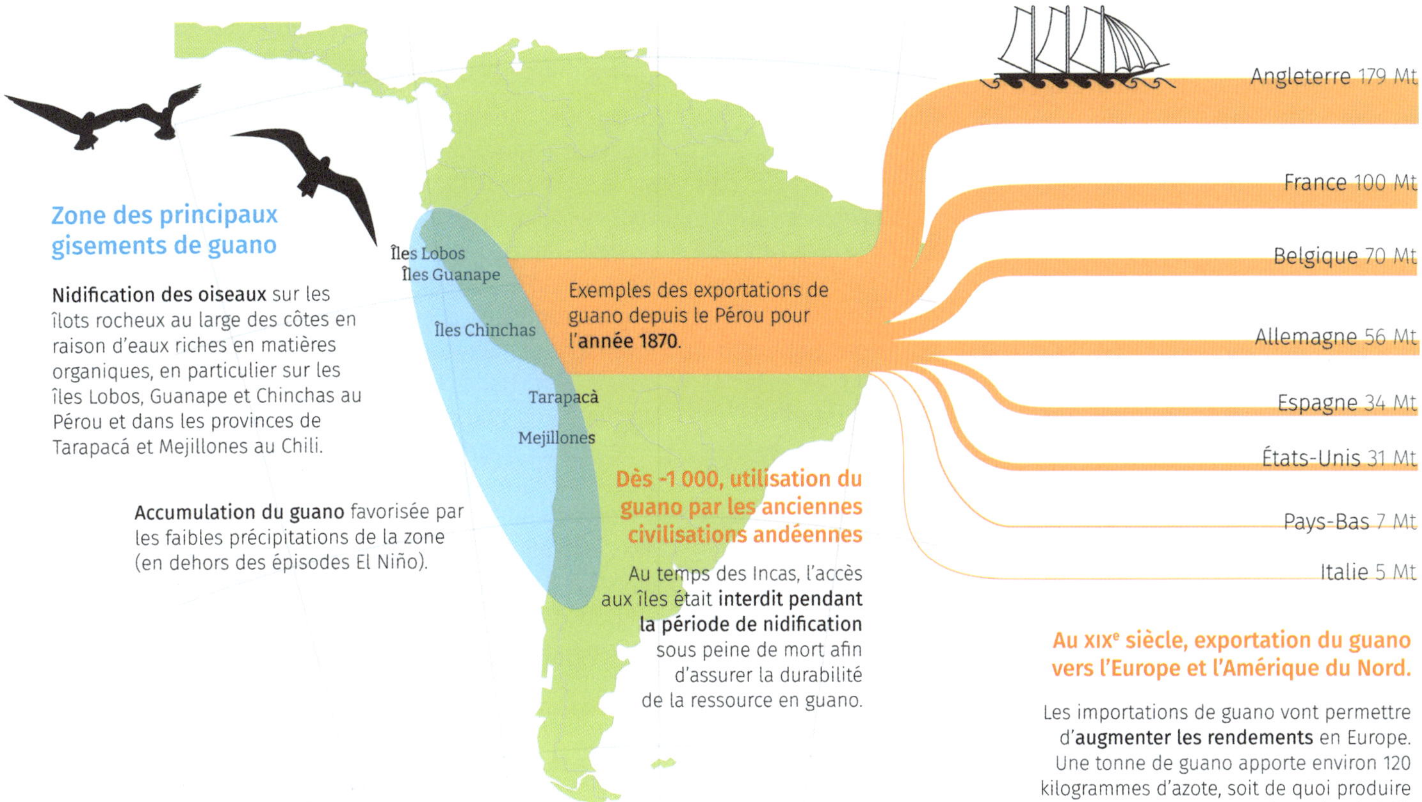

Zone des principaux gisements de guano

Nidification des oiseaux sur les îlots rocheux au large des côtes en raison d'eaux riches en matières organiques, en particulier sur les îles Lobos, Guanape et Chinchas au Pérou et dans les provinces de Tarapacá et Mejillones au Chili.

Accumulation du guano favorisée par les faibles précipitations de la zone (en dehors des épisodes El Niño).

Dès -1 000, utilisation du guano par les anciennes civilisations andéennes

Au temps des Incas, l'accès aux îles était **interdit pendant la période de nidification** sous peine de mort afin d'assurer la durabilité de la ressource en guano.

Au XIXe siècle, exportation du guano vers l'Europe et l'Amérique du Nord.

Les importations de guano vont permettre d'**augmenter les rendements** en Europe. Une tonne de guano apporte environ 120 kilogrammes d'azote, soit de quoi produire **quatre tonnes de grains de blé.**

Les engrais azotés de synthèse

Au XIXe siècle, les importations de guano depuis l'Amérique du Sud vers l'Europe ont permis d'augmenter la productivité agricole, et de soutenir la croissance de la population. Mais les stocks de cette ressource étaient limités et **des famines risquaient alors d'apparaître avec l'épuisement des engrais azotés**.

LA FIXATION INDUSTRIELLE DE L'AZOTE

Une nouvelle invention allait fournir une source quasi illimitée d'azote. Le diazote (N_2) représente 80 % de l'atmosphère terrestre mais très peu d'organismes peuvent utiliser cette forme stable. La fixation de l'azote est un procédé très coûteux en énergie pour rompre la triple liaison qui lie les deux atomes d'azote. Ainsi, pour la fertilisation des cultures, les engrais azotés apportent l'azote sous des formes réactives, assimilables par les plantes, comme l'ammonium (NH_4^+) et surtout le nitrate (NO_3^-). La recherche d'un procédé industriel capable de fixer l'azote de l'air était un enjeu crucial au début du XXe siècle. En effet, outre leur importance en agriculture, les formes réactives de l'azote sont également un enjeu militaire car elles sont utilisées dans la production d'explosifs, l'acide nitrique étant l'un des précurseurs de la nitroglycérine et du trinitrotoluène (TNT). En 1913, l'Allemagne avait importé 800 000 tonnes de nitrates en provenance du Chili. L'année suivante, après l'entrée en guerre de l'Allemagne, un blocus stoppa net ces importations. Cette mesure aurait pu accélérer la capitulation de l'Allemagne sans la découverte précédemment réalisée par Fritz Haber.

L'HÉRITAGE CONTRASTÉ DE FRITZ HABER

Le chimiste allemand Haber a été le premier à réussir la fixation industrielle du diazote atmosphérique, comme l'atteste le dépôt de son brevet sur la synthèse de l'ammonium depuis ses éléments en 1908. Par la suite, cette découverte sera industrialisée par Karl Bosch pour la société BASF pour être aujourd'hui connue sous le nom de **procédé Haber-Bosch**. Il a été estimé qu'environ **la moitié de l'humanité était nourrie grâce aux engrais azotés** issus du procédé Haber-Bosch, ce qui en fait l'une des inventions les plus importantes de l'histoire de l'humanité. Pour leurs travaux, Fritz Haber et Karl Bosch ont tous les deux reçu le prix Nobel de chimie, en 1918 et 1931 respectivement. Mais, si la fixation de l'azote a permis de nourrir des milliards de personnes, d'autres travaux de Haber ont entraîné des conséquences beaucoup plus funestes. Fervent soutien du militarisme allemand, il contribua au développement des gaz de combat qui causèrent plusieurs centaines de milliers de morts durant la Première Guerre mondiale et supervisa lui-même la première utilisation du dichlore lors de la bataille d'Ypres. Forcé à l'exil par l'arrivée d'Hitler au pouvoir, Haber termina sa vie en Suisse.

La fixation industrielle de l'azote atmosphérique par le procédé Haber-Bosch

Données : Erisman *et al.* (2008)

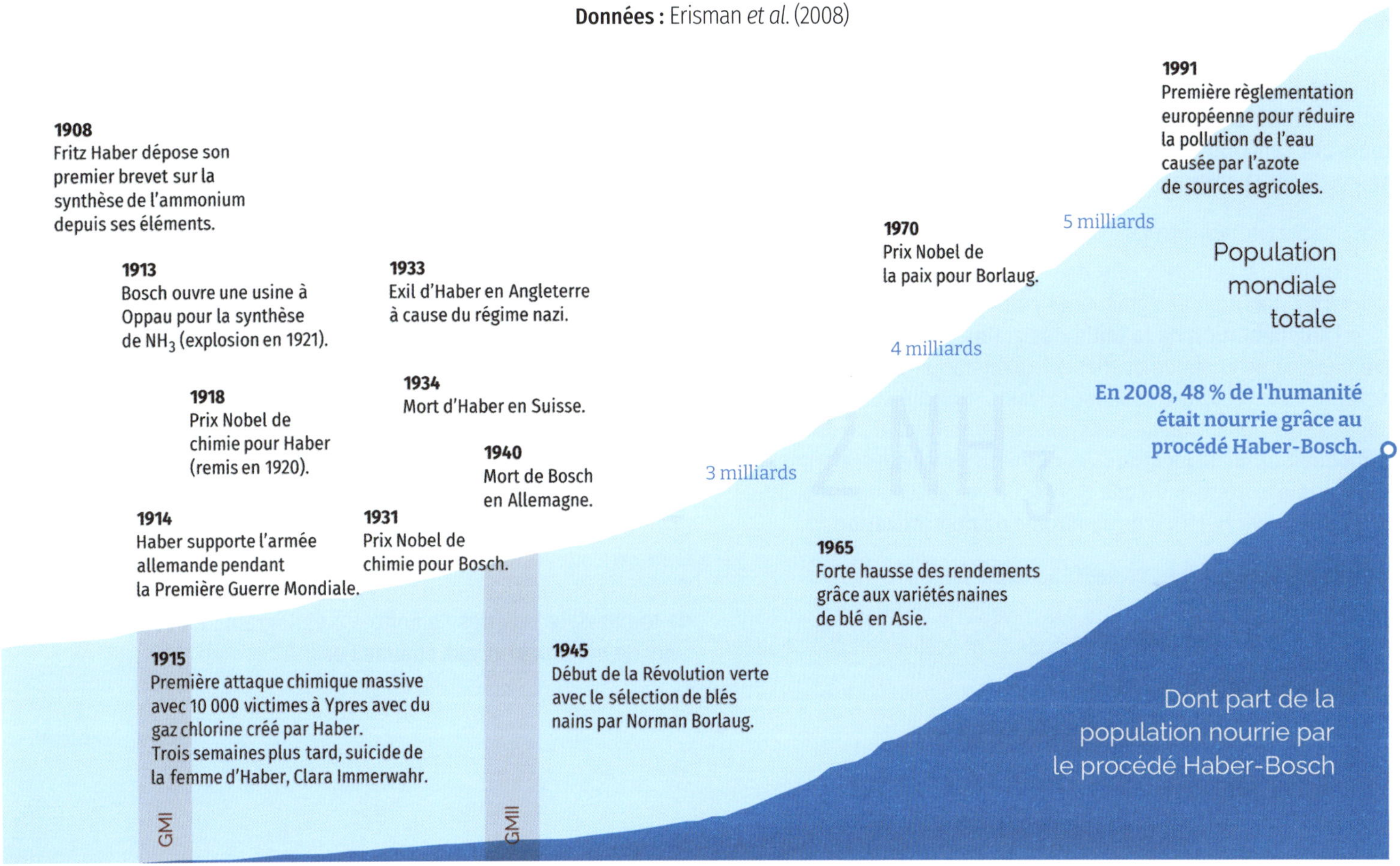

La sélection des variétés cultivées

En regardant en détail la figure précédente, on peut voir que, si le procédé Haber-Bosch a été inventé au début du XXe siècle, la population mondiale n'augmente fortement qu'après la fin de la Seconde Guerre mondiale. **En plus du développement des engrais azotés, d'autres facteurs ont contribué à l'augmentation des rendements agricoles**, à commencer par la sélection variétale.

L'ÉVOLUTION DES VARIÉTÉS

Depuis les débuts de l'agriculture, deux des principales caractéristiques associées à l'évolution des graminées cultivées, comme le blé tendre, ont été **l'augmentation de la taille des grains** et **la solidité des épis**. La première caractéristique est liée à l'amélioration de la viabilité des semences et à la réussite des semis suivants, alors que la seconde empêche la dispersion naturelle des graines, permettant ainsi de récolter à un moment optimal, lorsque la maturité des grains est atteinte. Les différences qui existent entre une plante cultivée et son ancêtre sauvage sont résumées par le terme de **syndrome de domestication**.

LE DÉVELOPPEMENT DES VARIÉTÉS MODERNES

Dans les années 1950, au Mexique, les travaux de Norman Borlaug sur la sélection du blé vont permettre de fixer de nouvelles caractéristiques intéressantes comme **les gènes nanisant, qui vont limiter la taille des tiges**. Ces gènes interférents avec l'action ou la production des gibbérellines, des hormones végétales qui contrôlent la croissance des plantes. L'intérêt de ces gènes est double. **Ils limitent le risque de verse**, accident de culture qui intervient principalement en fin de cycle de végétation et au cours duquel la culture se couche sur le sol sous le poids des grains. Les tiges des anciennes variétés n'étaient pas assez solides pour supporter le poids des épis des variétés à haut rendement. Ils permettent surtout à la plante de garder plus de ressources pour la formation et le remplissage des grains, ce qui se traduit par **une augmentation de l'indice de récolte** (rapport entre le rendement commercialisable et la biomasse aérienne totale produite, exprimés en poids de matière sèche). L'apparition de ces variétés modernes a été l'un des piliers de la Révolution verte, qui désigne la période de forte augmentation de la productivité qu'a connue l'agriculture entre 1960 et 1990.

Avec tous les efforts portés aujourd'hui sur la sélection variétale, les prix de certaines semences les rendent difficilement accessibles à certains agriculteurs, notamment dans les pays en voie de développement. L'exemple ci-contre montre par exemple que, **pour certaines variétés de tomates, le prix des semences au kilogramme est plus élevé que celui de métaux précieux comme l'or**.

La sélection variétale

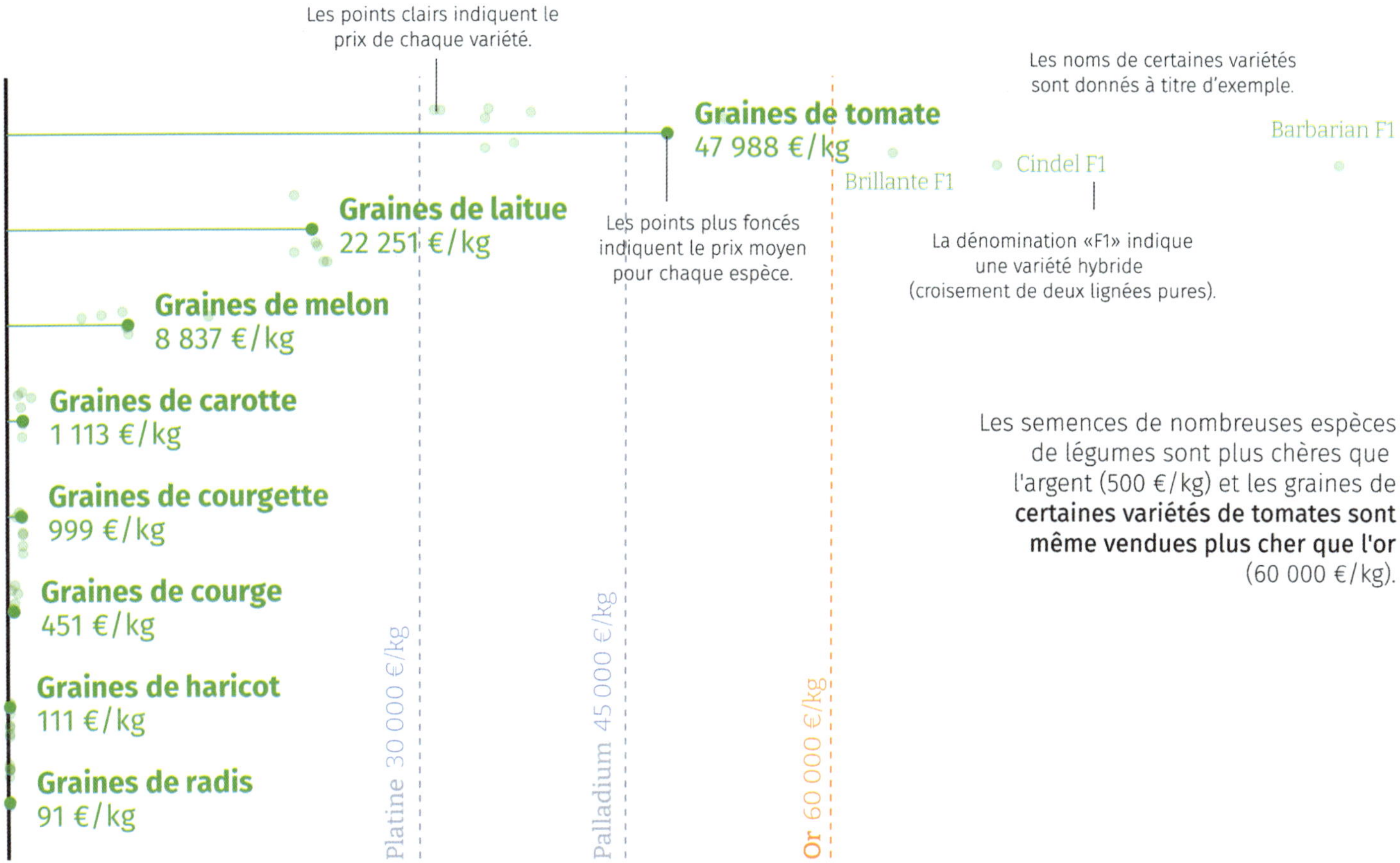

Les semences de nombreuses espèces de légumes sont plus chères que l'argent (500 €/kg) et les graines de **certaines variétés de tomates sont même vendues plus cher que l'or** (60 000 €/kg).

La diffusion des cultures (blé et maïs)

Données : FAOSTAT

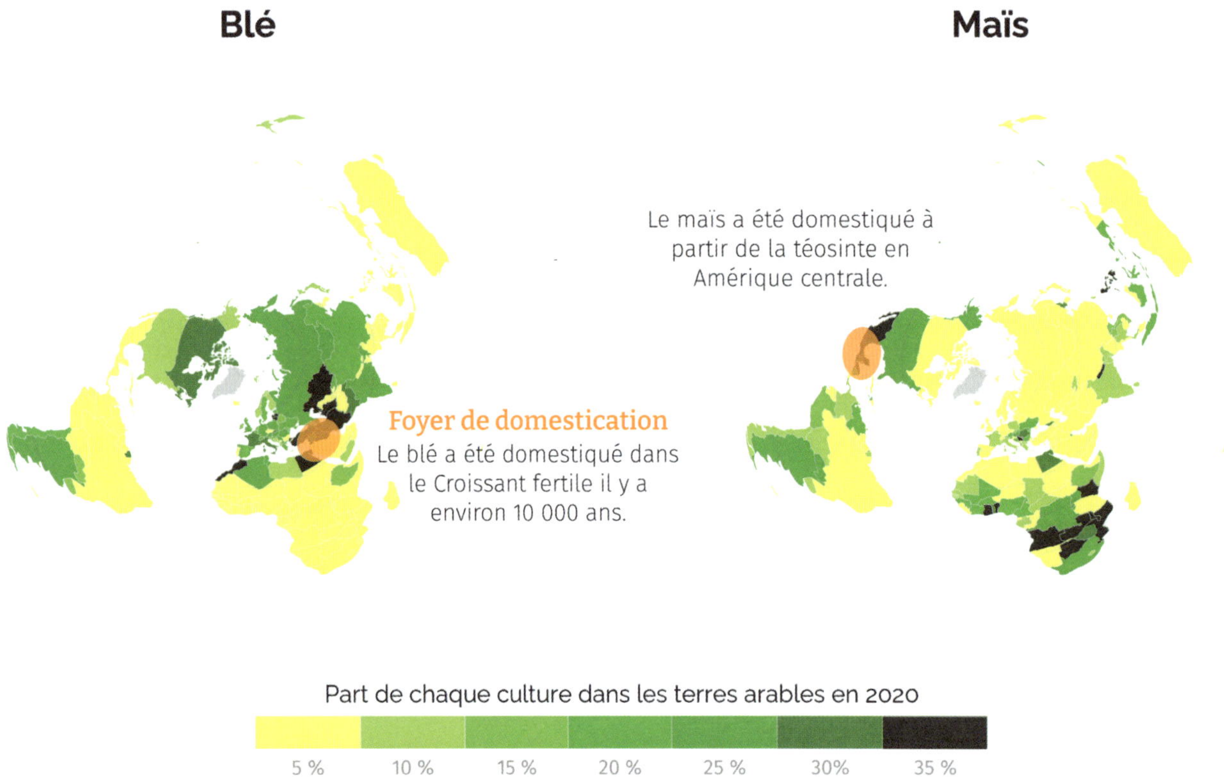

La diffusion des cultures (riz et soja)

Données : FAOSTAT

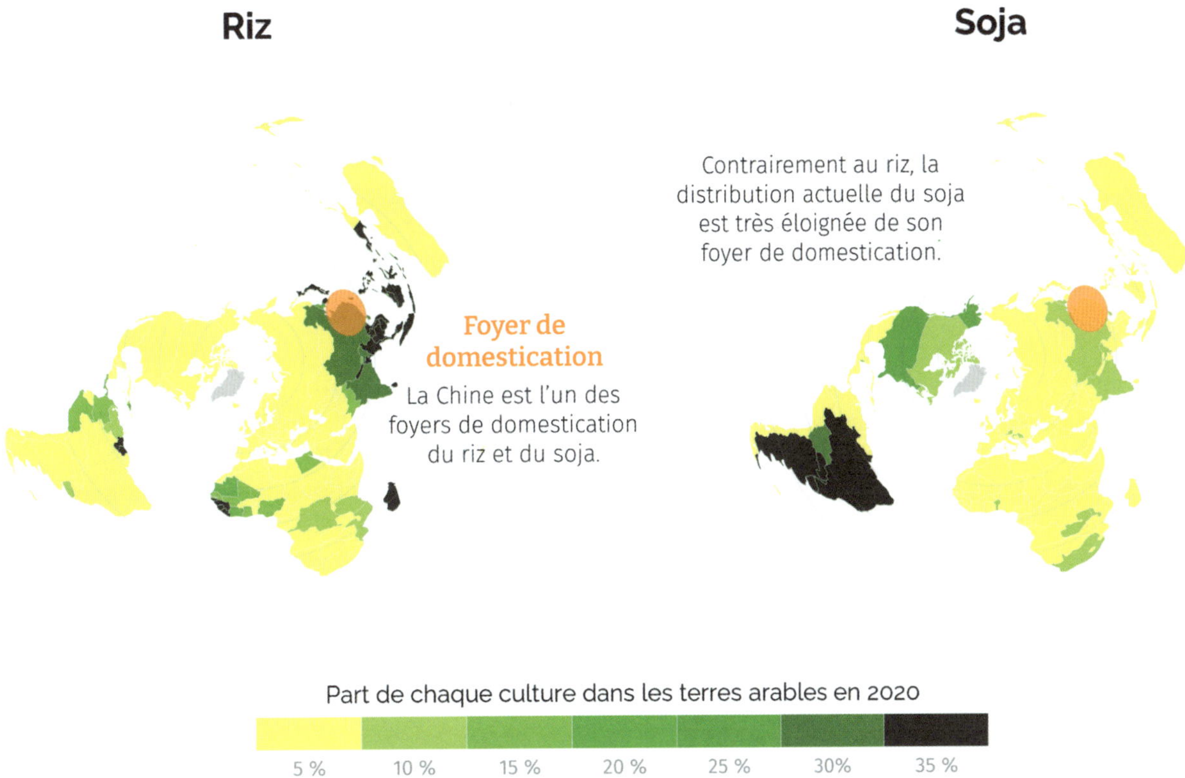

Le développement du machinisme agricole

Le **développement du machinisme agricole** est un autre pilier de la Révolution verte, avec l'utilisation des intrants comme les engrais azotés et la sélection de nouvelles variétés cultivées. Les premiers engins agricoles ont été conçus au XIXe siècle. La première machine agricole était destinée à la récolte des fourrages. C'était une faucheuse, construite par l'américain Cyrus Mac Cormick en 1829. Il réalisa ensuite la fabrication de la première moissonneuse-batteuse en 1834, avant de continuer à créer d'autres engins, dont des tracteurs. Si les premiers engins agricoles fonctionnaient grâce au moteur à vapeur inventé par James Watt, ils ont ensuite évolué pour intégrer le moteur à combustion interne, inventé en 1876. La diffusion des engins agricoles dans les exploitations s'est ensuite réellement accélérée au XXe siècle. Plusieurs étapes peuvent être distinguées dans le développement du machinisme agricole.

L'ÉVOLUTION DU MACHINISME AGRICOLE

Les animaux de traits utilisés pour les travaux des champs ont d'abord été remplacés par des tracteurs de faible puissance (10 à 30 chevaux-vapeur), qui tiraient les mêmes outils que les animaux. Les tracteurs ont ensuite été équipés de dispositifs de relevage, qui permettent de porter les outils plutôt que de les traîner, puis d'**une prise de force pour utiliser des outils animés grâce au moteur du tracteur.** La puissance des machines a continué à augmenter, avec l'apparition de tracteurs de 50 à 70 chevaux capables de tirer des charrues à trois socs et des outils capables de travailler sur de plus grandes largeurs, et donc de diminuer le nombre d'allers-retours nécessaires pour travailler un champ. Les machines de récoltes ont aussi évolué, avec l'apparition de moissonneuses-batteuses avec des largeurs de coupe de cinq à six mètres. Aujourd'hui, la puissance des tracteurs peut atteindre plusieurs centaines de chevaux. Mais il existe aussi des questionnements sur la rentabilité de tels engins, surdimensionnés par rapport aux travaux des champs, ainsi que l'impact de ces machines sur les sols. **Les tracteurs agricoles les plus vendus en France développent entre 100 et 149 chevaux**. En parallèle de l'évolution de la puissance des machines, beaucoup d'améliorations ont été apportées à la sécurité de ces engins. Les accidents de tracteur sont en effet la principale cause de mortalité accidentelle chez les agriculteurs. Pour diminuer ce risque, des structures de protection contre le retournement, sortes d'arceaux métalliques censés éviter l'écrasement en cas de retournement, sont aujourd'hui présentes sur la grande majorité des tracteurs.

DE FORTES HÉTÉROGÉNÉITÉS ENTRE PAYS

Le niveau d'équipement varie fortement entre continents, avec notamment peu de tracteurs présents en Afrique par rapport aux autres continents. Si le machinisme agricole s'est d'abord développé en Amérique du Nord, l'Europe est aujourd'hui le continent où le niveau d'équipement est le plus élevé. Mais même en Europe, on relève aussi d'importantes différences entre pays comme nous allons le voir plus loin.

L'évolution du machinisme agricole dans le monde de 1961 à 2015

Hétérogénéités continentales en 2015
Plus la taille du cercle est importante,
plus la mécanisation est développée.

Les données sont exprimées en **chevaux-fiscaux par hectare** (CV/ha) et intègrent différents types de matériel : tracteurs, moissonneuses-batteuses, robots de traite, pompes, etc.

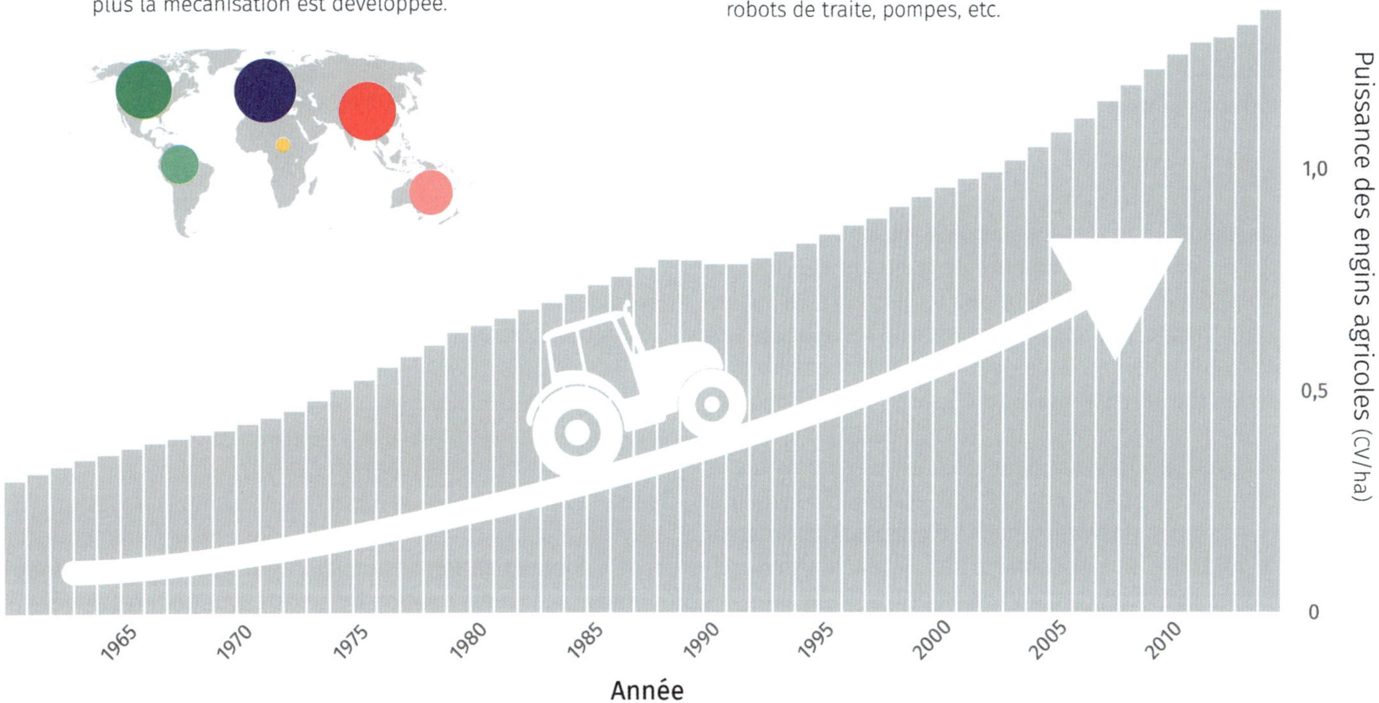

Le machinisme agricole en Europe

Si le développement du machinisme agricole a commencé plus tôt aux États-Unis, le tracteur ne s'est véritablement imposé dans toutes les exploitations qu'à partir des années 1960 en Europe. Mise en place en 1962 dans l'objectif d'accroître la productivité de l'agriculture et de garantir la sécurité des approvisionnements, la première politique agricole commune (PAC), qui accordait aux agriculteurs des aides financières en fonction des quantités produites, a été l'un des leviers qui a permis aux agriculteurs européens d'investir dans le matériel agricole.

LE DÉVELOPPEMENT EN EUROPE

Comme montré sur la figure ci-contre, le nombre de tracteurs a donc eu tendance à augmenter dans les années 1960. Concernant les tendances plus récentes, **en France, le nombre de tracteurs agricoles en service stagne voire diminue légèrement** depuis plusieurs décennies, avec environ quatre tracteurs pour 100 hectares cultivés, alors que ce nombre continue d'augmenter en Italie, avec plus de 11 tracteurs pour 100 hectares cultivés. Il est fréquent d'avoir plusieurs tracteurs par exploitation, dont l'usage va varier selon leur puissance. Par exemple, le tracteur le plus puissant va être utilisé pour le labour, alors que le moins puissant sera utilisé pour les travaux de la ferme, comme l'alimentation des troupeaux. Par ailleurs, **différents modes d'organisation existent pour diminuer le poids des investissements dans le machinisme agricole.** Par exemple, les coopératives d'utilisation de matériels agricoles (CUMA) permettent à plusieurs agriculteurs d'acheter du matériel en commun puis de l'utiliser à tour de rôle, selon leurs besoins.

LES PROCHAINES TENDANCES

Les tracteurs continuent aujourd'hui d'évoluer. De nombreux tracteurs disposent d'un système de navigation par satellite et utilisent les constellations satellites, comme le GPS, pour se repérer précisément sur les parcelles agricoles. Couplés à la direction du tracteur, ces systèmes permettent l'automatisation de la conduite des tracteurs et diminuent ainsi grandement la pénibilité des travaux des champs même si, pour des raisons de sécurité, la présence d'un conducteur dans la cabine du tracteur reste encore obligatoire. Si les systèmes de navigation par satellite ont été ajoutés aux tracteurs, qui existaient déjà sur les exploitations agricoles, les fermes voient aussi apparaître de nouveaux engins entièrement automatisés. Par exemple, certaines sociétés commercialisent déjà des robots de désherbage complètement autonomes, qui utilisent l'intelligence artificielle pour se déplacer dans les parcelles. Certains vont pouvoir repérer les rangs de culture pour ne désherber que l'inter-rang (cas du désherbage mécanique), alors que d'autres vont être entraînés pour réaliser un désherbage localisé, uniquement lorsqu'une adventice aura été détectée (cas du désherbage chimique). Déjà entamée, **l'automatisation des travaux agricoles représente donc l'un des grands champs d'évolution du machinisme pour les années à venir**.

L'évolution du nombre de tracteurs en Europe depuis 1962

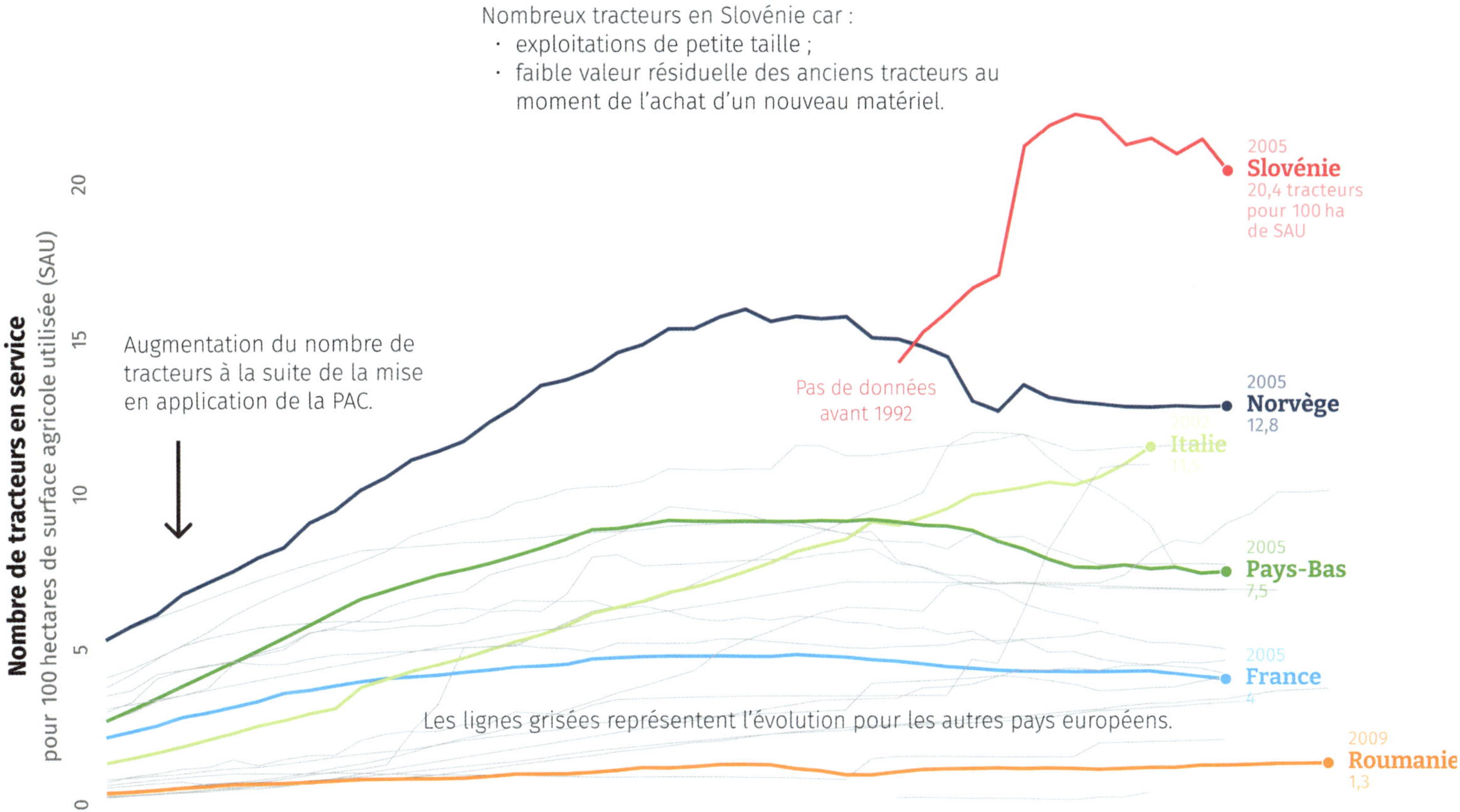

Le bilan énergétique de l'agriculture

Avec les changements mentionnés précédemment, **les systèmes agricoles ont été profondément modifiés au cours du siècle précédent**. La répartition de l'énergie consommée en relation avec les activités agricoles illustre bien ces changements, comme cela a été montré par les travaux de thèse de Souhil Harchaoui (voir figure ci-contre).

LE POIDS DES ENGINS AGRICOLES

Au début du xxe siècle, le principal poste de consommation d'énergie en agriculture est l'alimentation des agriculteurs et surtout des animaux de trait. Le développement du machinisme agricole va lentement bousculer cette répartition. L'adoption des tracteurs est d'abord limitée à quelques exploitations : pendant environ 60 ans, la consommation d'énergie par les animaux de trait a été nettement supérieure à des carburants agricoles. Comme mentionné dans les parties précédentes, c'est la mise en application de la première politique agricole commune (PAC) européenne qui va accélérer l'adoption des tracteurs agricoles en France dans les années 1960 grâce aux subventions associées pour la modernisation de l'agriculture. Mais le coût énergétique de l'utilisation des engins agricoles va très vite être dépassé par un autre poste : celui des engrais azotés issus du procédé Haber-Bosch.

LE POIDS DES ENGRAIS AZOTÉS

Comme pour l'investissement dans de nouveaux engins agricoles, les subventions accordées par la PAC vont aussi permettre aux agriculteurs d'acheter de nouveaux intrants pour augmenter la productivité des systèmes agricoles tels que des semences à plus haut potentiel de rendement (maïs hybride ou variétés naines de blé, par exemple) ou encore des engrais.

Le poids de la consommation d'énergie des engrais azotés va ainsi fortement augmenter. En effet, le diazote atmosphérique (N_2) étant une molécule très stable, en raison de la triple liaison qui relie les deux atomes d'azote, **la transformation industrielle du diazote en espèces réactives de l'azote nécessite beaucoup d'énergie**. On estime aujourd'hui que le procédé Haber-Bosch pour la fixation industrielle du diazote représente à lui seul **environ 2 % de la consommation totale d'énergie à l'échelle mondiale**.

L'EFFICIENCE ÉNERGÉTIQUE DE L'AGRICULTURE

Par rapport à ces deux grands postes que sont les carburants des engins agricoles et la fabrication des engrais azotés, l'alimentation des animaux de traits et des agriculteurs pèse très peu dans la consommation d'énergie totale de l'agriculture. D'autres postes de dépenses sont apparus, comme le chauffage des serres ou des bâtiments d'élevage mais l'efficience énergétique a globalement été améliorée : **la production nette d'énergie par l'agriculture française a été multipliée par trois entre 1882 et 2013**.

L'évolution de l'énergie dans l'agriculture en France entre 1900 et 2013

Données : Harchaoui (2019)

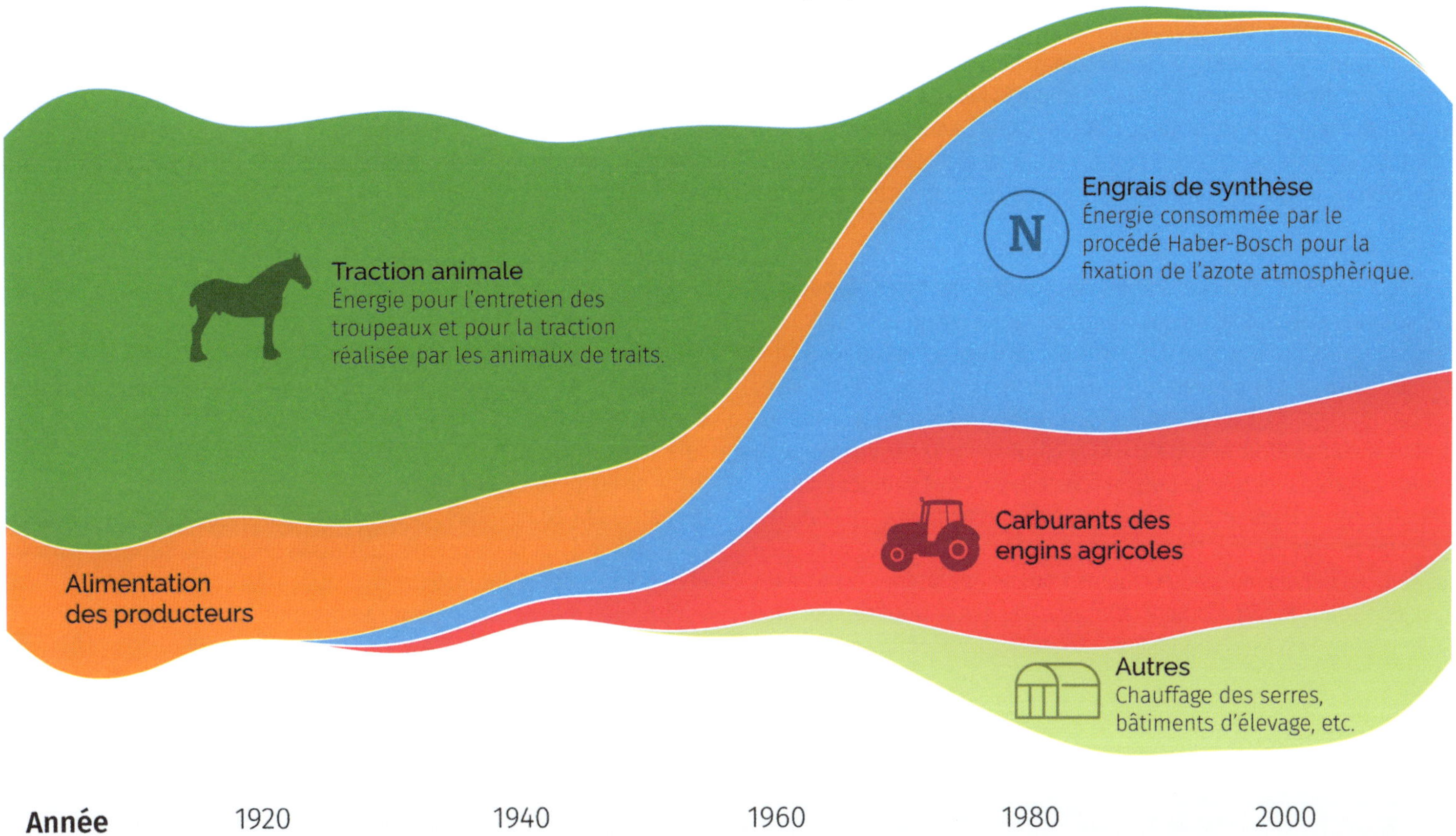

L'assolement

Auparavant, l'assolement désignait à la fois la répartition des cultures et la rotation des cultures sur ces surfaces (comme l'assolement triennal du Moyen Âge présenté précédemment, par exemple). **Ce concept a évolué pour désigner aujourd'hui seulement la répartition des cultures sur la superficie agricole utilisée (SAU) pour une année donnée**. Cette superficie agricole est répartie en trois grands types d'occupation : les terres arables, les surfaces toujours en herbe et les cultures permanentes.

L'ASSOLEMENT DES CULTURES EN FRANCE

Étymologiquement, **les terres arables désignent les surfaces qui peuvent être soumises au travail du sol**, et regroupent ainsi une grande diversité d'utilisation. La majorité des surfaces cultivées est occupée par des grandes cultures, comme les céréales à paille (blé, orge, triticale, etc.) ou non (maïs grain), les oléagineux (plantes cultivées pour leurs huiles comme le colza, le tournesol, etc.) ou les protéagineux (légumineuses à graines comme la lentille, le pois, la féverole, etc.). Ces grandes cultures sont quasi exclusivement des espèces végétales annuelles, qui doivent être semées tous les ans. Mais les terres arables incluent aussi les prairies semées depuis moins de cinq ans, comme des prairies artificielles (avec une seule espèce, comme la luzerne) ou des prairies temporaires (mélange de graminées et de légumineuses). Réglementairement, une prairie semée depuis plus de cinq ans est considérée comme **une prairie permanente**. Elle est comptabilisée dans **les surfaces toujours en herbe**, avec les surfaces naturelles comme les landes ou les estives. **Les surfaces en cultures permanentes désignent les autres surfaces plantées avec des cultures pérennes comme les vignes et les vergers**, qui sont en place pour plus de cinq ans. Les terres arables occupent la majorité de la SAU en France, mais avec de forte variabilité entre régions comme on le verra dans les prochaines figures.

L'HOMOGÉNÉISATION DES ASSOLEMENTS

Avec l'évolution de l'agriculture, les cultures se sont diffusées à travers le monde si bien que **quatre cultures occupent aujourd'hui plus du tiers des terres arables** : les trois céréales principales (blé, maïs et orge) et le soja. Initialement domestiqué dans le Croissant fertile, au Proche-Orient, le blé se retrouve aujourd'hui dans quasiment tous les pays du monde. Le maïs a été domestiqué au Mexique à partir de la téosinte, pour devenir aujourd'hui la deuxième culture en termes de surfaces cultivées et la première pour les quantités récoltées. Au contraire du blé, le maïs est principalement utilisé pour l'alimentation des troupeaux.

Qui cultive quoi ?

Comment lire la carte?

Les **cercles grisés** représentent les **terres arables** de chaque pays.
Les **cercles colorés** montrent la superficie récoltée pour **la culture la plus cultivée.**

La superficie récoltée peut dépasser celle des terres arables, car certaines cultures peuvent faire l'objet d'une seconde récolte au cours d'une même année.

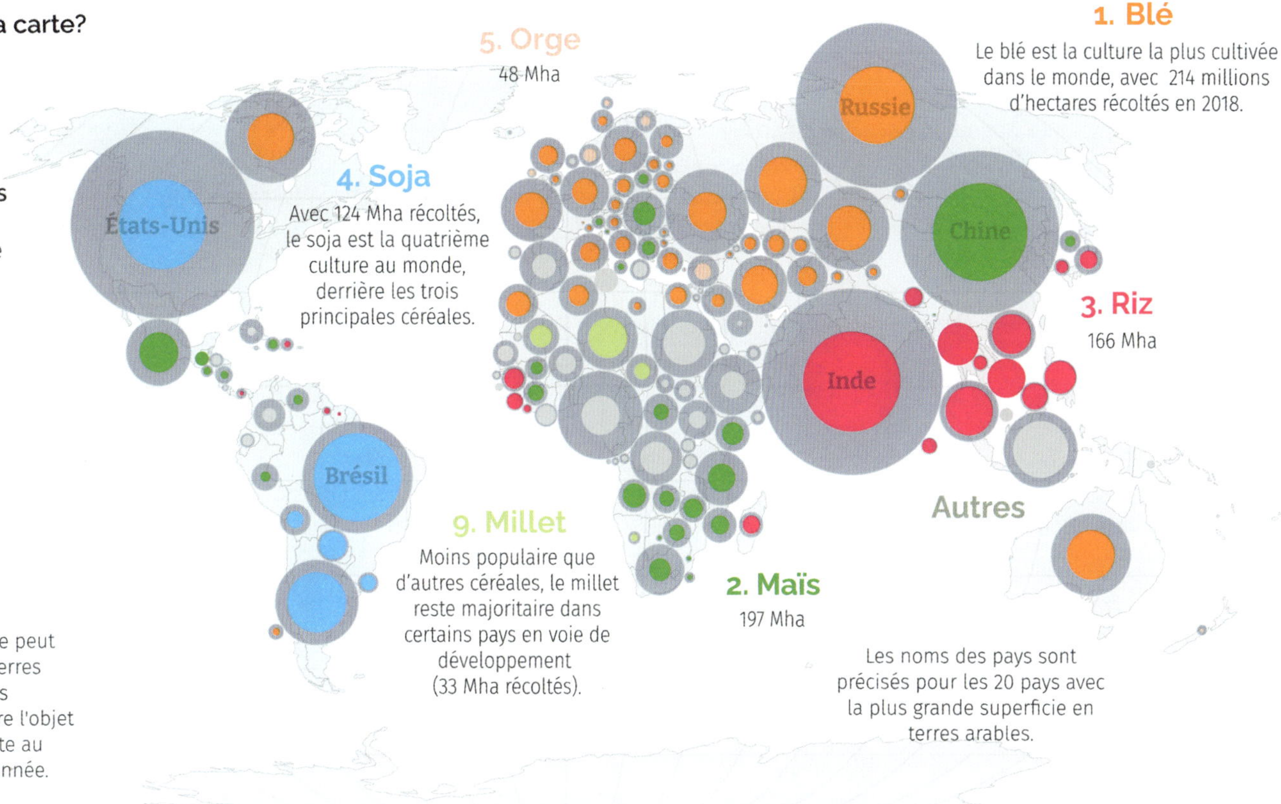

Les autres cultures les plus fréquemment cultivées dans le monde sont le **sorgho** (44 Mha), le **colza** (37 Mha), les **fèves** (36 Mha) et le **coton** (32 Mha).

La répartition de la superficie agricole utilisée (SAU) en France pour l'année 2019

Données : Agreste

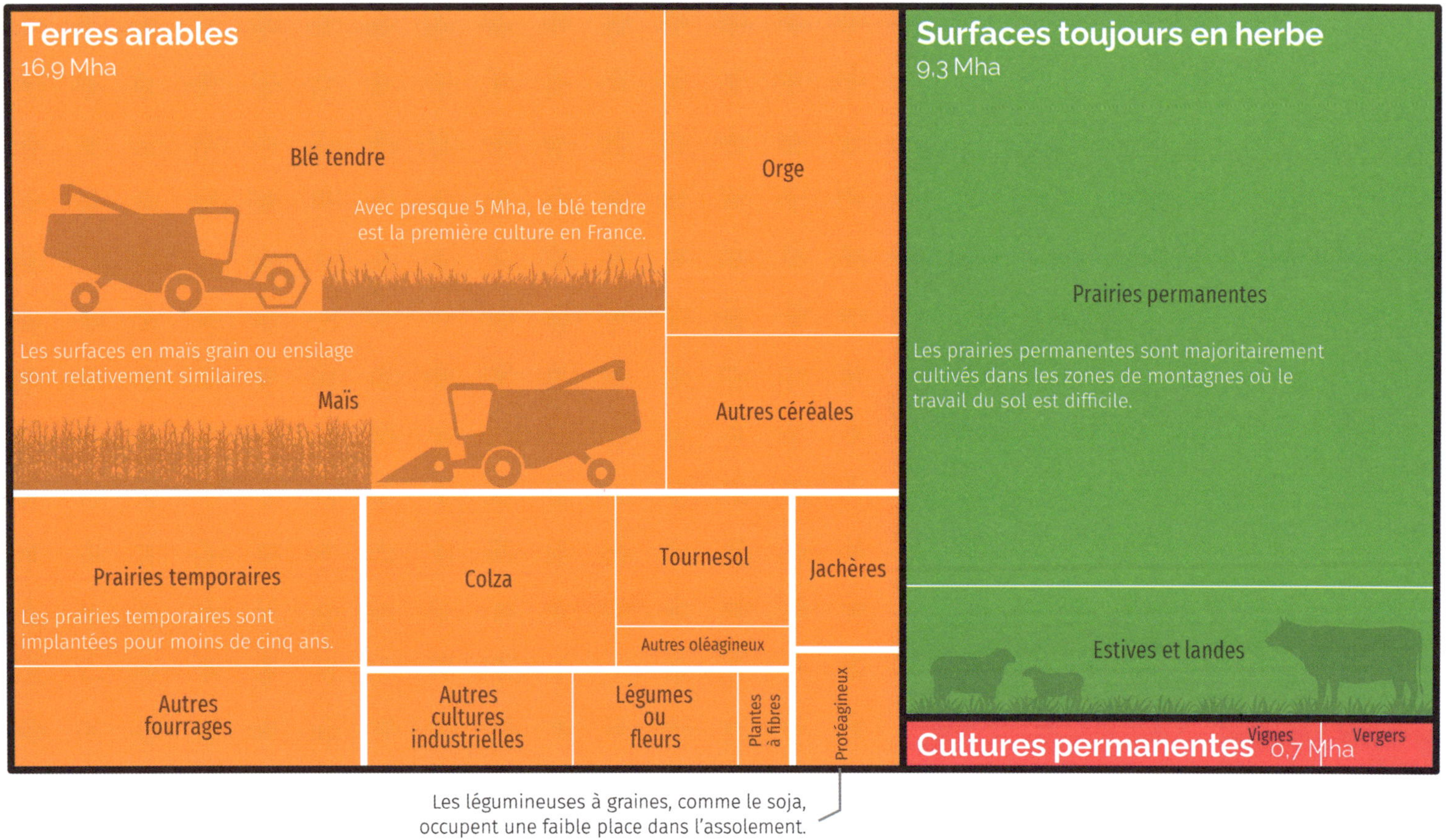

La répartition de la SAU par département pour l'année 2019

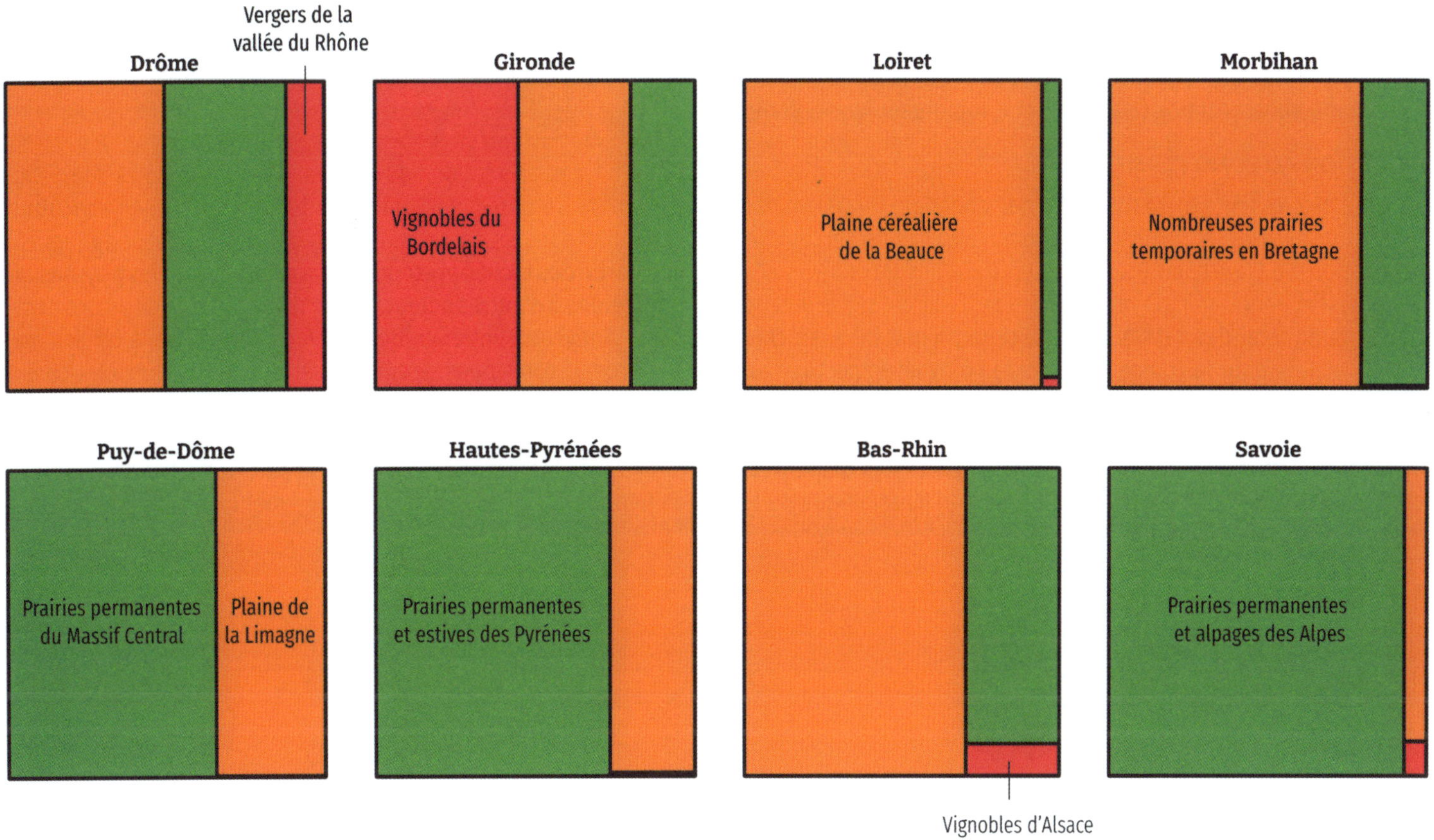

Les actifs agricoles

L'évolution du machinisme agricole a grandement amélioré les conditions de travail des agriculteurs. Avec le matériel adéquat, **une personne seule peut aujourd'hui cultiver une centaine d'hectares**. Cette évolution a eu d'importantes conséquences sur la proportion d'actifs agricoles dans les populations, comme cela est montré sur le graphique ci-contre.

L'ÉVOLUTION AU LONG TERME

Les actifs agricoles regroupent toutes les personnes qui travaillent dans la production agricole, et incluent par exemple les salariés et les chefs d'exploitation. En France, en Pologne et en Italie, les travailleurs agricoles représentaient la grande majorité des actifs au XVIe siècle (environ trois quarts du total des actifs). En 2010, cette proportion avait chuté à 3 %, 4 % et 13 % pour la France, l'Italie et la Pologne, respectivement. **Une grande partie de cette baisse est intervenue à la fin de la Seconde Guerre mondiale**, avec l'accélération du développement du machinisme agricole. Mais **il existe encore aujourd'hui d'importantes disparités à l'échelle mondiale**, avec certains pays, comme le Mozambique où les actifs agricoles sont majoritaires (77 % des actifs). Plus généralement, **la part des actifs agricoles a tendance à diminuer avec le développement économique d'un pays** : environ deux tiers de la population travaillent dans l'agriculture dans les pays en voie de développement, contre moins de 5 % de la population dans les pays riches.

AU-DELÀ DES ACTIFS AGRICOLES

Toutefois, les estimations du nombre d'actifs agricoles sous-estiment le nombre de personnes qui travaillent en lien avec l'agriculture, en particulier dans les pays riches. Avec le développement de l'agriculture, **une partie des tâches précédemment réalisées par les paysans ont été transférées à d'autres acteurs**, comme la sélection des races et des variétés cultivées, l'entretien des machines agricoles, le conseil agricole ou encore la conception de certains facteurs de productions, comme les engrais ou les aliments des troupeaux. À cette première liste, il pourrait également être ajouté les industries agro-alimentaires qui vont transformer les produits agricoles. Ainsi, la part des actifs dont l'activité est en lien avec l'agriculture dépasse largement les actifs agricoles.

L'évolution de la part des actifs agricoles dans la population active depuis 1500

Chaque petit rectangle correspond à **1 % de la population active** (en vert pour les actifs agricoles).

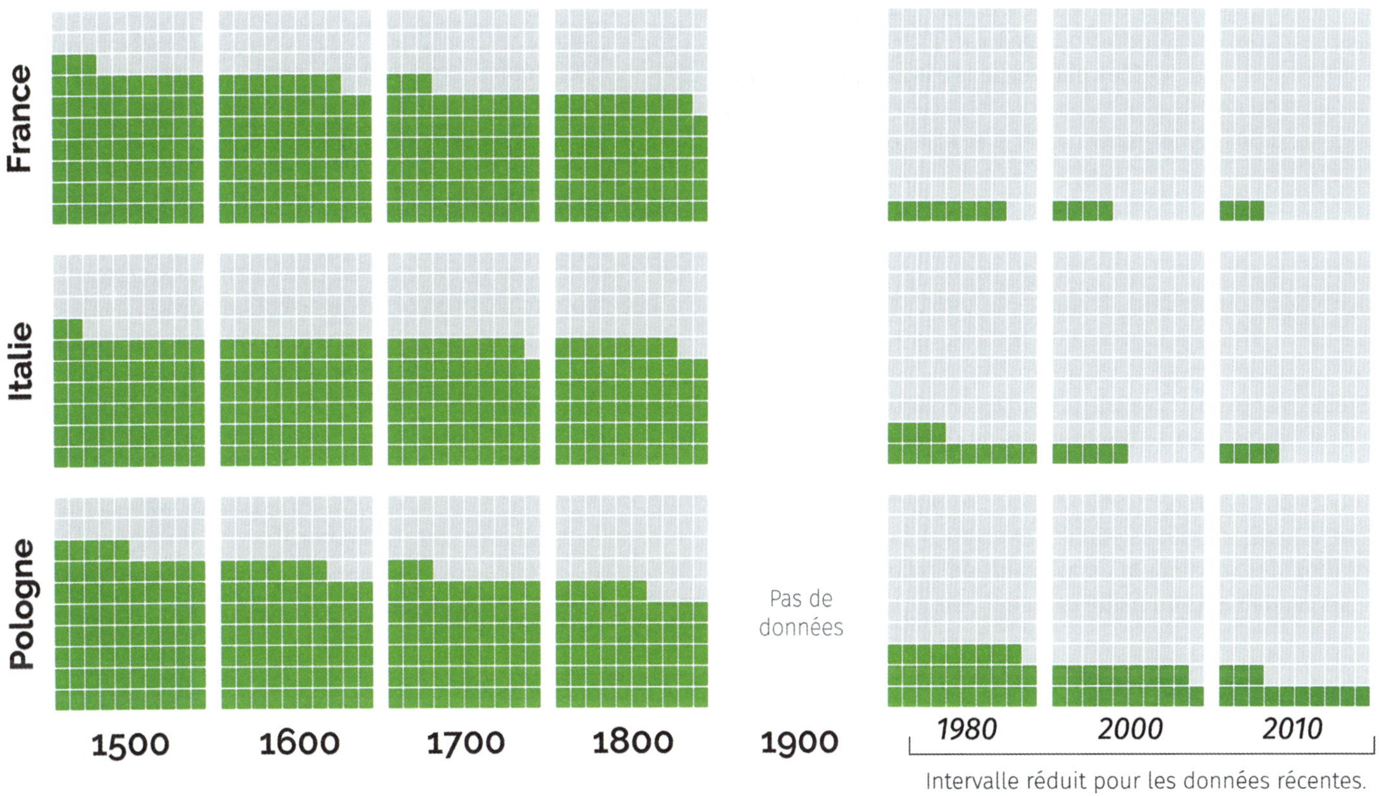

Le développement de la recherche agronomique

L'agronomie s'est développée en parallèle des autres évolutions mentionnées précédemment, avec notamment la mise en place de nombreux essais aux champs pour évaluer l'effet des nouvelles pratiques agricoles. Par exemple, les essais de la ferme expérimentale de Rothamsted qui ont débuté entre 1843 et 1856 sont **les plus anciens essais agronomiques de longue durée du monde**. Ces essais sont très précieux pour évaluer l'impact des pratiques sur les rendements et sur la fertilité des sols.

LES ESSAIS LONGUE DURÉE

L'objectif initial des essais de la station de Rothamsted, en Angleterre, était d'étudier les effets de la fertilisation par les engrais sur la production agricole. Le propriétaire du domaine, John Bennet Lawes, était le gérant d'une entreprise de vente de fertilisants. Avec le chimiste Joseph Henry Gilbert, ils ont lancé de nombreux essais pour étudier comment les agriculteurs pouvaient augmenter les rendements de leurs cultures. **Neuf de ces essais sont toujours en cours aujourd'hui**. Ces essais concernent différentes cultures, comme le blé tendre d'hiver et l'orge de printemps. La production de foin par les prairies permanentes fait également partie des sujets étudiés. Le graphique ci-contre illustre **l'augmentation des rendements maximums en grain** avec le temps, alors que **les rendements en paille évoluent peu**, notamment grâce à l'amélioration de l'indice de récolte, avec utilisation de nouvelles variétés de blé intégrant les gènes nanisant.

CONSERVER POUR LE FUTUR

En plus des données relatives aux pratiques agricoles et aux rendements accumulées à chaque saison de culture, Lawes et Gilbert ont eu la prévoyance **d'archiver des échantillons de sol, de grain, de paille, de végétation et d'engrais**, relatifs à leurs expériences sur le terrain. Ils avaient compris que de nouvelles techniques d'analyse étaient en cours de développement et qu'en conservant les échantillons, de nouvelles opportunités de compréhension pourraient apparaître, par exemple concernant la disponibilité des éléments minéraux dans les sols. Un élément dont la disponibilité dans le sol est particulièrement compliquée à estimer est le phosphore. En raison de la forte affinité de cet élément avec la phase solide du sol, il est difficile d'évaluer la quantité qui pourra être prélevée par les racines de la plante. Plusieurs protocoles d'extraction du phosphore du sol ont alors été développés au fil des ans, comme les méthodes Dyer, Joret-Hébert ou encore Olsen. Les échantillons de sol conservés peuvent ainsi être réanalysés pour acquérir de nouvelles connaissances grâce à l'évolution des méthodes d'analyse.

L'évolution des rendements sur la station de Rothamsted (Royaume-Uni)

Données : *The electronic Rothamsted Archive*

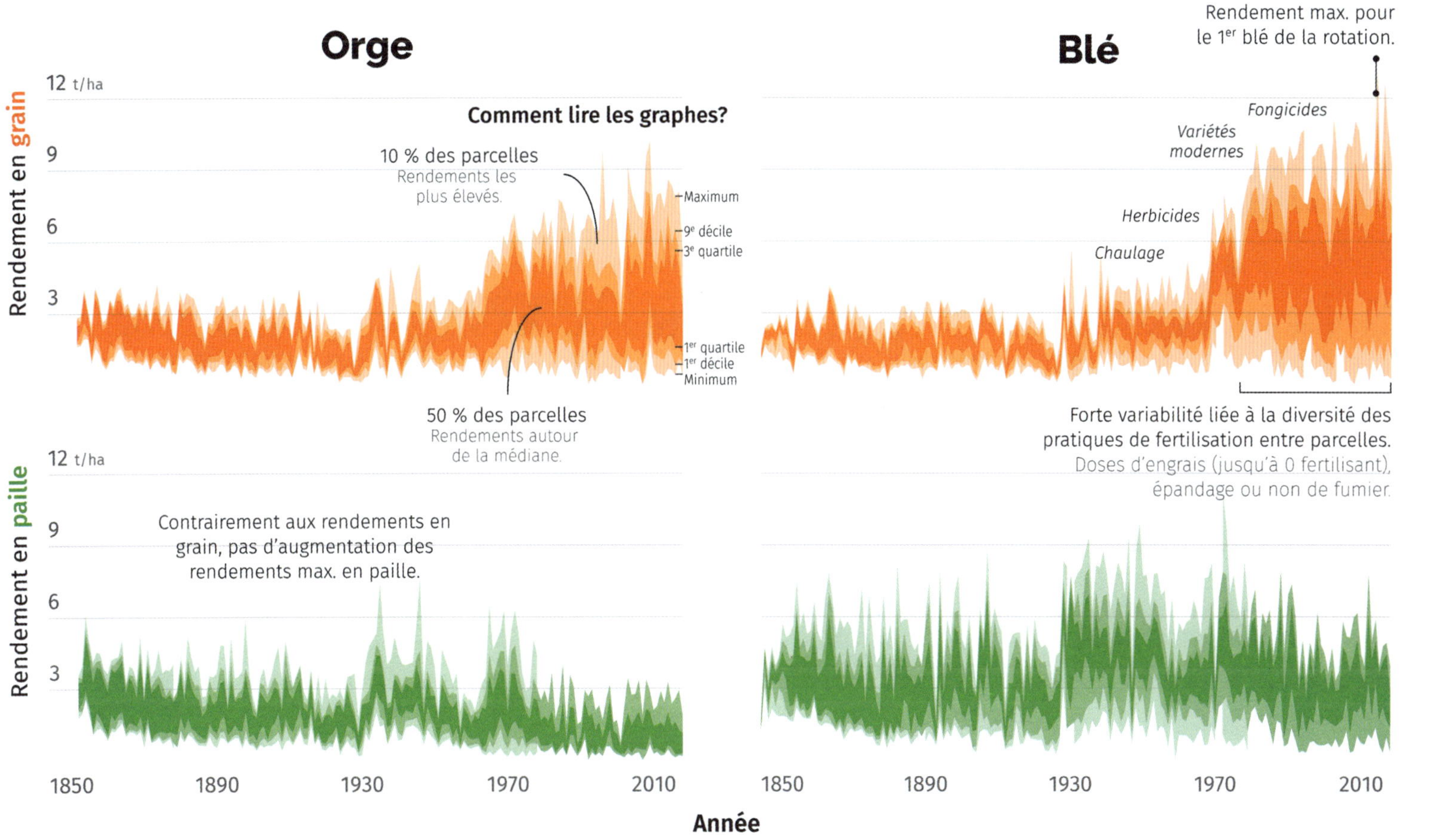

La rotation culturale

Comme illustré précédemment avec le concept d'assolement, le vocabulaire de l'agronomie s'est enrichi avec l'évolution de la discipline. **La rotation culturale désigne la succession des cultures dans le temps, sur une même parcelle**.

L'INTÉRÊT DE LA ROTATION DES CULTURES

En diversifiant les espèces et les familles végétales cultivées, et notamment en alternant entre cultures de printemps et cultures d'hiver, cette rotation permet de rompre le cycle des adventices et des maladies ou insectes ravageurs des cultures. Comme montré sur la figure ci-contre, inspirée des travaux de l'Académie d'agriculture de France, certaines successions de cultures sont plus favorables que d'autres. La culture qui précède la culture en place s'appelle le précédent. Ainsi, **l'effet de la culture précédente sur la culture suivante est dénommé effet précédent**. De manière générale, la succession de deux cultures trop semblables va générer un effet précédent défavorable. C'est notamment le cas de la succession de deux légumineuses comme le pois et le soja, en raison de pathogènes communs à ces cultures qui peuvent rester viables de nombreuses années dans le sol. Cependant, les légumineuses sont un bon précédent pour les céréales, en raison de l'apport d'azote permis par ces cultures. En effet, les légumineuses sont capables de fixer le diazote azote atmosphérique grâce à une association bactérienne dans leur système racinaire. On parle de **fixation symbiotique de l'azote**. Les résidus de culture de légumineuses sont donc riches en azote et les cultures les plus exigeantes vont pouvoir bénéficier de ces reliquats.

LE DÉLAI DE RETOUR

Un cas particulier concerne la répétition de la même culture sur une parcelle donnée. Pour les mêmes raisons qui ont été mentionnées précédemment concernant les inconvénients de la répétition de cultures aux caractéristiques proches, il s'agit d'une situation défavorable comme le montre la diagonale de la matrice ci-jointe (à l'exception de la monoculture de maïs). **Il est préférable d'attendre plusieurs années avant le retour d'une même culture : on parle de délai de retour**. Cette durée dépend de la sensibilité de la culture. Par exemple, le délai de retour minimal est de cinq ans pour le colza contre deux ans pour le blé. Malgré ces grands principes, on observe que toutes les combinaisons possibles ont été observées entre 2018 et 2019, même les plus défavorables. La réalisation de situations agronomiquement défavorables peut s'expliquer par d'autres facteurs, comme les conditions de commercialisation des productions, qui peuvent conduire à favoriser les cultures les plus rentables par exemple, ou encore des contraintes internes à l'exploitation, comme la nécessité de produire de la paille et des fourrages pour le troupeau. Le raisonnement agronomique doit intégrer ces éléments pour comprendre la logique qui gouverne la mise en place des systèmes agricoles observés.

L'effet précédent de différentes successions culturales

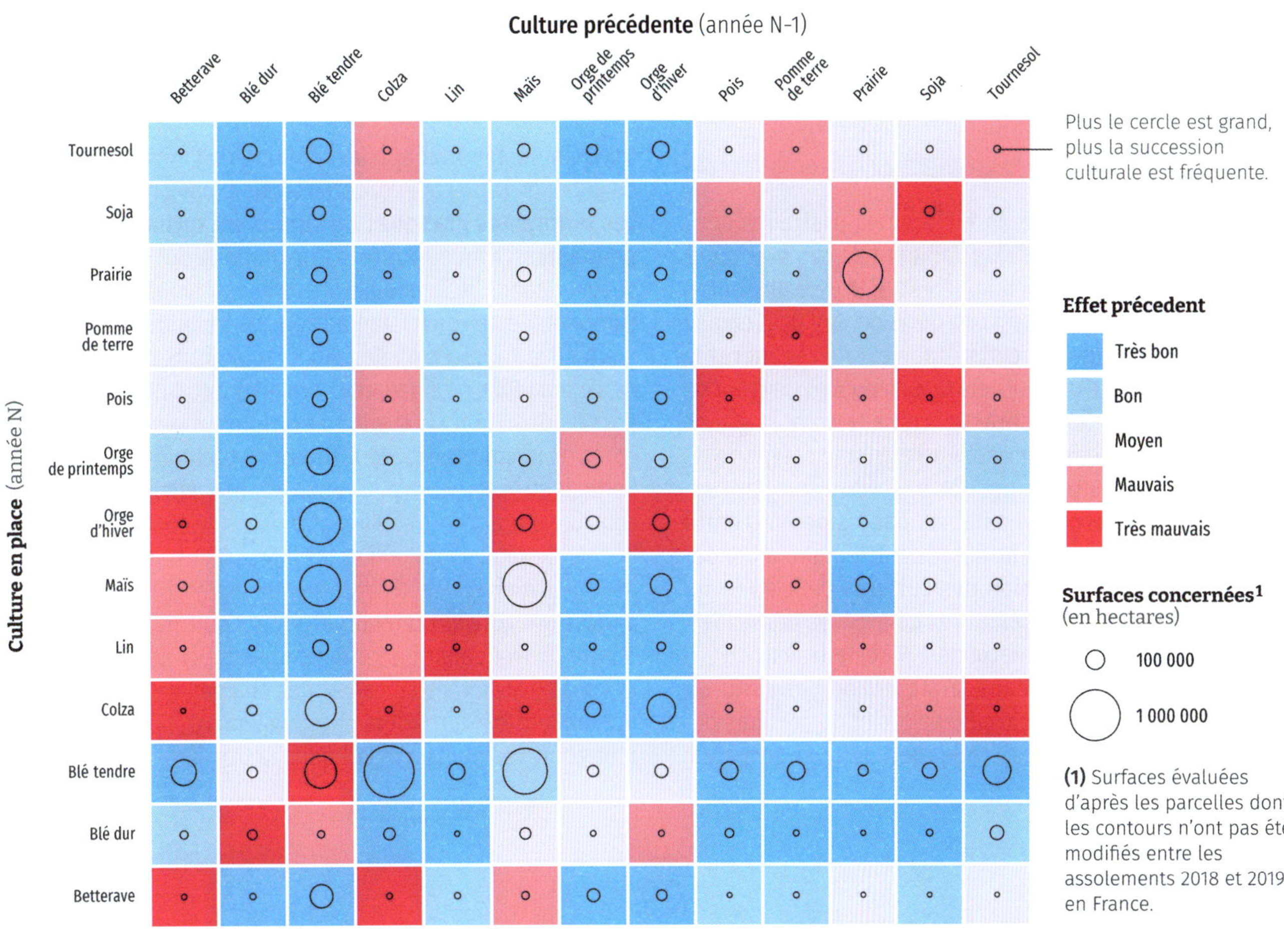

(1) Surfaces évaluées d'après les parcelles dont les contours n'ont pas été modifiés entre les assolements 2018 et 2019 en France.

L'itinéraire technique

L'itinéraire technique fait partie des concepts importants de l'agronomie. Selon l'agronome Michel Sebillotte, un itinéraire technique désigne une « combinaison logique et ordonnée de techniques qui permettent de contrôler le milieu et d'en tirer une production donnée ».

LES GRANDES ÉTAPES DE L'ITINÉRAIRE TECHNIQUE

L'itinéraire technique est constitué de différentes pratiques agricoles, qui peuvent être organisées selon l'objectif de ces pratiques. La première étape de l'itinéraire technique est le travail du sol (ou l'absence de travail du sol, qui est aussi une décision que peut choisir l'agriculteur). L'objectif principal de cette étape est de **régénérer la structure du sol**, de reprendre d'éventuels tassements et de créer de la terre fine pour assurer un bon contact entre la terre et la graine lors du semis, qui est la prochaine étape. Autre grande catégorie de pratiques, **la nutrition des cultures** peut être réalisée soit par l'apport de nutriments directement assimilables par les plantes grâce aux engrais, soit par l'enrichissement du sol grâce à des amendements organiques. Enfin, **la protection des cultures** peut être réalisée par différents produits phytosanitaires comme les herbicides, les insecticides ou encore les molluscicides. Mais le travail du sol joue également un rôle important dans la protection des cultures, grâce à l'enfouissement des graines d'adventices et de certains pathogènes par le labour ou encore la réalisation de faux-semis qui va permettre de faire germer puis de détruire les adventices avant l'implantation de la culture.

LA COMBINAISON DES PRATIQUES

Un élément important de la définition de l'itinéraire technique donnée en début de cette page concerne la combinaison logique des techniques. **Les différentes pratiques de l'itinéraire technique ne sont pas indépendantes**. La modification d'une pratique de l'itinéraire technique doit souvent conduire à modifier d'autres interventions culturales.

Par exemple, la conversion à l'agriculture biologique ne pourra pas se limiter à la suppression des produits interdits par le cahier des charges de ce mode de production, comme les produits phytosanitaires et les engrais de synthèse. D'autres pratiques devront être modifiées pour garantir **la cohérence de l'itinéraire technique**. La suppression des herbicides nécessitera peut-être de labourer la parcelle pour faciliter le contrôle des adventices. Un autre exemple concerne le retardement de la date de semis pour limiter les infestations de pucerons, en l'absence de l'utilisation d'insecticides. Des exemples d'itinéraires techniques en agriculture conventionnelle et en agriculture biologique pour le blé tendre d'hiver sont donnés dans la figure ci-contre.

Les spécificités liées au cahier des charges de l'agriculture biologique, notamment concernant le renouvellement de la fertilité des sols, seront abordées plus en détail dans la troisième partie de cet ouvrage.

Exemple d'itinéraires techniques en agriculture conventionnelle et biologique pour le blé

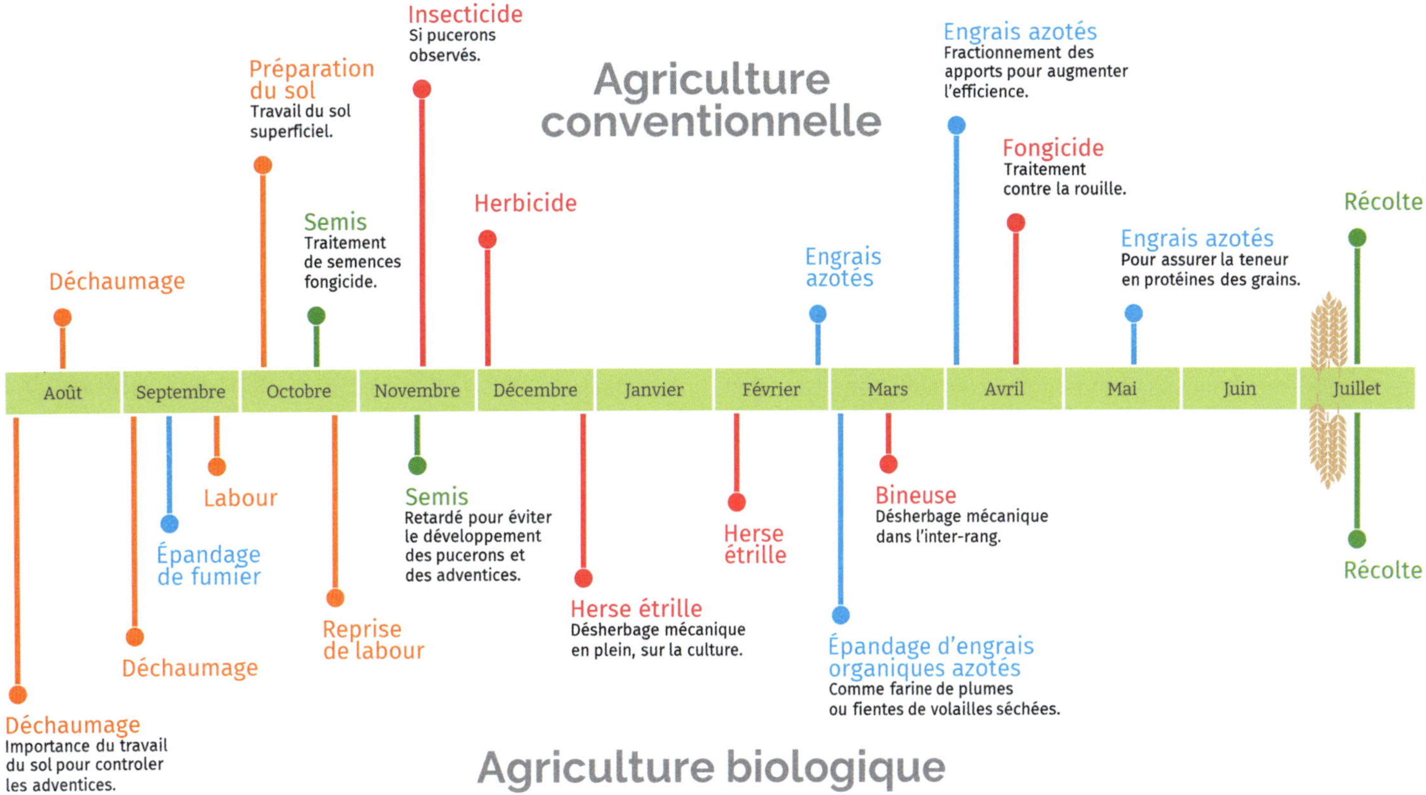

Légende : travail du sol, amendements et fertilisants, semis et récolte, protection des cultures

Le système de culture

Le système de culture peut être défini comme la combinaison des deux éléments présentés précédemment : la rotation culturale et l'itinéraire technique.

LA GESTION DES SYSTÈMES DE CULTURE

Sur une exploitation agricole, chaque parcelle ne dispose pas d'un système de culture particulier. Pour faciliter la gestion de l'exploitation, **des parcelles aux mêmes caractéristiques pédologiques et climatiques peuvent être conduites avec le même système de culture**. Ces conditions vont influencer la rotation culturale. Par exemple, la culture du maïs est souvent réservée aux sols avec la réserve utile la plus importante afin de limiter les stress hydriques pendant l'été. Par ailleurs, la prise en compte des conditions pédoclimatiques est indispensable pour déterminer l'objectif de rendement, qui va influencer de nombreuses pratiques de l'itinéraire technique, de la densité de semis à la quantité de fertilisants à apporter aux cultures. **La distance des parcelles au siège de l'exploitation** est aussi importante dans la conception des systèmes de culture, avec une tendance à limiter les interventions pour les parcelles les plus éloignées pour réduire les temps de transport. Un décalage dans la rotation culturale pourra être observé pour un groupe de parcelles partageant un même système de cultures, pour assurer la diversité de l'assolement et limiter l'impact d'un accident cultural particulier une année donnée.

UN EXEMPLE DE SYSTÈME DE CULTURE

La figure ci-contre montre un exemple de système de culture pour une exploitation de polyculture élevage conduite en agriculture biologique. Par rapport au précédent exemple présentant une évolution possible de l'itinéraire technique du blé tendre d'hiver lors de la conversion à l'agriculture biologique, **des leviers supplémentaires existent en considérant le système de culture dans son ensemble**. Ceci est particulièrement vrai pour les exploitations avec des troupeaux herbivores, comme les vaches ou les moutons. L'introduction de prairies temporaires dans les rotations va faciliter la gestion des cultures suivantes, en augmentant la fertilité du sol et en brisant le cycle des adventices et des maladies. Par ailleurs, il est plus facile pour ces exploitations d'introduire des légumineuses dans les rotations, en cultures intermédiaires ou en cultures principales, car ces cultures pourront plus facilement être valorisées par les troupeaux.

Exemple de système de culture pour une exploitation biologique

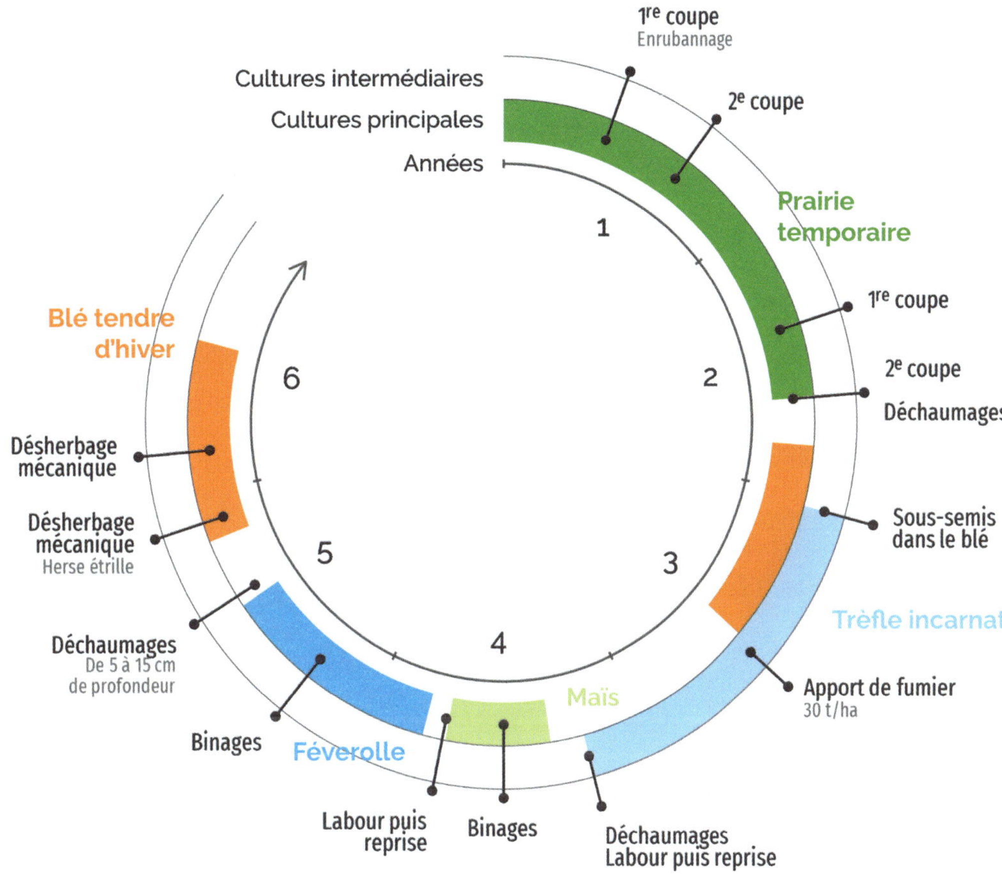

Les chefs d'exploitation

Les chefs d'exploitation sont une catégorie particulière d'actifs agricoles. Les recensements agricoles, qui se déroulent tous les dix ans, sont une précieuse source de données pour analyser la structure des exploitations agricoles en France, et notamment **l'évolution démographique des chefs d'exploitation**. La collecte des données se déroule en deux étapes. La première étape, auparavant réalisée par courrier et maintenant grâce à un questionnaire en ligne, vise l'ensemble des exploitants agricoles. La deuxième étape, réalisée par des enquêteurs, cible un nombre restreint d'exploitations et permet d'obtenir des données plus précises, notamment concernant les pratiques agricoles. Deux tendances se dégagent concernant la démographie des exploitants agricoles.

LE VIEILLISSEMENT DES AGRICULTEURS

Concernant la tendance générale, **le nombre de chefs d'exploitation tend à diminuer**. Ils sont également plus âgés, ce qui pose aujourd'hui la question de la transmission des exploitations. En 2020, la moitié des exploitations étaient dirigées par un exploitant de 55 ans ou plus (avec 25 % de chefs d'exploitations de plus de 60 ans). Cette tendance se retrouve dans la majorité des régions françaises, comme le montre la concentration des points sur le graphique.

UNE MAJORITÉ D'HOMMES

En France, comme dans la majorité des pays du monde, les travailleurs agricoles sont majoritairement des hommes. **Les femmes représentent 30 % des actifs permanents agricoles et seulement un quart des chefs d'exploitation**. L'importance relative des femmes parmi les chefs d'exploitation, coexploitants ou associés est un peu plus élevée pour les tranches d'âges les plus hautes. Lorsqu'un agriculteur fait valoir ses droits à la retraite, il peut transmettre son exploitation à son conjoint et, dans la majeure partie des cas, cette transmission s'effectue de l'homme vers la femme. Plus de 10 % des femmes installées en agriculture sont devenues chef d'exploitation par ce dispositif. Mais, de manière générale, les statistiques agricoles disponibles peuvent sous-estimer le travail des femmes en agriculture car le travail additionnel qu'elles peuvent réaliser au champ n'est pas toujours pris en compte, comme le travail dans les jardins potagers ainsi que l'élevage des petits animaux de ferme.
À noter que la tendance s'équilibre dans l'enseignement agricole où 49 % des apprenants sont des femmes. Mais il existe de fortes disparités entre l'enseignement secondaire et supérieur, où 62 % des étudiants sont des femmes. À l'inverse, l'enseignement technique agricole reste majoritairement masculin.

L'évolution de la pyramide des âges pour les chefs d'exploitation agricole en France

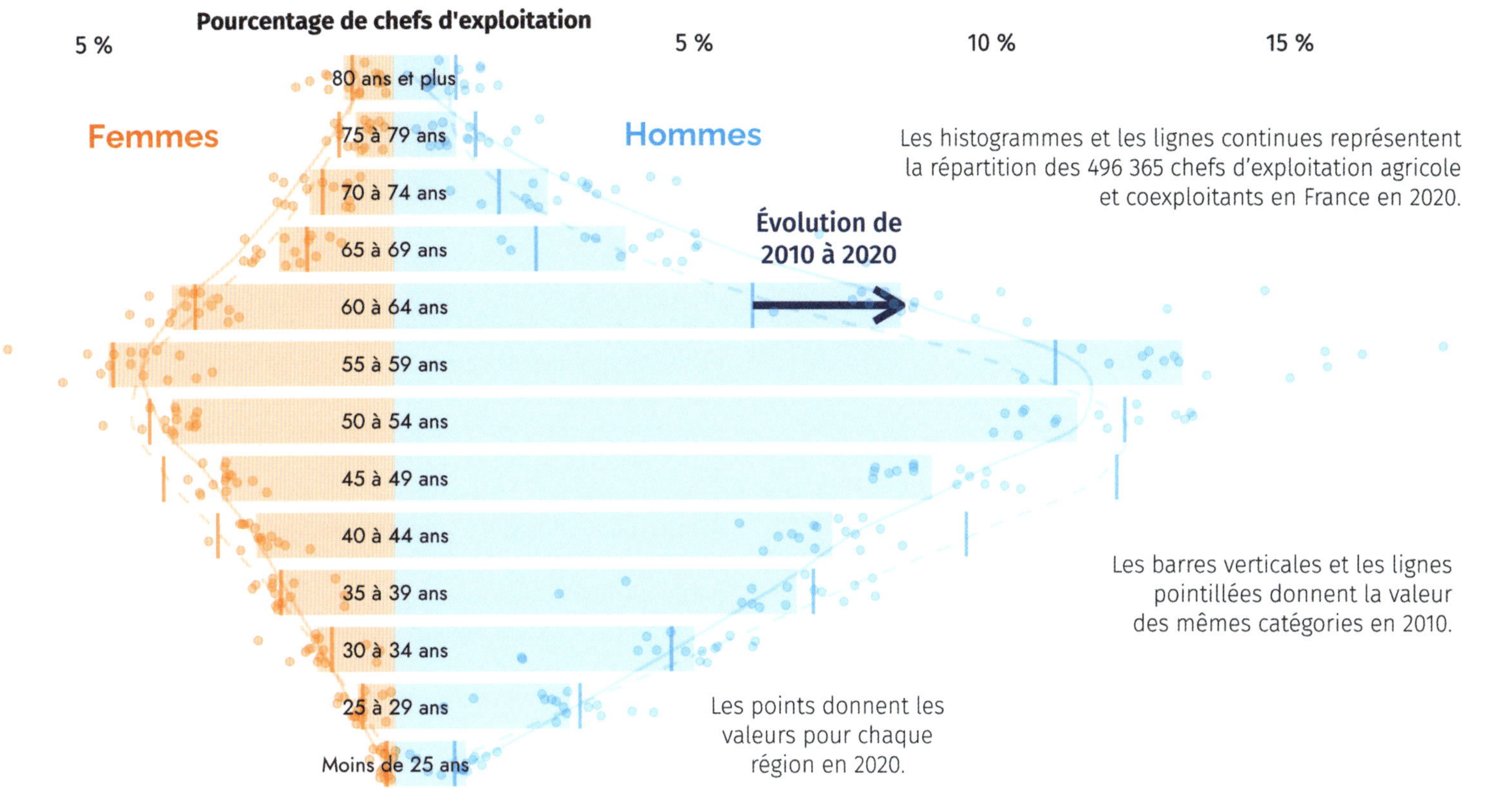

La taille des exploitations agricoles

En raison de la diminution du nombre de chefs d'exploitation agricole, **le nombre d'exploitations diminue, tandis que la taille de ces structures augmente**.

LA TENDANCE EN EUROPE

De manière générale, le graphique ci-contre montre **un déclin du nombre d'exploitations agricoles pour tous les pays d'Europe**. Ce déclin s'amorce dès les années 1950 pour certains pays comme la France ou la Suède ou un peu plus tard, à partir des années 1960, pour d'autres nations comme l'Italie ou la Grèce. Logiquement, avec la baisse du nombre de ferme, la taille des exploitations tend à augmenter. Cependant, il est important de noter que sur le graphique ci-contre, d'importantes variations sont observées entre les pays à cet égard.

LA TAILLE DES EXPLOITATIONS

Avec une taille moyenne de 57 hectares en 2010, les exploitations agricoles françaises sont plutôt grandes par rapport aux pays voisins. Les exploitations ont tendance à être plus petites dans les pays de l'Europe du Sud, avec une taille moyenne de 9 hectares en Italie par exemple, ce qui peut en partie être expliqué par l'orientation des exploitations. Les exploitations fruitières, plus intensives en travail, sont généralement plus petites. La majorité de ces exploitations se situent dans le sud de l'Europe, où les conditions chaudes favorisent le développement des vergers. À l'inverse, les exploitations du nord sont généralement plus grandes (avec une moyenne de 43 hectares par exploitation en Suède, par exemple). En Irlande, la taille des exploitations atteignait 33 hectares en 2010. Dans ces exploitations, d'importantes surfaces de prairies sont destinées à la production de fourrage pour l'élevage des herbivores, comme les moutons ou les vaches. La diversité des tailles d'exploitation selon le système de production se retrouve à l'intérieur de chaque pays : par exemple, en France, les exploitations de grande culture ont une taille moyenne supérieure aux exploitations viticoles.

Plus les exploitations sont grandes, plus elles sont difficiles à reprendre, en raison des investissements nécessaires pour acquérir la terre, les bâtiments ou encore les engins agricoles. Il arrive donc que, lors du départ en retraite d'un exploitant agricole, son exploitation disparaisse et que les parcelles soient rachetées par les exploitations voisines, qui vont ainsi s'agrandir. **La taille des fermes françaises continue d'augmenter, pour atteindre 63 hectares en 2016 puis 69 hectares en 2020**, soit 12 hectares de plus qu'il y a 10 ans. Dans le même temps, **la France a perdu 100 000 exploitations agricoles**, pour un total de 389 000 fermes aujourd'hui (–20 % par rapport à 2010).

L'évolution du nombre et de la taille des exploitations agricoles européennes depuis 1930

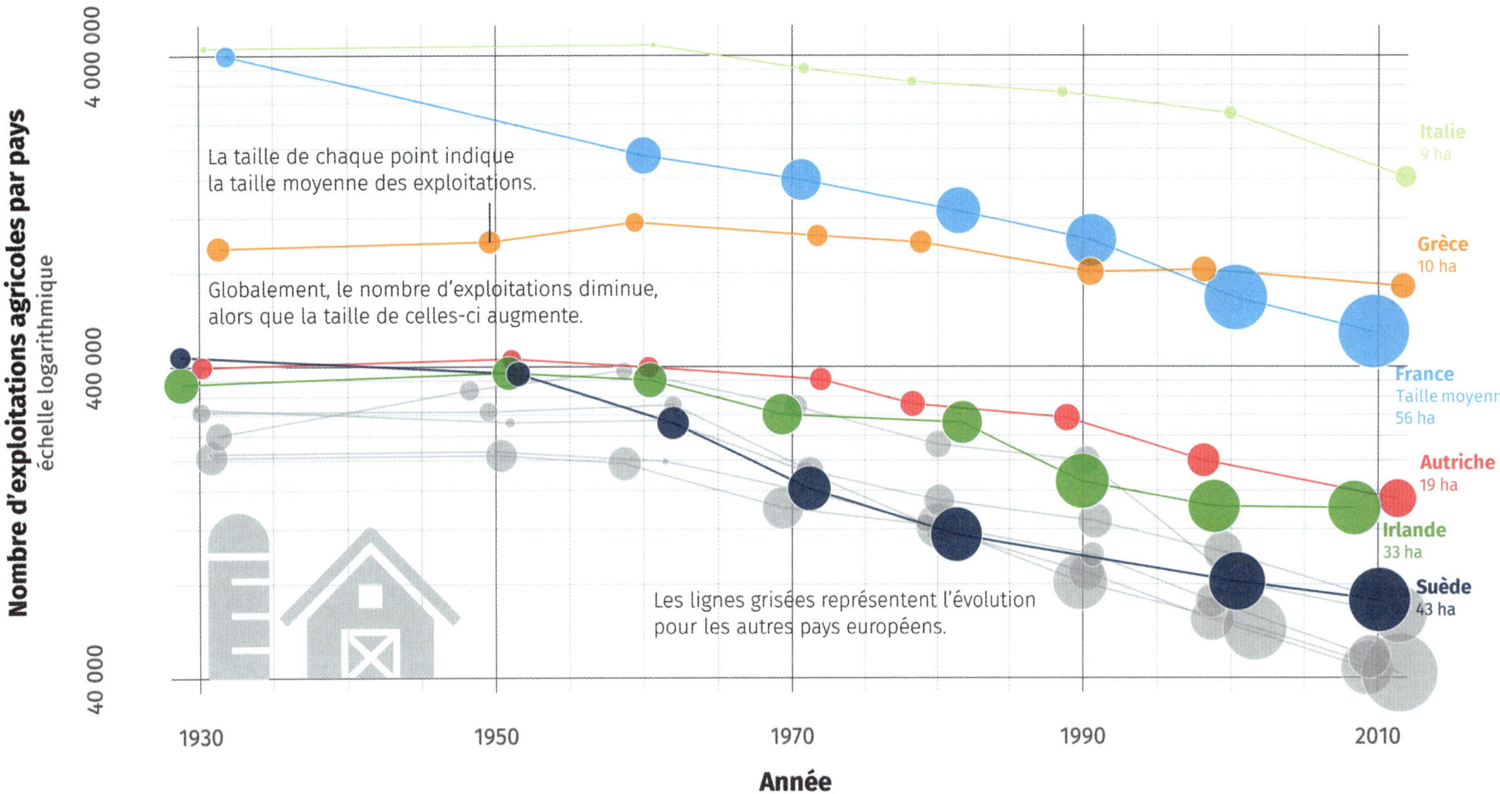

La taille des parcelles cultivées

Comme la taille des exploitations, **la taille des parcelles cultivées a augmenté au cours des décennies précédentes**, principalement pour s'adapter au développement du machinisme agricole.

L'EXEMPLE DE LA LIMAGNE

Les photos aériennes des pages suivantes montrent l'évolution du paysage autour de Joze, sur les rives de l'Allier, dans le département du Puy-de-Dôme. Ce village est situé dans la plaine de la Limagne, une plaine sédimentaire calcaire cultivée depuis l'Antiquité. L'une des particularités du territoire est la présence de sols lourds, très riches en argile : les terres noires. Ces sols sont très fertiles mais **difficiles à cultiver en raison de leur forte humidité**. Dans les années 1950, les exploitations agricoles de la plaine étaient principalement orientées vers la polyculture-élevage. Les parcelles les plus humides, moins adaptées au travail du sol, servaient souvent de pâturages, parfois intégrés à des prés vergers. À partir de 1968, le Plan Limagne va fortement influencer les productions agricoles de la plaine. À cette période, les champs vont être drainés, permettant ainsi la mise en culture des pâturages. Les exploitations vont alors se spécialiser dans la production céréalière. En parallèle, comme dans de nombreuses régions, les remembrements vont modifier les limites des parcelles. **Une partie des haies va être arrachée pour agrandir les champs et limiter les courbes, les rendant ainsi plus favorables à la mécanisation**. Aujourd'hui, les principales productions de la plaine sont le blé tendre d'hiver et le maïs (avec notamment la production de semences de maïs). Des réseaux d'irrigation collectifs ont été construits pour irriguer une partie des parcelles avec les eaux de l'Allier.

LES CONSÉQUENCES DE CETTE ÉVOLUTION

Les remembrements ont modifié les paysages agricoles, mais l'exemple de la Limagne montre aussi que **ces évolutions ont entraîné des conséquences indirectes sur la fertilité des sols**. Les analyses physico-chimiques demandées par les agriculteurs pour suivre la fertilité de leurs parcelles sont des sources de données intéressantes pour évaluer cette fertilité. L'étude de ces analyses montre une baisse de la teneur en matière organique pour tous les types de sol de la plaine, qui peut s'expliquer par différents facteurs. Tout d'abord, l'arrêt de l'élevage a entraîné l'arrêt des épandages de fumier. Ensuite, le drainage et la mise en culture des prairies ont accéléré la minéralisation de la matière organique contenue dans ces sols. Enfin, les pailles de céréales sont aujourd'hui exportées vers les éleveurs des reliefs voisins, ce qui diminue les restitutions au sol. Concernant la taille des parcelles, il faut néanmoins mentionner que celle-ci reste modeste, en Limagne comme dans beaucoup d'autres territoires français. Par exemple, **la surface médiane d'une parcelle de blé tendre est de 3,22 hectares en France** (mais avec une forte variabilité). La surface des parcelles peut être plus importante dans d'autres pays, en Amérique du Nord notamment.

La surface des parcelles par culture en France pour l'année 2019

Les courbes de distribution montrent une majorité de parcelles avec une taille inférieure à 5 ha…

… mais certaines parcelles de grandes cultures ou de prairies peuvent largement dépasser ce seuil.

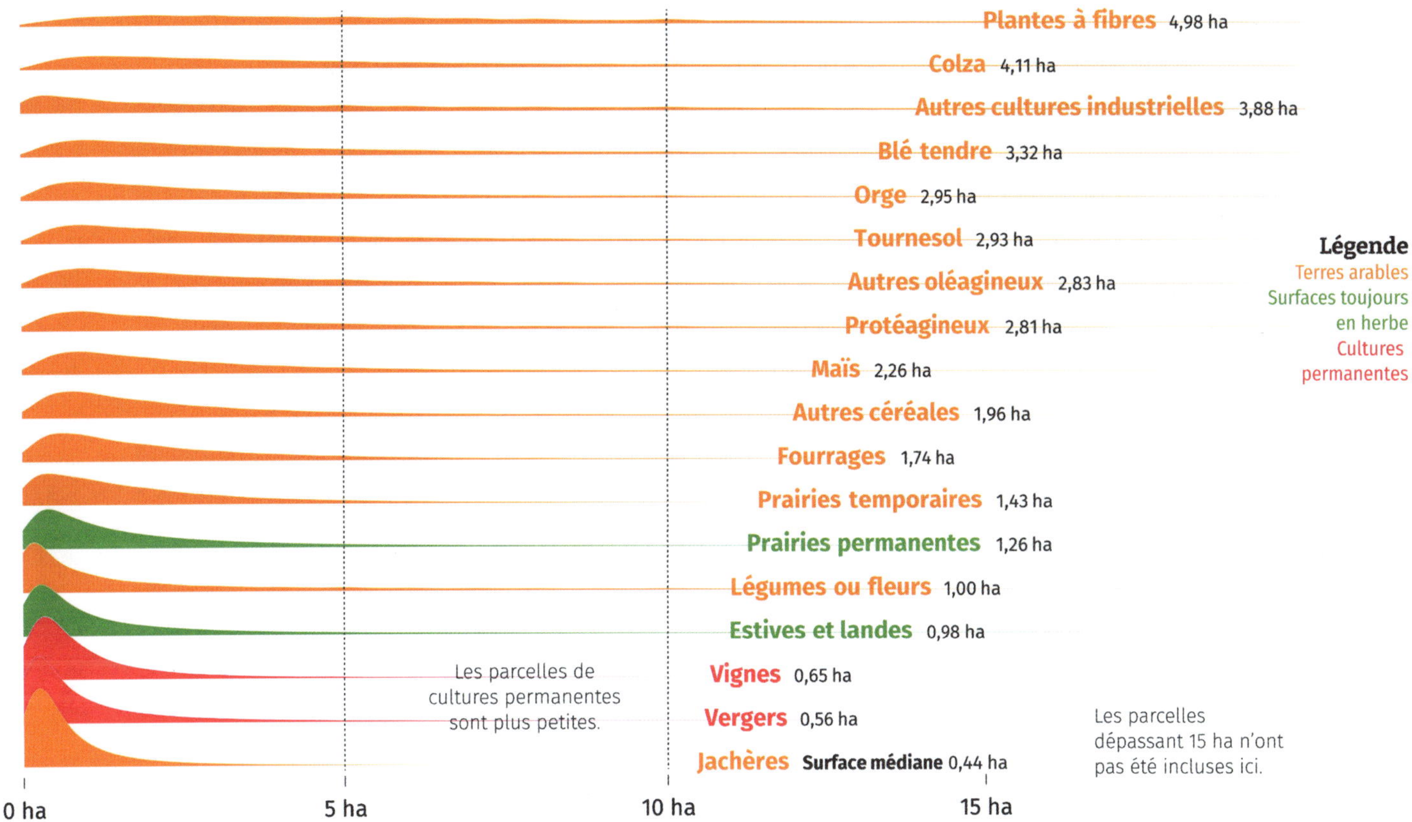

L'évolution des paysages agricoles en Limagne

Source : Institut national de l'information géographique et forestière (IGN), photothèque nationale

Présence de pré-vergers en bord d'Allier.

1954

1978

1999

La forme ronde indique une parcelle irriguée par un pivot.

Plan Limagne (1968) pour le remembrement et le drainage des parcelles les plus humides. Mise en culture des prairies.

Poursuite de l'agrandissement des parcelles, avec adaptation au machinisme agricole. Développement de l'irrigation.

L'évolution des teneurs en matière organique des sols agricoles en Limagne

Les teneurs en matière organique proviennent des analyses de sol demandées par les agriculteurs.

Forte variabilité des teneurs mais baisse significative pour les vertisols (terres noires), les calcisols (sols argilo-calcaires) et les fluvisols (ou alluvions).

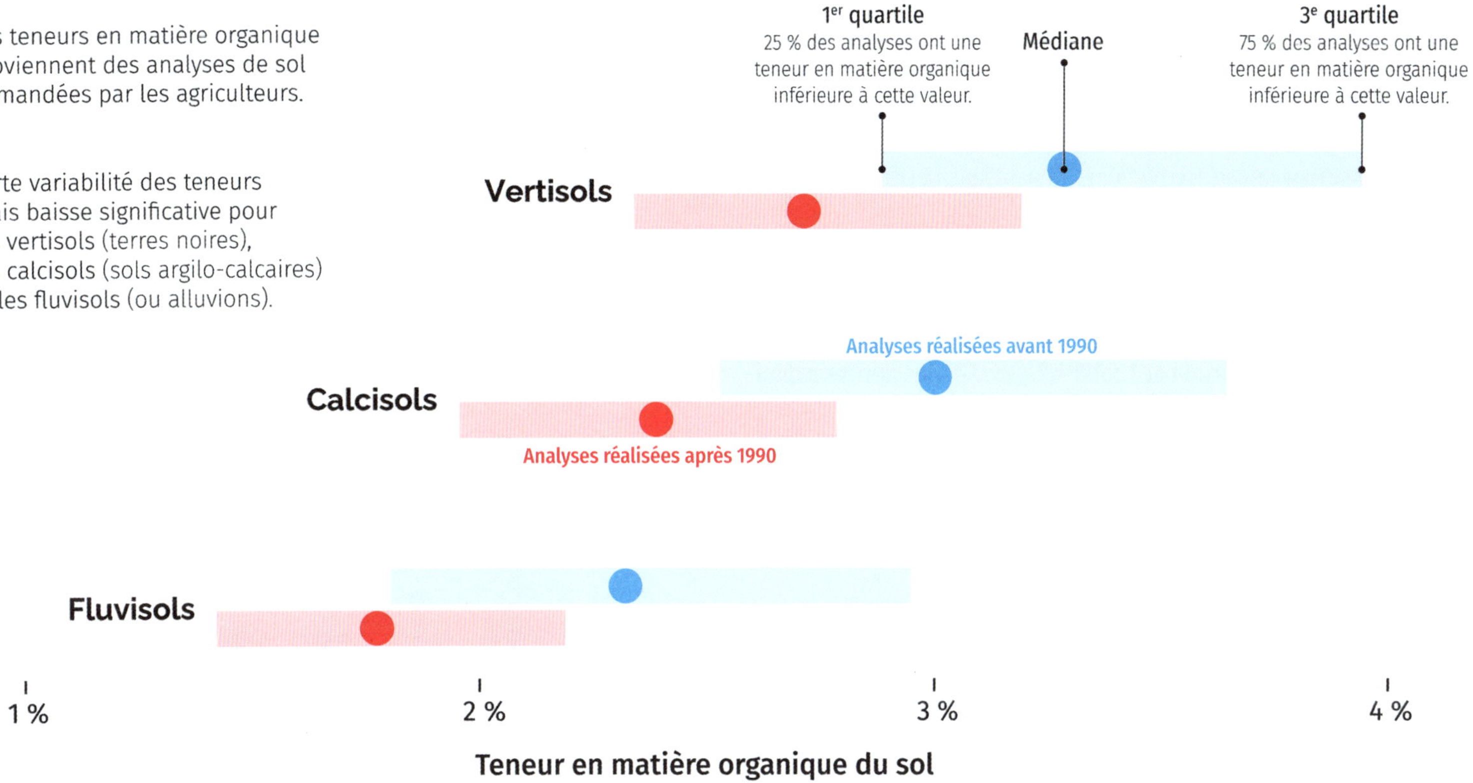

La concentration des terres agricoles

D'après un rapport récent de l'Organisation des Nations unies pour l'alimentation et l'agriculture (FAO), **l'agriculture reste une affaire de famille** : plus de 90 % des 608 millions de fermes dans le monde sont des exploitations familiales. Ce sont majoritairement des exploitations de petites tailles, mais certaines peuvent être grandes, voire très grandes. **La taille moyenne des exploitations mentionnées dans les pages précédentes cache une grande diversité de situation**, avec de très petites exploitations dont la surface ne dépasse pas deux hectares et de très grandes fermes de plus de 1 000 hectares.

LA DIVERSITÉ DES EXPLOITATIONS DANS LE MONDE

Les fermes qui exploitent moins de 2 hectares représentent 84 % des exploitations mais moins de 11 % de la surface cultivée dans le monde. Malgré cette faible proportion des surfaces agricoles, **les petites exploitations produisent plus de 35 % de la nourriture mondiale**.
Les plus grandes exploitations (plus de 1 000 hectares cultivés) représentent moins d'1 % d'exploitations mais 39 % de la surface agricole mondiale. La concentration des terres a tendance à s'accentuer avec la croissance de l'économie : la proportion de la surface cultivée par les grandes exploitations est bien plus importante dans les pays à revenus élevés, où les grandes exploitations représentent 57 % de la surface cultivée, que dans les pays à faibles revenus (seulement 1 % de la surface cultivée pour les grandes exploitations). Cependant, indépendamment du revenu, il existe également des différences régionales. Par exemple, les exploitations ont tendance à être plus petites en Europe qu'en Amérique du Nord.

LE CAS DE LA FRANCE

En France, la diversité de la taille des exploitations est moins importante. Néanmoins, en 2016, 40 % des exploitations avaient une surface agricole de moins de 20 hectares. Ces fermes cultivaient moins de 4 % de la SAU française. Les exploitations de plus de 100 hectares représentent 23 % des exploitations, pour 64 % de la surface agricole en France. Mais les très grandes exploitations, de plus de 1 000 hectares sont encore rares en France, malgré la tendance à l'augmentation de la taille des exploitations citée précédemment.

La relation entre la taille des exploitations et la surface cultivée dans le monde

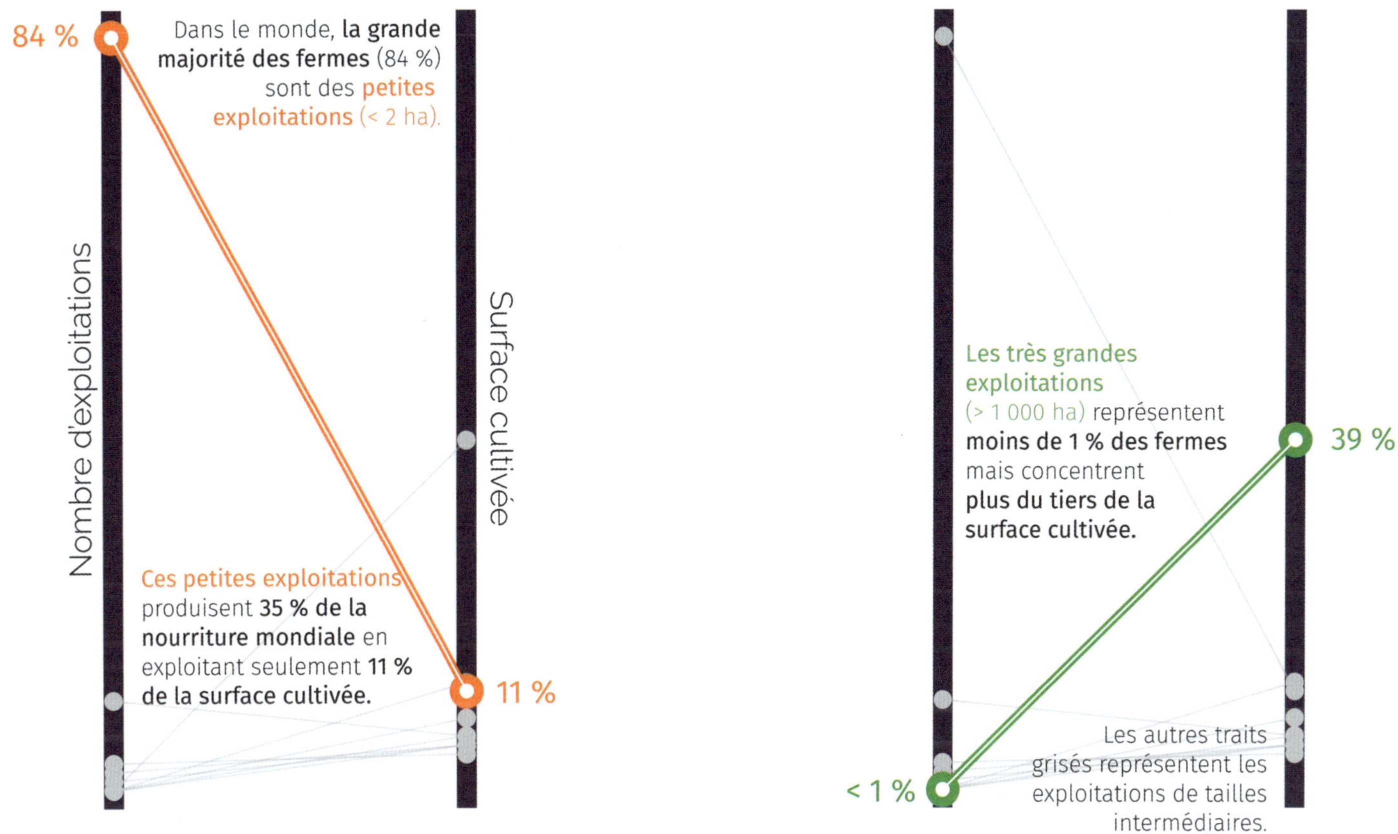

La diversité des systèmes agricoles

Au début de ce chapitre, il a été mis l'accent sur les grandes tendances qui ont fait évoluer l'agriculture au cours du siècle précédent, avec le développement des intrants, l'introduction de nouvelles variétés cultivées ou encore l'essor du machinisme agricole. Mais ces nouvelles techniques n'ont pas été adoptées de manière uniforme dans le monde. Les trois cartes suivantes complètent les informations qui ont été données précédemment concernant **la diversité des systèmes agricoles dans le monde**.

LA PART DES ACTIFS AGRICOLES

La carte ci-jointe est une choroplèthe bivariée, un mode de représentation qui permet de représenter simultanément deux variables quantitatives sur une même carte (ici la part des actifs agricoles et la proportion de femmes parmi ces actifs). Ce type de carte sera décrit plus longuement dans la dernière partie de ce livre. Comme mentionné précédemment, **la part des actifs agricoles tend à diminuer avec le développement économique d'un pays**. Les femmes sont majoritaires dans seulement une vingtaine de pays, comme le Népal (avec 64 % d'actifs agricoles féminins) ou le Rwanda (62 %). La proportion de femmes parmi les actifs agricoles est la plus faible dans la péninsule arabique (6 % en Arabie Saoudite, moins de 1% pour le Qatar et les Émirats arabes unis), mais aussi en Amérique centrale (avec, par exemple, 13 femmes pour 100 actifs agricoles au Guatemala).

LA TAILLE DES EXPLOITATIONS AGRICOLES

Selon les sources utilisées, il peut exister des disparités entre le nombre de fermes recensées. Cette variabilité peut conduire à une certaine incertitude sur la surface moyenne estimée par exploitation, qui est estimée en divisant la surface agricole totale par le nombre de fermes. Mais les tendances générales restent les mêmes, avec des différences impressionnantes entre pays. Outre l'influence du développement économique, le poids de l'histoire nationale est également très important, comme le montre **l'écart entre les très grandes fermes australiennes et les plus petites exploitations familiales européennes**.

LA DIVERSITÉ DES ASSOLEMENTS

Il y a environ deux fois plus de surfaces toujours en herbe que de terres arables dans le monde, mais avec d'importantes différences pour ce ratio entre les différents pays du monde. De manière générale, les pays avec une importante surface agricole ont moins de contraintes concernant l'utilisation des terres et ont tendance à disposer d'une plus grande surface en herbe. La topographie joue également un rôle important, les zones montagneuses étant peu propices aux cultures et donc utilisées le plus souvent comme alpages.

La part des actifs agricoles et la proportion de femmes parmi ces actifs

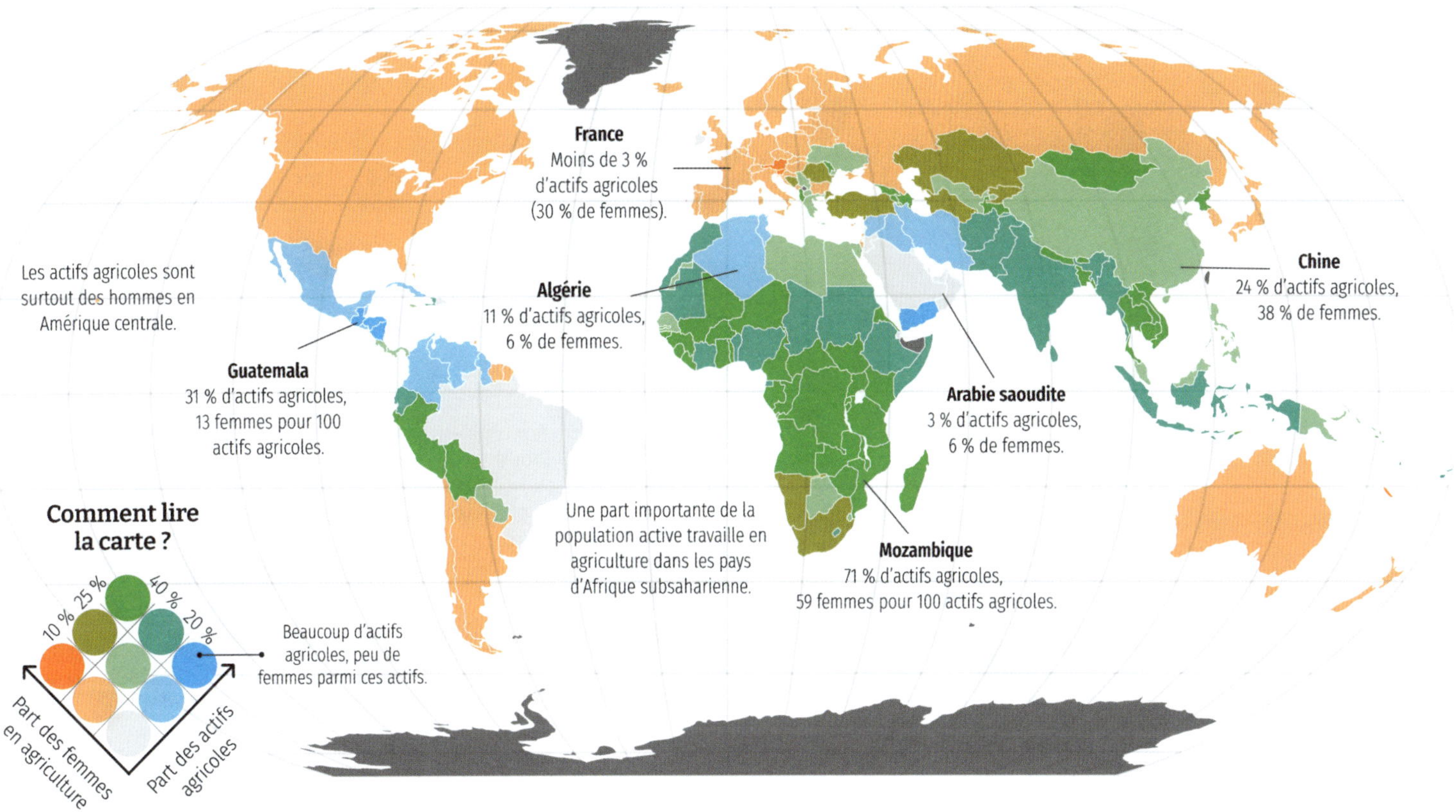

La taille moyenne des exploitations agricoles par pays

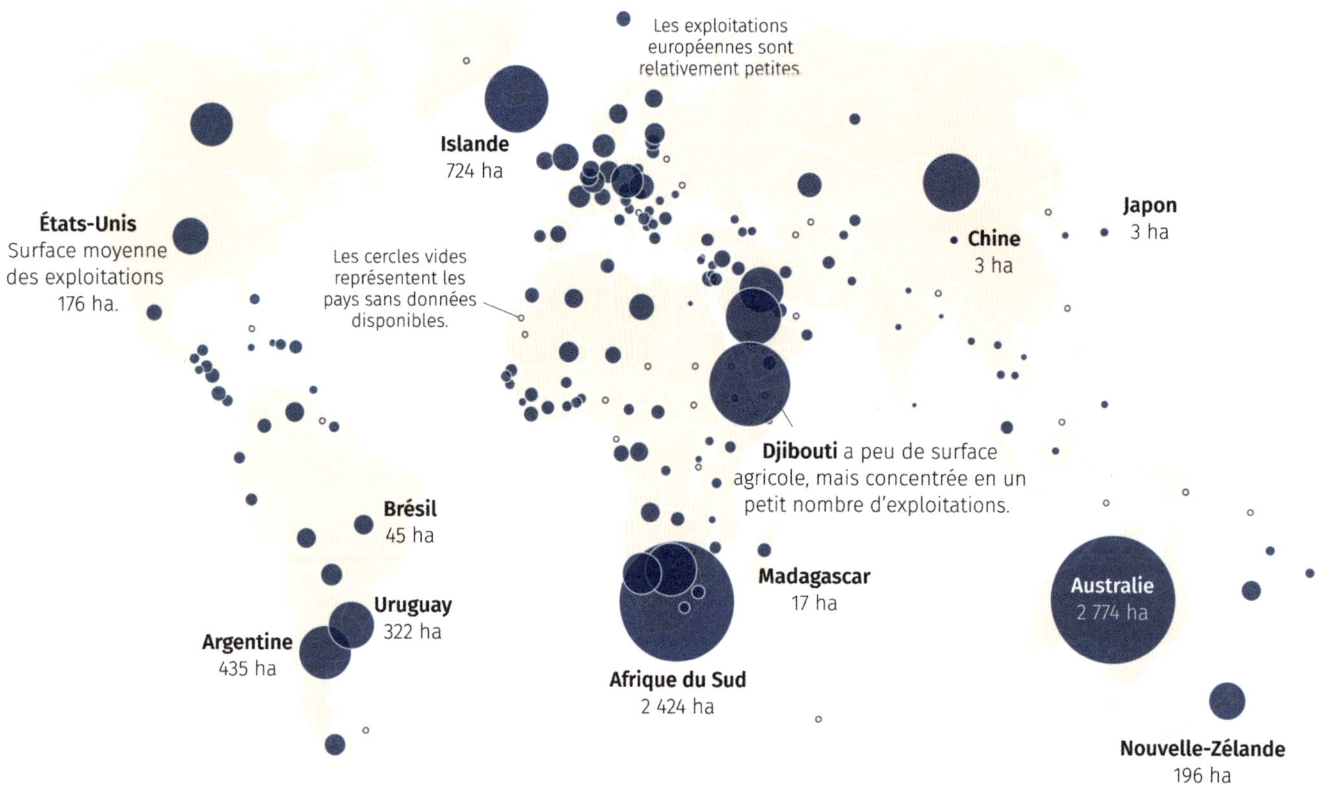

Chaque point est situé sur le centroïde du pays correspondant.
La **taille** du point indique la **surface moyenne** des exploitations dans le pays.

La diversité des assolements

Comment lire la carte?

Les **cercles grisés** représentent la **surface agricole totale** de chaque pays.

Les **cercles colorés** montrent la superficie dédiée aux **surfaces toujours en herbe** ou aux **terres arables**.

Les cultures permanentes, comme les vergers ou les vignes, qui représentent des surfaces bien inférieures aux terres arables et aux surfaces toujours en herbe ne sont pas représentées ici.

La carte ci-contre est un cartogramme de Dorling : la position des cercles peut être décalée par rapport à la position géographique réelle de chaque pays.

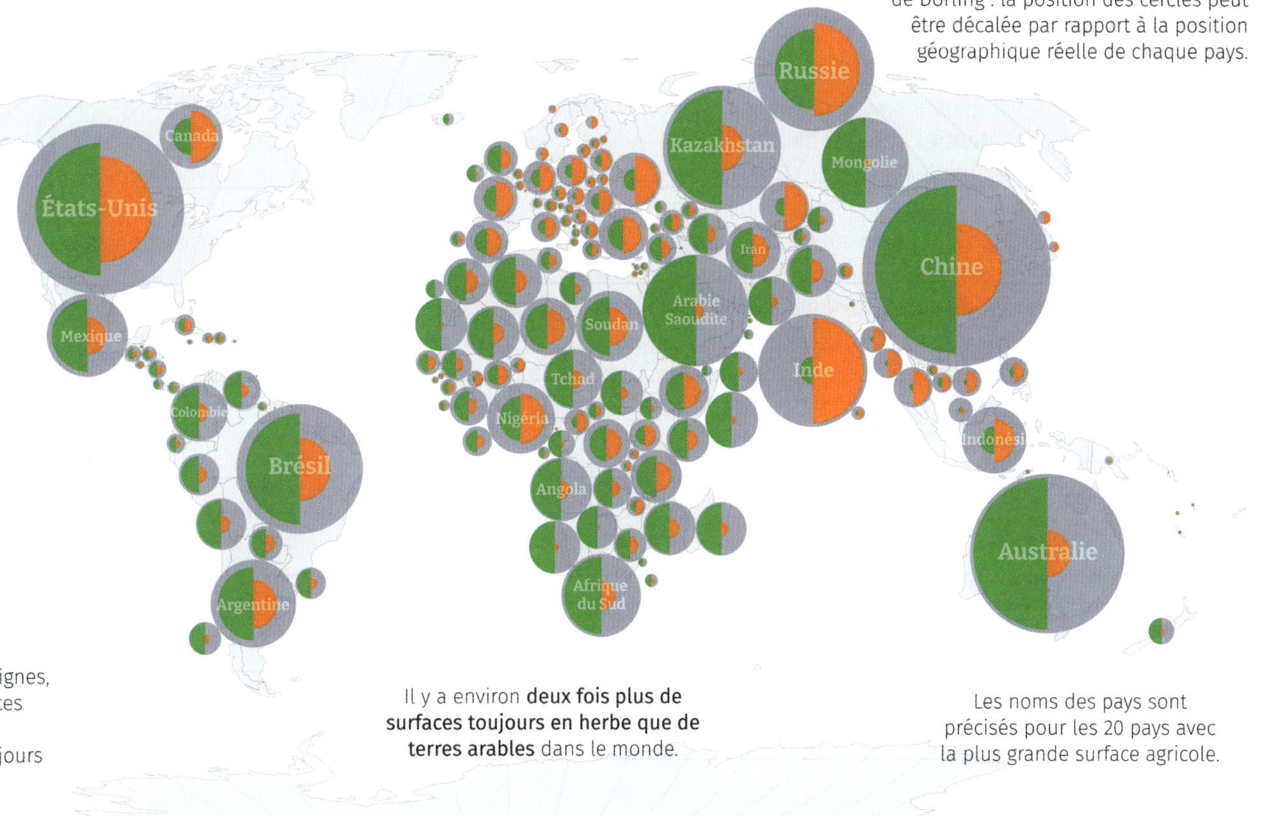

Il y a environ **deux fois plus de surfaces toujours en herbe que de terres arables** dans le monde.

Les noms des pays sont précisés pour les 20 pays avec la plus grande surface agricole.

Les écarts de rendement

La diversité d'évolution des systèmes agricoles mis en évidence dans les pages précédentes a conduit à des niveaux de productivité très variable entre les différents pays du monde.

UNE GRANDE DIVERSITÉ DE RENDEMENT

L'écart de rendement est généralement défini comme **l'écart entre le rendement maximum potentiel et le rendement réalisé**. Bien sûr, ce rendement maximum n'est pas le même pour tous les pays car il dépend des conditions climatiques, comme la température et l'ensoleillement. Cependant, les conditions climatiques ne suffisent pas à expliquer les écarts de rendement observés sur le graphe ci-contre. Par exemple, **le rendement du blé en Irlande est 23 fois plus élevé que le rendement de la même culture en Somalie** ! Les pratiques agricoles expliquent une grande partie des différences observées. Dans certains pays, il reste difficile d'accéder aux facteurs de production, comme les engrais azotés ou les variétés modernes, qui ont fortement augmenté la productivité agricole dans une partie du monde à partir de la deuxième moitié du XXe siècle. Malgré quelques exceptions, comme le blé en Égypte par exemple, les rendements sont particulièrement faibles dans les pays africains, tandis qu'ils sont bien plus élevés dans les pays européens. De manière générale, **les courbes de distribution sont centrées autour des rendements les plus faibles**, ce qui montre que la productivité agricole pourrait être augmentée dans de nombreux pays. En particulier, **l'augmentation des rendements en Afrique est l'une des clés pour nourrir une population mondiale qui va continuer de croître dans les décennies à venir**.

DES DIFFÉRENCES SELON LES ESPÈCES ?

Le maïs ayant un potentiel de rendement plus élevé, la productivité de cette culture est généralement supérieure à celle du blé. Mais dans les deux cas, la position relative de chaque pays sur l'axe des abscisses traduit son niveau de productivité, en comparaison au rendement atteint par les autres pays. Selon les pays, des différences plus ou moins importantes peuvent exister entre les deux cultures étudiées. La France se situe par exemple dans les dix pays avec les rendements les plus élevés pour le blé, alors que son classement recule un peu pour le maïs. La différence est néanmoins bien plus importante pour les États-Unis, où les rendements en maïs sont parmi les plus élevés du monde, alors que les rendements en blé sont bien plus faibles. Là encore, les conditions météorologiques peuvent expliquer une partie des différences, le blé préférant par exemple des latitudes plus élevées que le maïs. Mais **l'importance donnée à chaque culture dans les rotations** doit également être prise en compte pour expliquer les décalages observés.

Les rendements nationaux moyens pour la période de 2010 à 2020

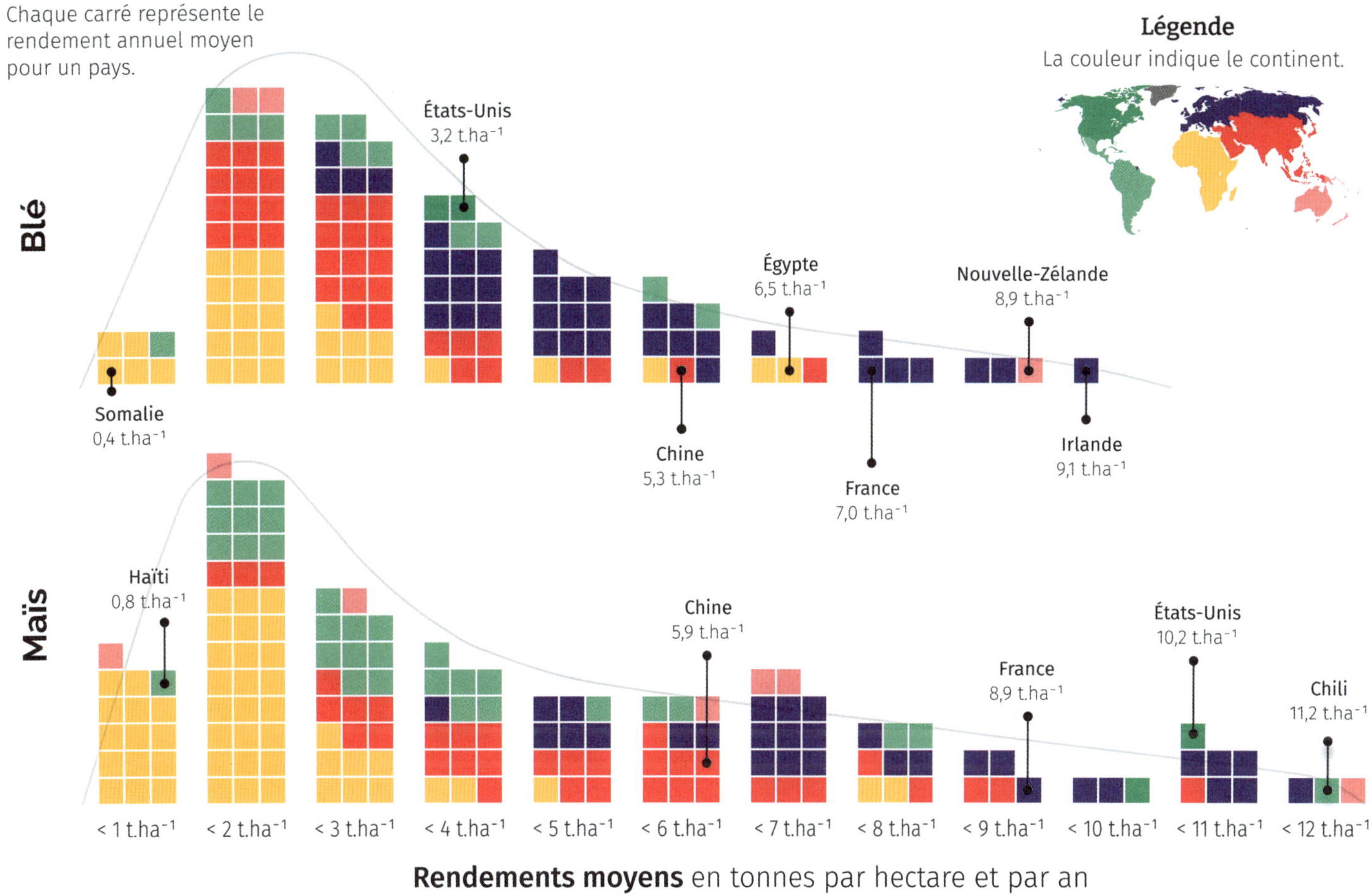

L'analyse des écarts de rendement

Les agronomes ont développé des méthodes d'analyse pour identifier les facteurs responsables des écarts de rendement, afin d'améliorer la productivité agricole.

LE DIAGNOSTIC AGRONOMIQUE

Il peut y avoir deux principaux types de facteurs responsables des rendements inférieurs par rapport aux rendements maximums. Tout d'abord, le rendement peut être limité par un manque de certaines ressources, comme l'eau ou les nutriments. Ensuite, des facteurs biotiques, comme les insectes ou les maladies, peuvent entraîner une réduction des rendements. L'identification fine des freins à lever pour augmenter les rendements passe par **l'analyse des composantes du rendement**. Le rendement des cultures dépend de deux variables : le poids des grains et le nombre de grains. Ces deux variables sont partiellement liées : en raison de la répartition des ressources**, le poids des grains diminue à mesure que le nombre de grains augmente**. Cependant, il arrive parfois que les cultures s'écartent de cette relation physiologique, ce qui peut nous fournir des informations sur les facteurs limitants rencontrés. C'est ce que montre la figure du diagnostic agronomique du rendement du blé tendre d'hiver. **Un poids des grains trop faible pour le nombre de grains observés indique par exemple des stress tardifs, qui sont intervenus durant la période de remplissage des grains**. À l'inverse, un poids des grains proche du maximum physiologique mais un faible nombre de grains est dû à des stress plus précoces.

LES DÉTERMINANTS DU NOMBRE DE GRAINS

Le nombre de grains dépend lui-même de plusieurs variables, comme cela est illustré par la figure sur l'évolution des composantes du rendement des variétés de soja. Pour cette culture, ces composantes sont, dans l'ordre chronologique : le nombre de plantes, le nombre de ramifications, le nombre de gousses puis le nombre de grains par gousse. La figure montre que l'augmentation du potentiel de rendement des variétés de soja a été permise par l'augmentation du nombre de grains (grâce à l'augmentation du nombre de ramifications par plante) et à une augmentation du poids des grains. Dans les parcelles agricoles, l'analyse des composantes des rendements responsables du nombre de grains peut aussi être utile pour identifier les pratiques agricoles à modifier pour augmenter les rendements. Un faible nombre de plantes indique par exemple des problèmes qui peuvent survenir dès le semis, comme une mauvaise structure du sol qui empêche la germination et la levée des cultures. Dans ce cas, un labour pourrait être nécessaire pour améliorer le rendement des cultures suivantes.

L'identification des facteurs limitants

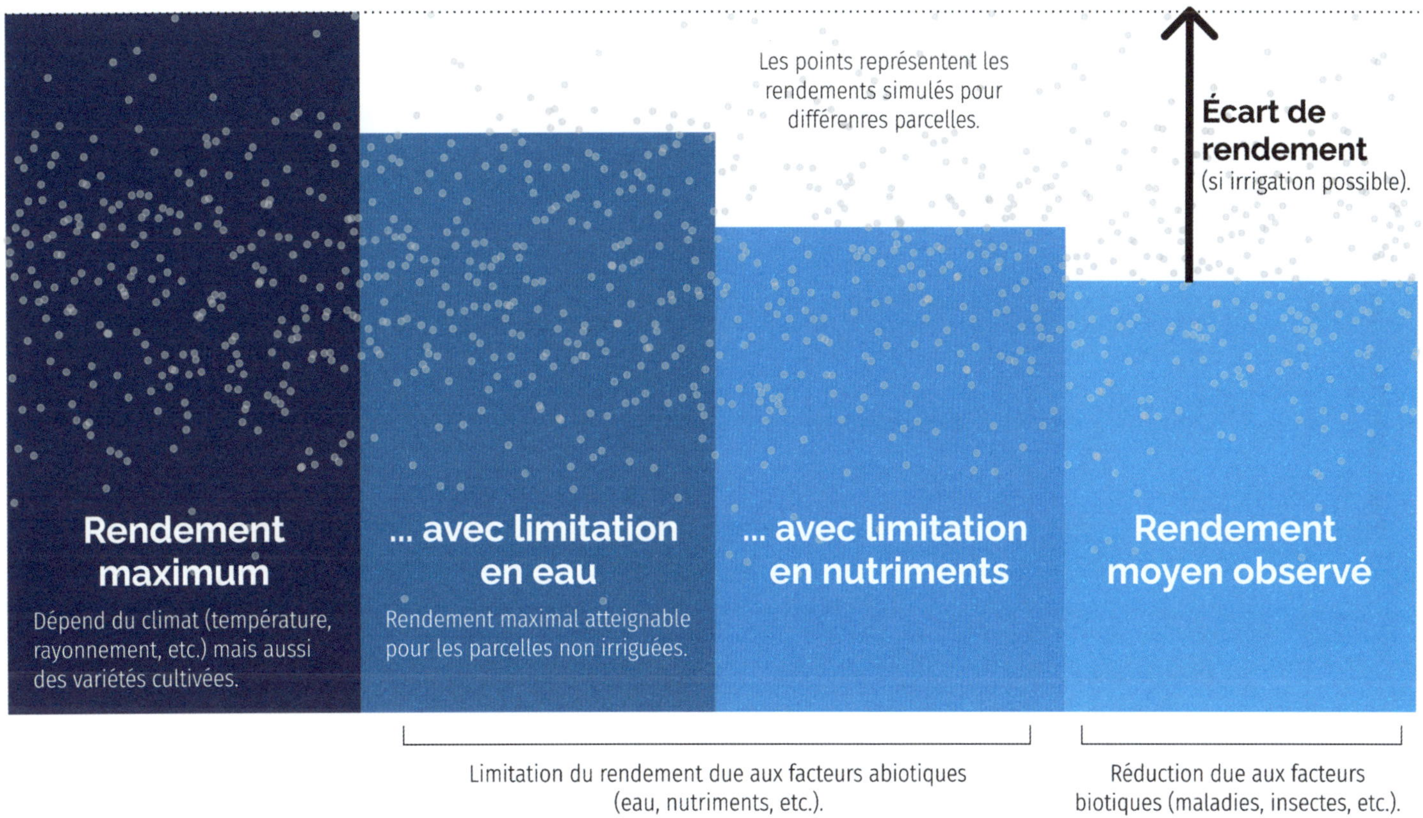

Le diagnostic agronomique du rendement du blé tendre d'hiver

Données : Leterme *et al.* (1994)

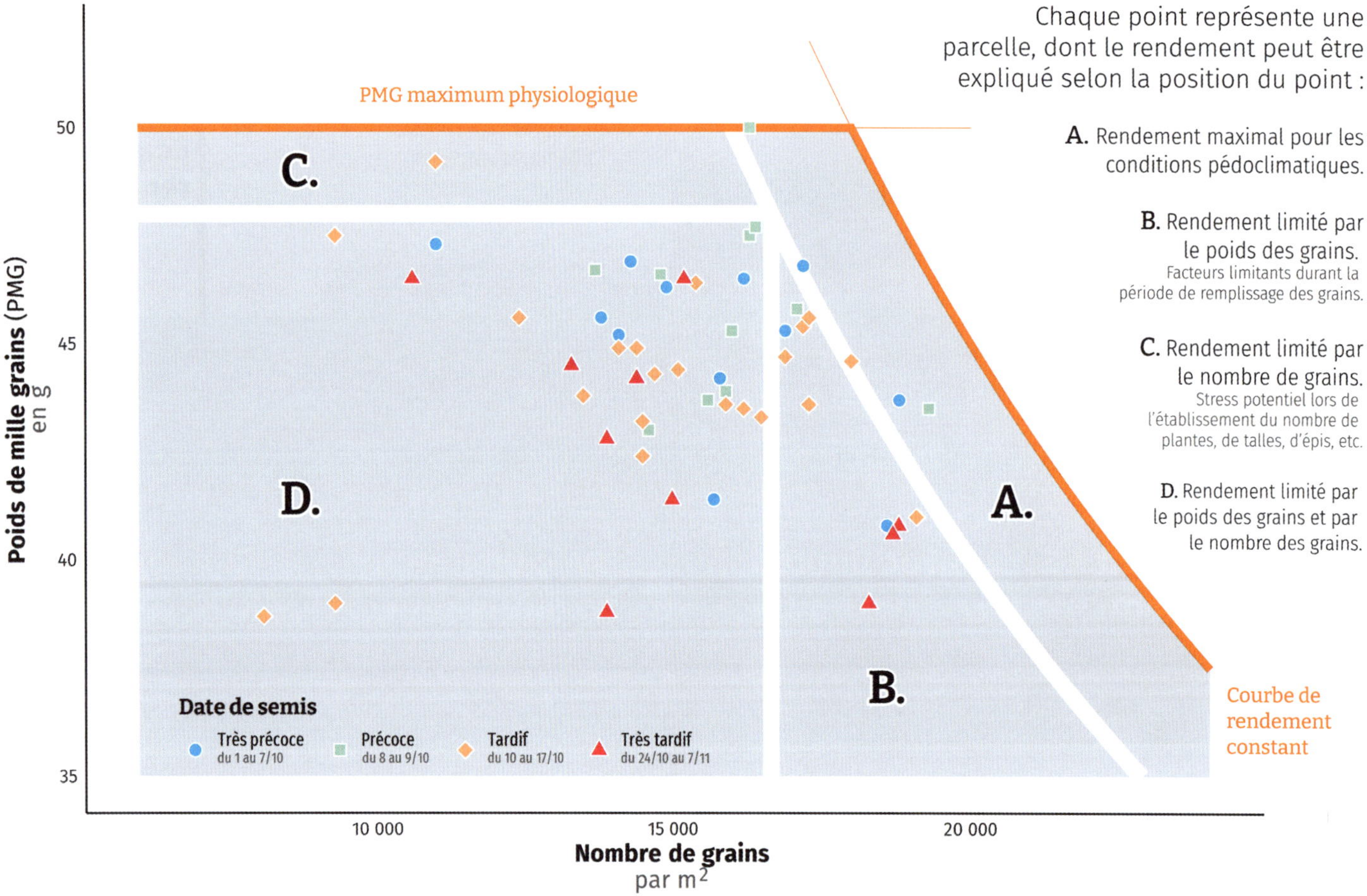

L'évolution des composantes du rendement des variétés de soja

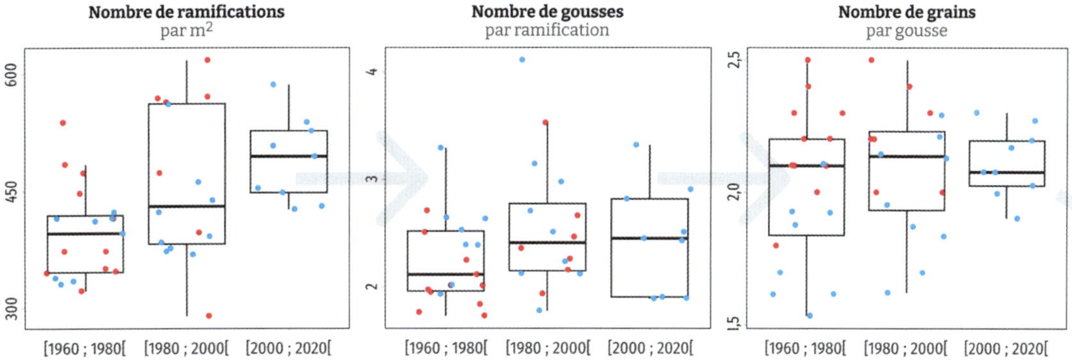

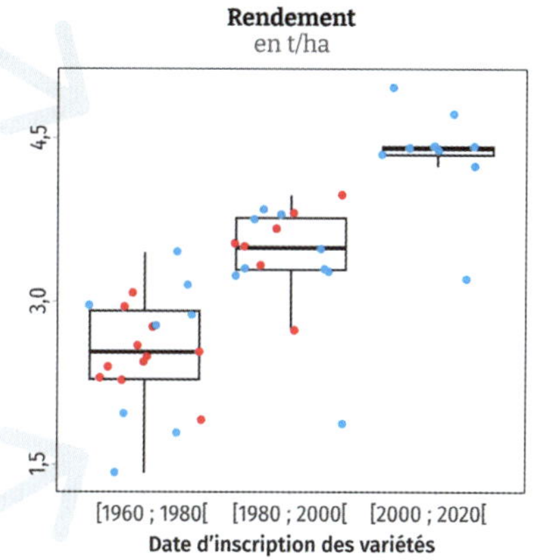

Chaque **point** représente une **variété de soja**.

Ces variétés sont réparties en trois groupes, selon leur **date d'inscription** :

- de 1960 à 1979, de 1980 à 1999 et de 2000 à 2019.

La **couleur** représente le **pays** d'observation des composantes du rendement :

- **Brésil** ou **États-Unis**.

Pour un pays donné, toutes les variétés ont été cultivées la même année, sur la même parcelle.

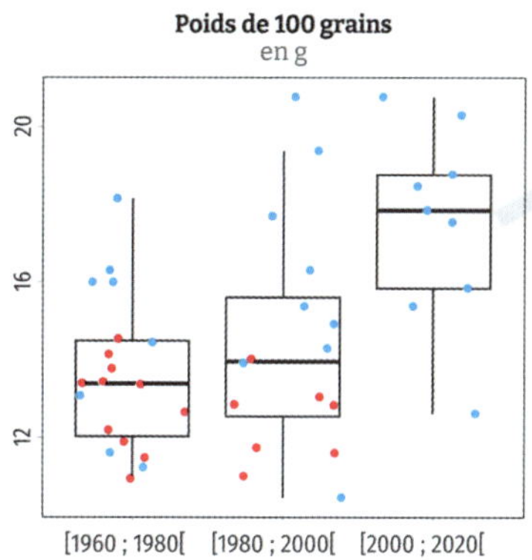

Augmentation des rendements grâce à l'augmentation du **nombre de ramifications** et du **poids des grains**.

En résumé

Les exemples cités précédemment ont mis en évidence les évolutions qu'a connues l'agriculture depuis ses débuts. Avant de passer à la suite de cet ouvrage, qui va détailler les grands enjeux liés aux systèmes agricoles actuels, voici un résumé des principaux points qui ont été abordés dans cette première partie.

L'ÉVOLUTION DES SYSTÈMES AGRICOLES

Le passage d'un mode de subsistance de chasseur-cueilleur à des sociétés basées sur l'agriculture a permis d'augmenter les densités de population. Par la suite, diverses évolutions ont amélioré la productivité des systèmes agricoles. **D'importantes ruptures sont intervenues au cours du XXe siècle**, avec l'apparition de nouveaux intrants comme les engrais de synthèse, la sélection de variétés modernes et le développement du machinisme agricole. Ces innovations ont permis **une augmentation des rendements agricoles à un rythme qui n'avait encore jamais été observé**. En conséquence, la population humaine est passée de 1,5 milliard en 1900 à 6,1 milliards en 2000, jusqu'à dépasser les 8 milliards d'habitants en 2022. **En un siècle, l'augmentation de la population a été trois fois plus importante que pendant toute l'histoire antérieure de l'humanité**. Cependant, l'évolution de la productivité s'est faite de manière très hétérogène dans le monde, avec notamment des rendements qui restent faibles dans de nombreux pays africains.

LE RÔLE DE L'AGRONOMIE

L'agronomie a accompagné le développement de l'agriculture. Par exemple, **les découvertes de Justus von Liebig sur la nutrition des plantes ont permis le développement des engrais**. Ces réflexions se sont accompagnées d'essais, en conditions contrôlées ou au champ, comme les plus vieux essais de longue durée du monde qui sont en cours sur la station expérimentale de Rothamsted (Royaume-Uni) depuis 1843. Contrairement à d'autres sciences, comme la biologie ou la génétique, l'agronomie est une science appliquée et doit donc aussi intégrer des concepts issus de sciences humaines et sociales pour comprendre le fonctionnement des systèmes agricoles. Ce point a notamment été mis en avant par la matrice qui montrait que **certaines successions de cultures défavorables étaient parfois réalisées en France**, ce qui ne peut s'expliquer qu'en considérant des facteurs économiques ou encore des contraintes internes à l'exploitation, comme la nécessité de produire des fourrages pour les troupeaux.

Des débuts de l'agriculture aux systèmes agricoles actuels

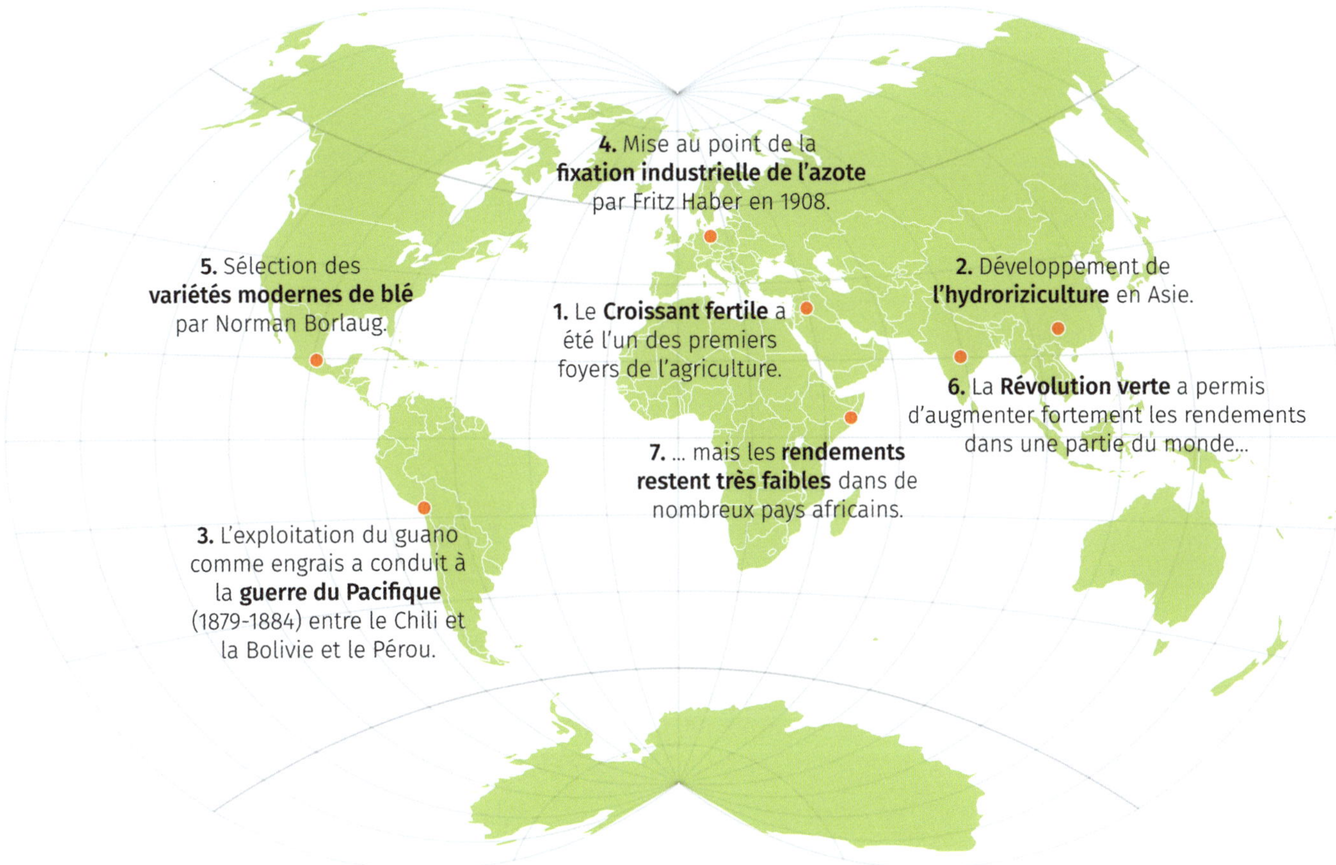

Partie 2
Les enjeux des systèmes agricoles actuels

LES CONSÉQUENCES NÉGATIVES DES SYSTÈMES AGRICOLES HÉRITÉS DE LA RÉVOLUTION VERTE

À l'heure de l'Anthropocène

Tout comme l'agriculture, l'Holocène a débuté il y a 12 000 ans. Cependant, selon certains auteurs, cette ère géologique stable touche à sa fin et la planète entre maintenant dans l'Anthropocène, une ère durant laquelle **les activités humaines sont les principaux déterminants des changements sur Terre**.

LES LIMITES PLANÉTAIRES

Plusieurs **limites planétaires** ont été définies pour déterminer les seuils que l'humanité ne devrait pas dépasser pour **rester dans des conditions stables** pour son développement. Des indicateurs ont ensuite été quantifiés pour juger du dépassement ou non de ces limites. Par exemple, concernant le changement climatique, il est estimé que la concentration en dioxyde de carbone atmosphérique doit être inférieure à 350 parties par million (ppm) et que le forçage radiatif, c'est-à-dire la différence entre la puissance radiative reçue et celle émise par la Terre, ne doit pas dépasser +1 watt par mètre carré. Lors d'une des premières évaluations de l'état des limites planétaires réalisée en 2011, ces deux indicateurs avaient été dépassés, avec des valeurs de 399 ppm pour le dioxyde de carbone atmosphérique et de +2,3 watts par mètre carré pour le forçage radiatif. Cependant, si le changement climatique est au centre des débats aujourd'hui, l'état de plusieurs limites planétaires est jugé encore plus préoccupant, en particulier **la perturbation des cycles biogéochimiques (azote et phosphore)** et **la perte de biodiversité**.

LE POIDS DE L'AGRICULTURE

Ces trois limites sont **fortement liées aux systèmes agricoles**. Comme cela a été montré dans la première partie, l'augmentation des rendements observée au siècle précédent est en partie due à l'utilisation des engrais. Mais une partie des éléments minéraux apportés par les engrais n'est pas prélevée par les cultures et peut ensuite être transférée aux écosystèmes naturels, causant ainsi d'importants dégâts environnementaux qui seront détaillés dans la troisième partie de cet ouvrage. Comme le ratio entre la quantité d'azote sur phosphore nécessaire à la croissance des plantes est relativement constant (d'une valeur de 12 environ), les cycles des deux éléments sont liés.

La biodiversité génétique a été estimée d'après le taux annuel actuel de disparition des espèces, en comparant la valeur actuelle aux valeurs estimées dans le passé, avant le développement des activités humaines. Ce taux de disparition « naturel » a été estimé grossièrement à une disparition par an pour un million d'espèces présentes alors que le taux actuel est estimé entre 100 et 1 000 espèces pour un million.

À noter que certaines limites n'ont pas encore été évaluées, comme la biodiversité fonctionnelle, qui fait le lien avec les services écosystèmes rendus par les espèces vivantes et qui est encore plus difficile à quantifier que la biodiversité génétique, ou encore les pollutions chimiques et la concentration des aérosols dans l'atmosphère.

Les limites planétaires

Parmi les premières évaluations des limites planétaires, Steffen *et al.* (2015) avait estimé que **cinq limites sur huit avait déjà été franchies**.

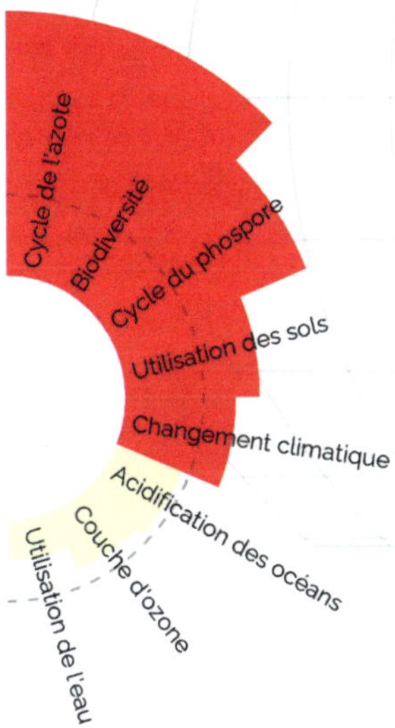

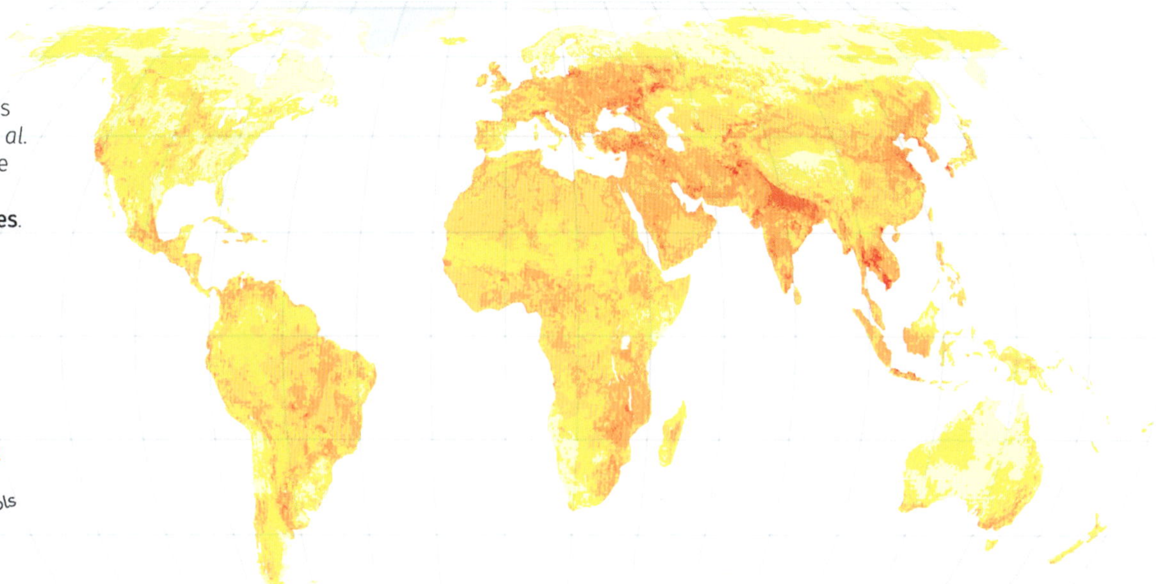

Plus récemment, les travaux de Rockström *et al.* (2023) ont permis d'évaluer **la variabilité spatiale de l'état des limites planétaires**.

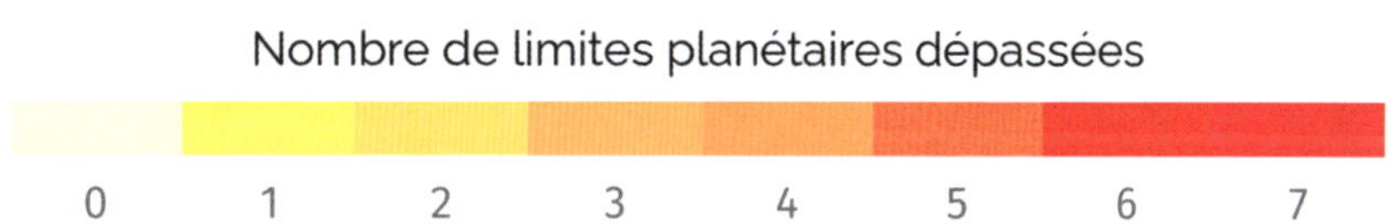

La diminution de la biodiversité

Un exemple bien documenté de **l'impact de l'agriculture sur la biodiversité** concerne la diminution du nombre d'espèces d'oiseaux, en particulier les espèces liées aux milieux agricoles.

INTERROGER DIFFÉRENTES RÉFÉRENCES

Analyser différentes sources de données est **une bonne pratique pour valider une hypothèse**, surtout lorsqu'il s'agit de phénomènes difficiles à quantifier comme l'évolution de la biodiversité. Les pages suivantes vont présenter les résultats de trois dispositifs de comptage des oiseaux qui sont, dans l'ordre d'apparition des prochaines figures : le dispositif de suivi temporel des oiseaux communs (STOC) en France, le *Pan-European Common Bird Monitoring Scheme* pour l'Europe et le projet *FeederWatch* pour l'Amérique du Nord. Tous ces dispositifs s'appuient sur des milliers de volontaires qui réalisent des comptages d'oiseaux selon des protocoles standardisés. L'analyse du dispositif STOC, publiée en 2021, a montré un déclin des oiseaux vivant en milieu urbain, comme les hirondelles ou certains moineaux. Mais **les espèces les plus touchées sont les espèces vivant en milieu agricole**, qui ont perdu près du tiers de leurs effectifs en 30 ans. Une analyse récente des données à l'échelle européenne publiée par Rigal ***et al.*** en 2023 a confirmé l'impact négatif de l'intensification de certaines pratiques agricoles sur la biodiversité aviaire. Là encore, les espèces agricoles, comme les alouettes des champs, étaient celles dont le déclin était le plus marqué. Les tendances observées en Europe se retrouvent dans les comptages en Amérique du Nord. Dans le détail, on peut voir que le déclin touche les espèces vivant dans tous types de milieux agricoles, des prairies aux vergers en passant par les grandes cultures. La concordance des résultats de ces différentes études laisse peu de doute sur le déclin de la biodiversité aviaire dans les milieux agricoles.

LES RAISONS DU DÉCLIN

Le déclin des oiseaux agricoles peut être attribué à des **causes directes**, notamment la mécanisation de l'agriculture. Le passage des outils agricoles, en particulier des engins de récolte, peut entraîner la destruction des nids des oiseaux qui nichent dans les prairies de fauche, comme l'Outarde canepetière, ou parmi les cultures, tel que le Busard cendré. Il a également été montré que les traitements phytosanitaires pouvaient perturber les fonctions reproductrices des oiseaux, ou encore le sens de l'orientation des oiseaux migrateurs. Mais l'évolution des pratiques agricoles a aussi entraîné **des conséquences indirectes** sur les populations aviaires. Les remembrements ont modifié et uniformisé les paysages, limitant les habitats disponibles pour des espèces comme la Perdrix rouge. L'utilisation des produits phytosanitaires, comme les insecticides ou les herbicides, a également eu un impact sur les ressources nutritives, en diminuant les populations d'insectes ou encore la production de graines d'adventices.

L'évolution des populations aviaires en France de 1989 à 2017

Données : dispositif STOC

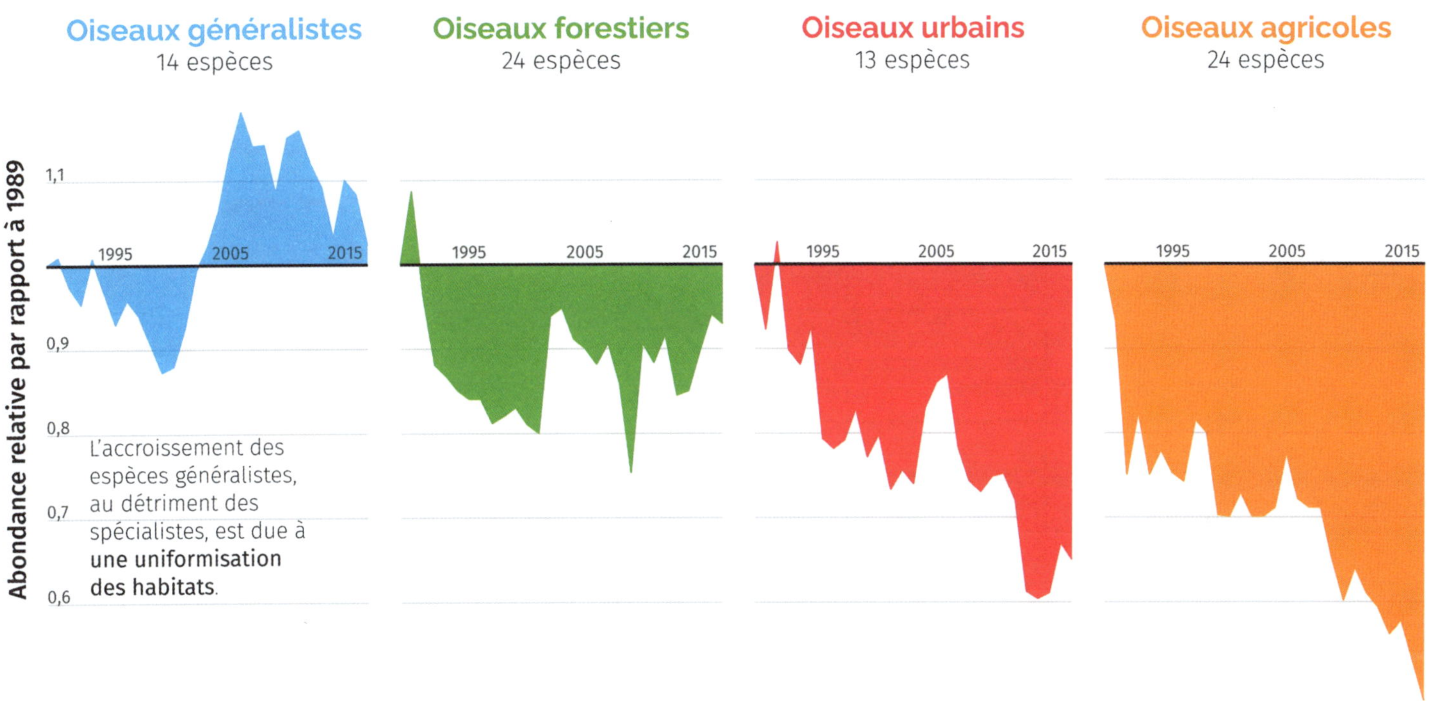

L'évolution des populations d'alouettes des champs en Europe depuis 1996

Données : *Pan-European Common Bird Monitiring Scheme*

Espèce commune en Europe, les populations d'alouettes des champs sont **en diminution dans la plupart des pays européens**.

L'évolution des populations aviaires en Amérique du Nord depuis 1996

Données : projet *feederWatch*

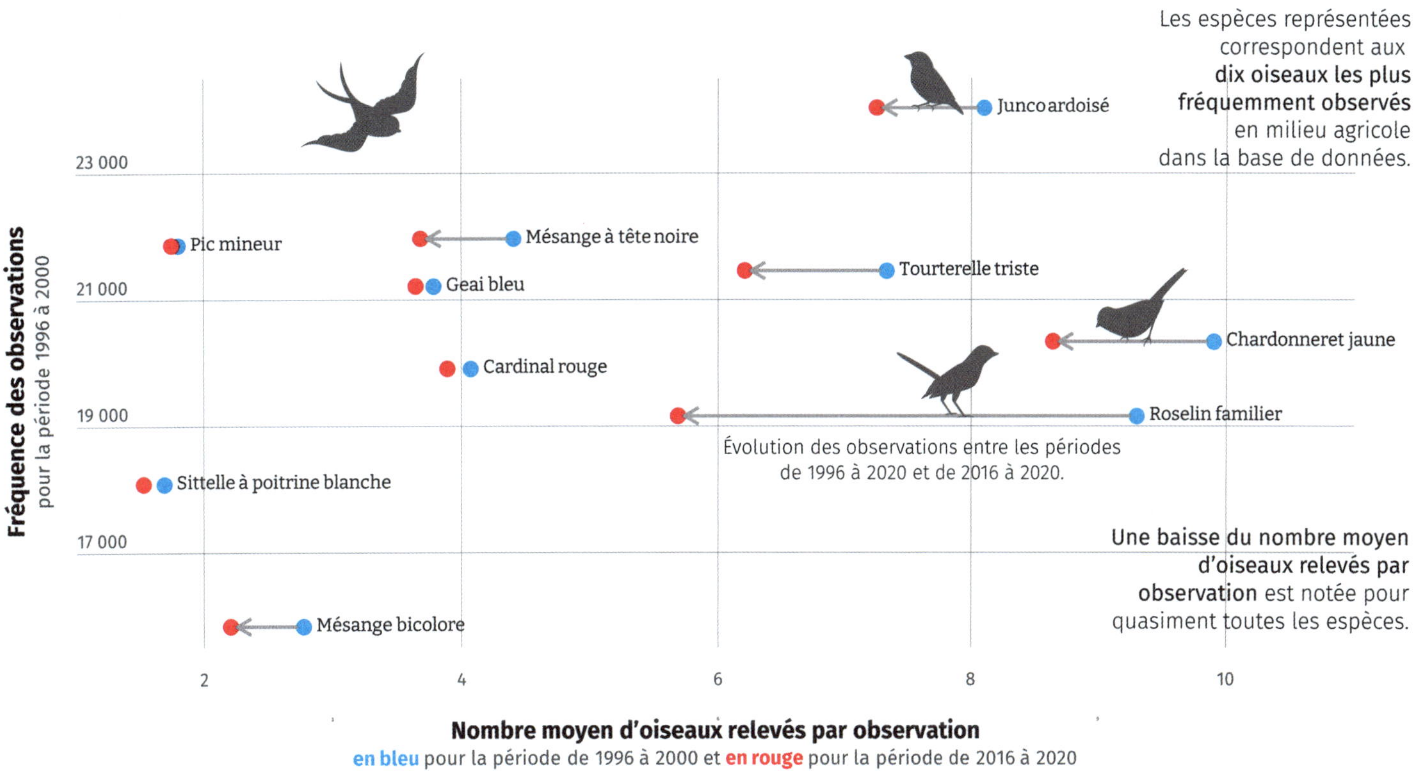

Le déclin des abeilles

Le **déclin des colonies d'abeilles domestiques**, observé depuis une vingtaine d'années en Europe et en Amérique du Nord, est un autre exemple fréquemment cité concernant la dégradation de la biodiversité.

DIFFÉRENTS STRESS EN CAUSE

Ce déclin est particulièrement préoccupant car les insectes pollinisateurs, en particulier les abeilles, **pollinisent environ un tiers des cultures destinées à notre alimentation**, dont des plantes comme la tomate, le cerisier et le pommier. Aux États-Unis, l'association *Bee Informed Partnership* réalise un sondage annuel auprès des apiculteurs professionnels ou amateurs pour quantifier l'évolution du nombre de colonies. Ces enquêtes sont aussi utiles pour évaluer l'effet des pratiques de gestion sur les taux de pertes observés. Les analyses des pages suivantes ont été réalisées à partir des données issues d'enquêtes, mises à disposition gratuitement sur le site de l'association. Les colonies subissent un ensemble de pressions qui entraînent leur effondrement. Le varroa, un petit acarien qui s'installe et se reproduit au cœur même des ruches, est cité par les apiculteurs interrogés comme étant la principale cause de déclin des colonies **L'utilisation des produits phytosanitaires arrive en troisième position** parmi les causes de mortalité des abeilles.

VERS L'INTERDICTION DES NÉONICOTINOÏDES

La toxicité de la nicotine pour les insectes est connue depuis le XVIIe siècle, avec l'exemple de l'agronome français Jean-Baptiste de La Quintinie qui utilisait des infusions de feuilles de tabac pour protéger ces vergers. La structure de la nicotine est similaire à celle du neurotransmetteur acétylcholine et provoque donc une stimulation excessive des circuits nerveux qui mène à la paralysie et à la mort des insectes. Les insecticides à base de néonicotinoïdes ont été **créés beaucoup plus récemment**, dans les années 1980. Les cinq substances actives répertoriées dans cette famille d'insecticides sont la clothianidine, l'imidaclopride, le thiaméthoxame, l'acétamipride et le thiaclopride. Ces produits agissent également sur le système nerveux central des insectes, mais leur efficacité est augmentée par **leur caractère systémique**, c'est-à-dire qu'ils se diffusent dans tous les tissus de la plante, augmentant ainsi l'efficacité de l'insecticide.

Le premier traitement à base de néonicotinoïdes a été mis sur le marché en 1991. Ces produits représentent aujourd'hui environ 25 % des ventes d'insecticides dans le monde. Après plusieurs années de controverses rappelées sur la chronologie ci-contre, les dernières décisions prises sur le continent européen vont vers une interdiction des insecticides à base de néonicotinoïdes en agriculture, notamment en raison de la toxicité de ces produits vis-à-vis des populations d'insecte.

La chronologie de l'interdiction des insecticides à base de néonicotinoïdes en France

1999
En France, interdiction de l'usage de l'imidaclopride pour les cultures de tournesol, puis sur maïs en 2004.

2013
En Europe, mise en œuvre de restrictions à l'utilisation de la clothianidine, de l'imidaclopride et du thiaméthoxame sur les cultures attractives pour les abeilles.

2016
En France, vote d'une loi pour l'interdiction des produits à base de néonicotinoïdes à compter du 1er septembre 2018.

2018
La Commission européenne interdit l'usage de la clothianidine, de l'imidaclopride et du thiaméthoxame.

2020
À la suite de rendements de betterave historiquement bas en France à cause d'une épidémie de jaunisse, dérogations pour la réintroduction des néonicotinoïdes sur cette culture.

2023
La Cour de justice de l'Union européenne interdit toute dérogation à l'utilisation des néonicotinoïdes.

La perte des colonies d'abeilles aux États-Unis de 2015 à 2021

Données : *Bee Informed Partership*

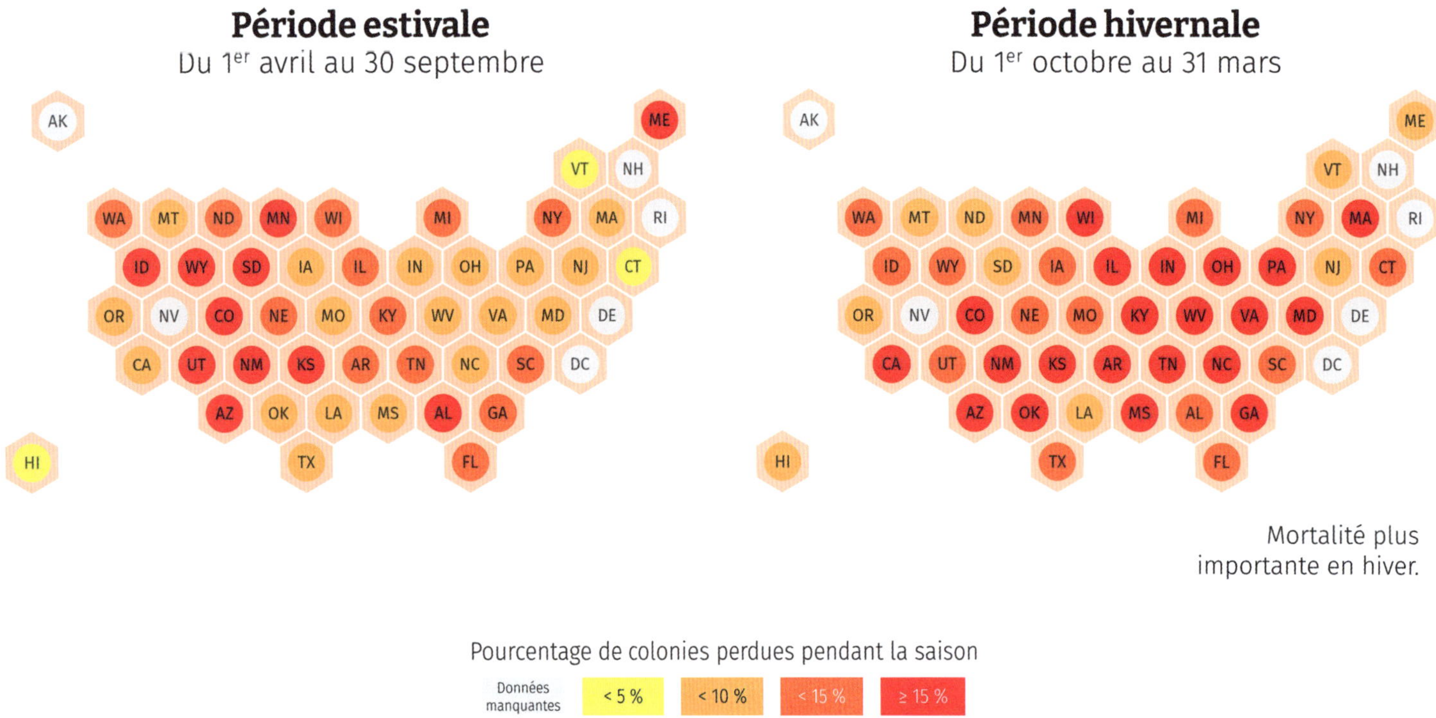

Les causes de la perte des colonies d'aprés les apiculteurs américains

Données : *Bee Informed Partership*

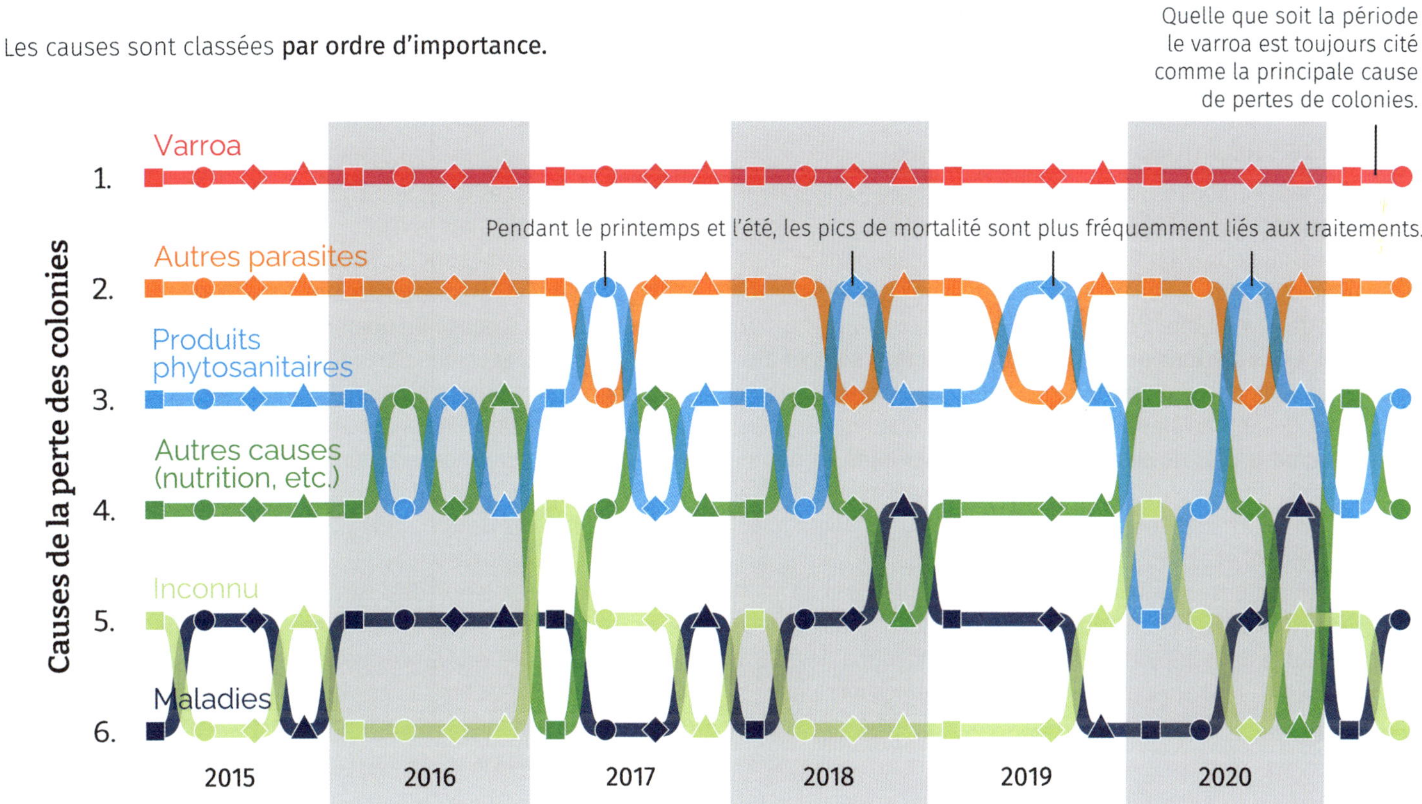

Légende : □ janvier à mars ○ avril à juin ◇ juillet à septembre △ octobre à décembre

L'augmentation de la résistance des bioagresseurs

Qu'il s'agisse de maladies ou d'insectes qui s'attaquent aux cultures, ou même des adventices qui peuvent concurrencer les cultures, les organismes présents dans les parcelles agricoles s'adaptent naturellement. Plusieurs bases de données ont été établies pour suivre ces évolutions.

L'ÉVOLUTION DES RELATIONS HÔTES-PATHOGÈNES

La base de données ***Pathogen-Host Interactions***, hébergée par la station de recherche de Rothamsted, référence les évolutions des pathogènes qui infectent les animaux et les végétaux et qui sont mentionnées dans la bibliographie scientifique. L'analyse de cette base de données montre que la plupart des évolutions n'ont pas d'effet sur la virulence des pathogènes. Mais **les mutations qui apportent un avantage sélectif aux pathogènes**, comme la résistance aux produits phytosanitaires ou le contournement des mécanismes de résistances des plantes cultivées, **sont celles qui ont le plus de chance de se perpétuer dans les populations**. Si l'on s'intéresse plus particulièrement aux ravageurs du blé tendre d'hiver, deux champignons sont particulièrement mentionnés dans la base de données : ***Fusarium graminearum***, qui provoque des pertes de rendement et des contaminations des grains de blé et de maïs par des mycotoxines, et *Zymoseptoria tritici*. Ce dernier champignon, qui est responsable de la septoriose du blé, est un agent pathogène à fort pouvoir évolutif. Il est ainsi capable de contourner les mécanismes de défense de certaines variétés de blés et aussi de développer des résistances aux fongicides. **L'utilisation de produits avec des modes d'action différents peut, dans une certaine mesure, ralentir le développement de résistances**.

UN EXEMPLE DE RÉSISTANCE AUX INSECTICIDES

Le puceron du cotonnier (***Aphys gossypii***) est un ravageur qui attaque de nombreuses espèces végétales, comme le coton, le melon, le concombre ou encore d'autres plantes de la famille des cucurbitacées. La base de données ***Arthropod Pesticide Resistance Database***, de l'université du Michigan, compile les résistances aux insecticides qui ont été décrites depuis 1914. Elle recense **de nombreux cas de résistances pour le puceron du cotonnier**, comme le montre la carte présentée ci-contre. Ces résistances se retrouvent sur tous les continents et elles touchent tous les principaux modes d'action, notamment les insecticides neurotoxiques qui représentent 90 % des ventes. Les néonicotinoïdes, qui ciblent les récepteurs nicotiniques à acétylcholine, ont déjà été cités dans cet ouvrage. Mais il existe d'autres produits neurotoxiques, qui peuvent inhiber l'enzyme acétylcholinestérase ou encore les récepteurs GABA, responsables de la transmission des messages neuronaux. À noter que les cas de résistances aux produits phytosanitaires touchent aussi les herbicides. Par exemple, en France, il existe des préoccupations concernant le développement de résistance aux herbicides à base de sulfonylurées, qui agissent par inhibition de l'enzyme acétolactate synthase (ALS).

Les cas de résistances aux insecticides observés chez le puceron du cotonnier

Données : *Arthropod Pesticide Resistance Database*

La taille des points indique le nombre de cas recensés dans le pays.
La couleur précise les modes d'action contournés par le puceron du cotonnier (*Aphis gossypii*).

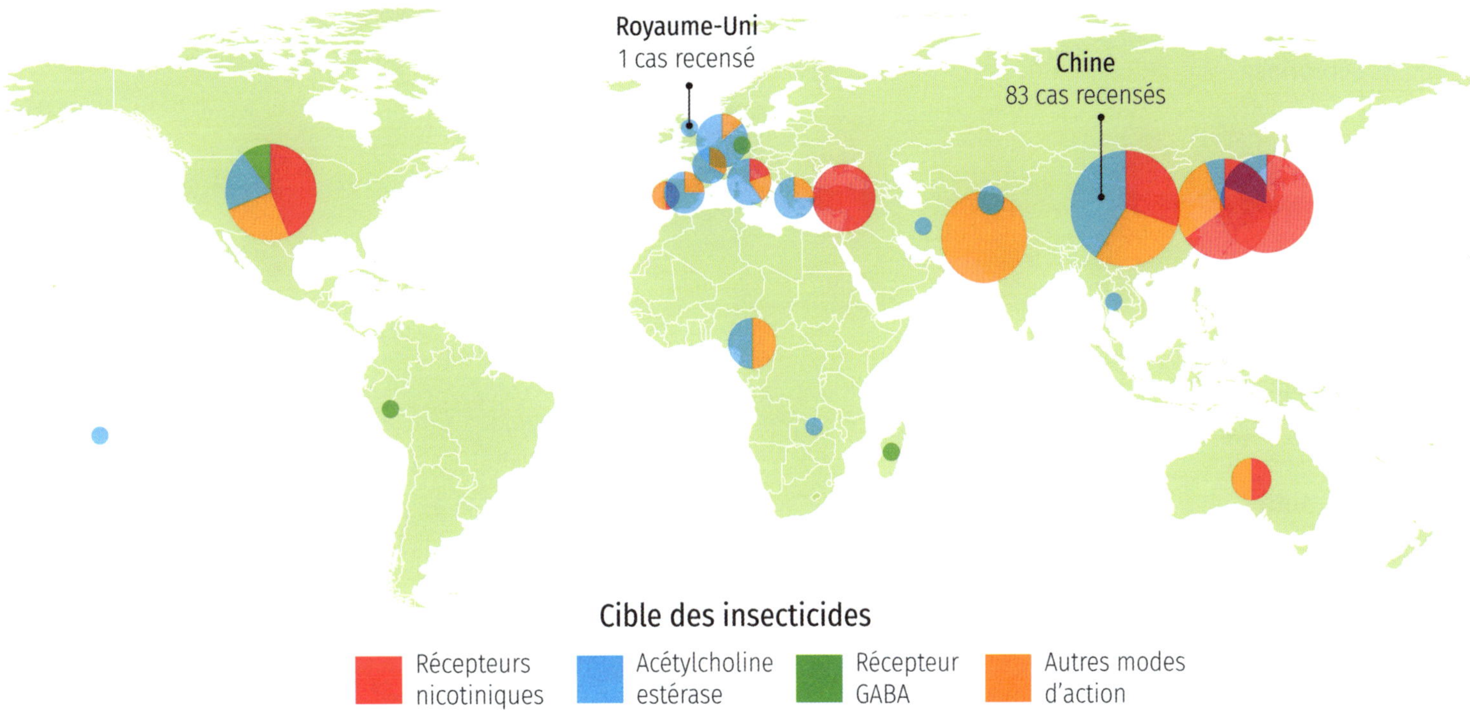

Les mutations recensées chez les principaux pathogènes du blé

Données : *Pathogen-Host Interactions (PHI) Database*

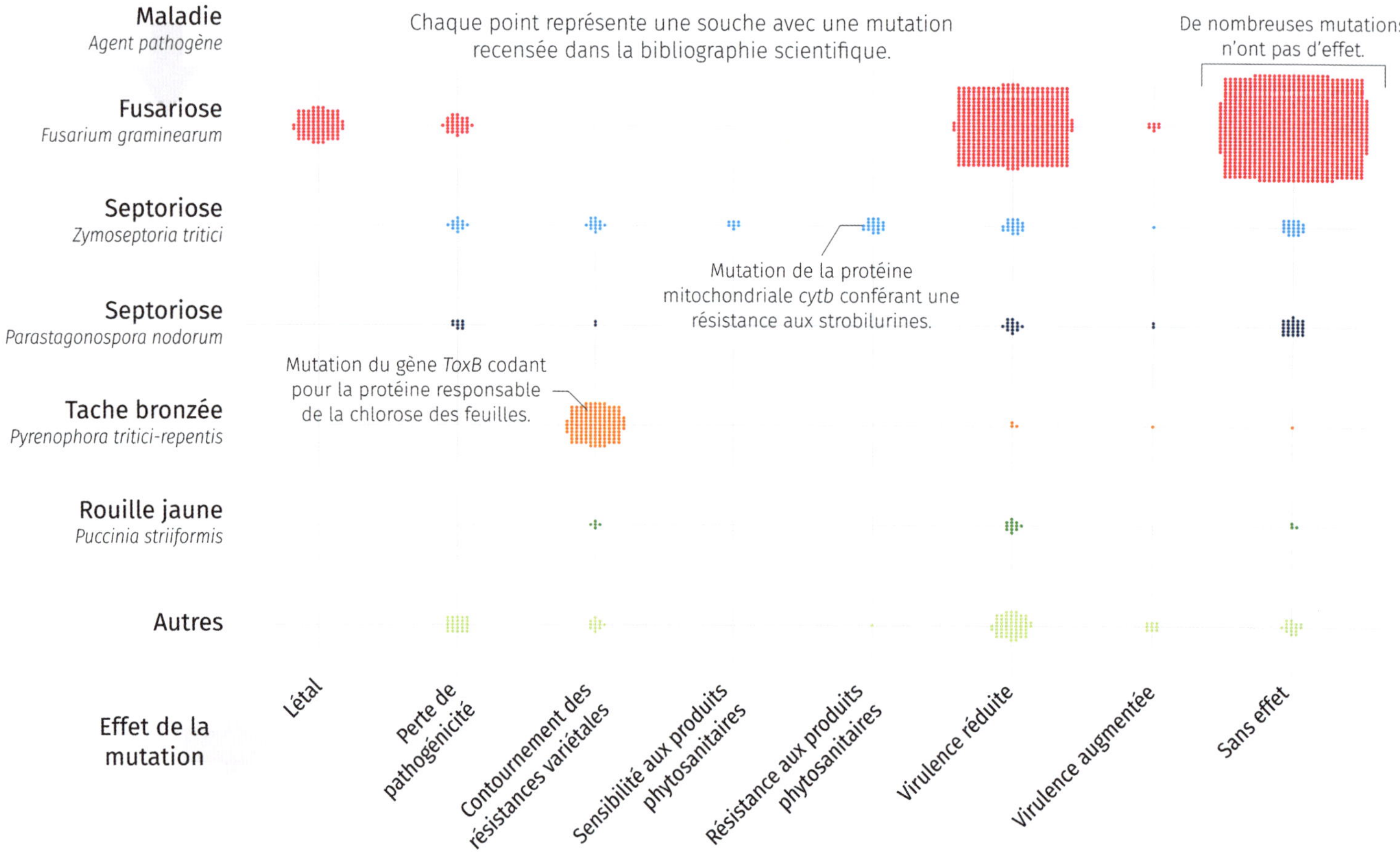

La distribution géographique de la septoriose en France

Données : base de données Vigicultures®

La **septoriose** est une maladie fongique qui affecte fréquemment les parcelles de blé en France.

Les données utilisées pour réaliser les cartes ci-contre sont issues du **réseau Vigicultures®**, qui fournit des données d'observations collectées sur un réseau de parcelles suivies par différents organismes (instituts techniques, chambres d'agricultures, coopératives, etc.) et des agriculteurs.

Ces cartes illustrent deux particularités de la distribution des maladies : la **variabilité spatiale et temporelle** des infestations.

Sur les cartes, les hexagones grisés correspondent aux zones sans observation.

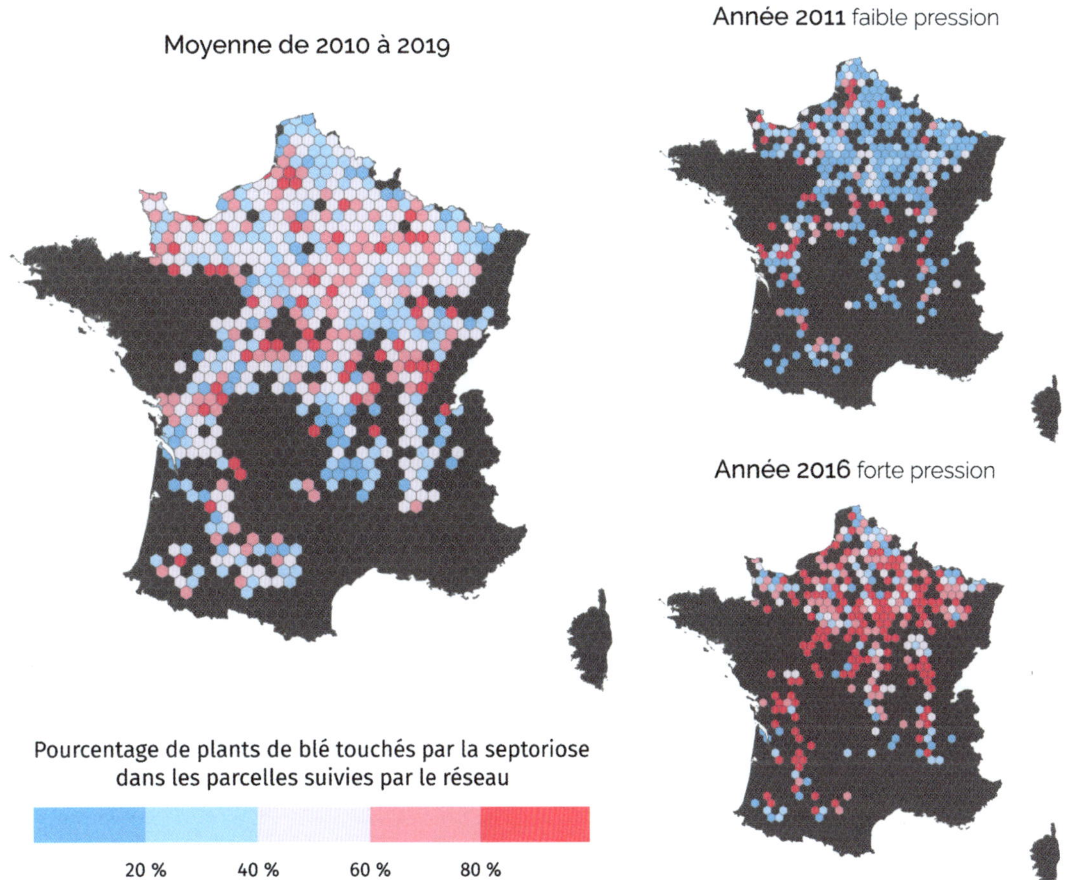

Les transferts des produits phytosanitaires

Les chapitres précédents ont abordé plusieurs enjeux relatifs à l'utilisation des produits phytosanitaires en agriculture : la diminution de la biodiversité et l'augmentation des résistances des bioagresseurs. Un autre enjeu préoccupe les autorités de santé publique : les transferts de molécules issues des produits phytosanitaires en dehors des parcelles cultivées, et en particulier les transferts en direction des captages d'eaux potables.

LES MÉCANISMES DES TRANSFERTS

Il existe différents types de traitements phytosanitaires selon la cible des traitements (insecticides pour les insectes, herbicides pour les adventices, fongicides pour les champignons, etc.). Comme les médicaments, la substance active d'un produit phytosanitaire désigne le composé qui lui confère ses propriétés (action contre les insectes pour un insecticide, par exemple). Après application des traitements aux champs, les substances actives vont être dégradées totalement ou partiellement en une ou plusieurs autres molécules : les métabolites. Ces transformations se produisent à la suite de réactions chimiques en réaction avec l'environnement, la faune, la flore et les micro-organismes des parcelles cultivées. L'évaluation des risques liés au transfert des produits phytosanitaires doit donc prendre en compte l'effet des substances actives, mais aussi celui des métabolites issus de la dégradation des substances actives (en termes de présence et de degré de toxicité). Par exemple, les analyses réalisées en 2017 en France par l'Agence nationale de sécurité sanitaire de l'alimentation, de l'environnement et du travail (Anses) ont montré que le principal métabolite du glyphosate, l'acide aminométhylphosphonique (AMPA), était plus présent que la substance active associée dans les eaux de surface telles que les rivières et les lacs (respectivement 50 % et 74 % des prélèvements contaminés pour le glyphosate et l'AMPA).

LES POLLUANTS ÉMERGENTS

Si le cas du glyphosate fait l'objet de vifs débats, toutes les molécules ne font pas l'objet du même niveau de surveillance. Le laboratoire d'hydrologie de l'Anses mène régulièrement des campagnes pour mesurer, dans l'eau destinée à la consommation humaine, la présence de composés chimiques qui ne sont pas ou peu recherchés lors des contrôles réguliers. Comme le montre la figure ci-contre, la campagne de 2019 a mis en évidence la présence de plusieurs polluants émergents dans les eaux, dont le R471811, un métabolite issu des fongicides qui contiennent le chlorothalonil comme substance active, et ce malgré l'interdiction de cette substance active en 2020. Les métabolites associés peuvent rester présents dans l'environnement plusieurs années après l'interdiction de la substance active dont ils sont issus. Comme de nombreux polluants émergents, peu de données sont disponibles concernant la toxicité du R471811. Le seuil de qualité de 0,1 µg par litre qui lui est appliqué est donc un seuil de précaution.

La contamination des captages d'eau potable

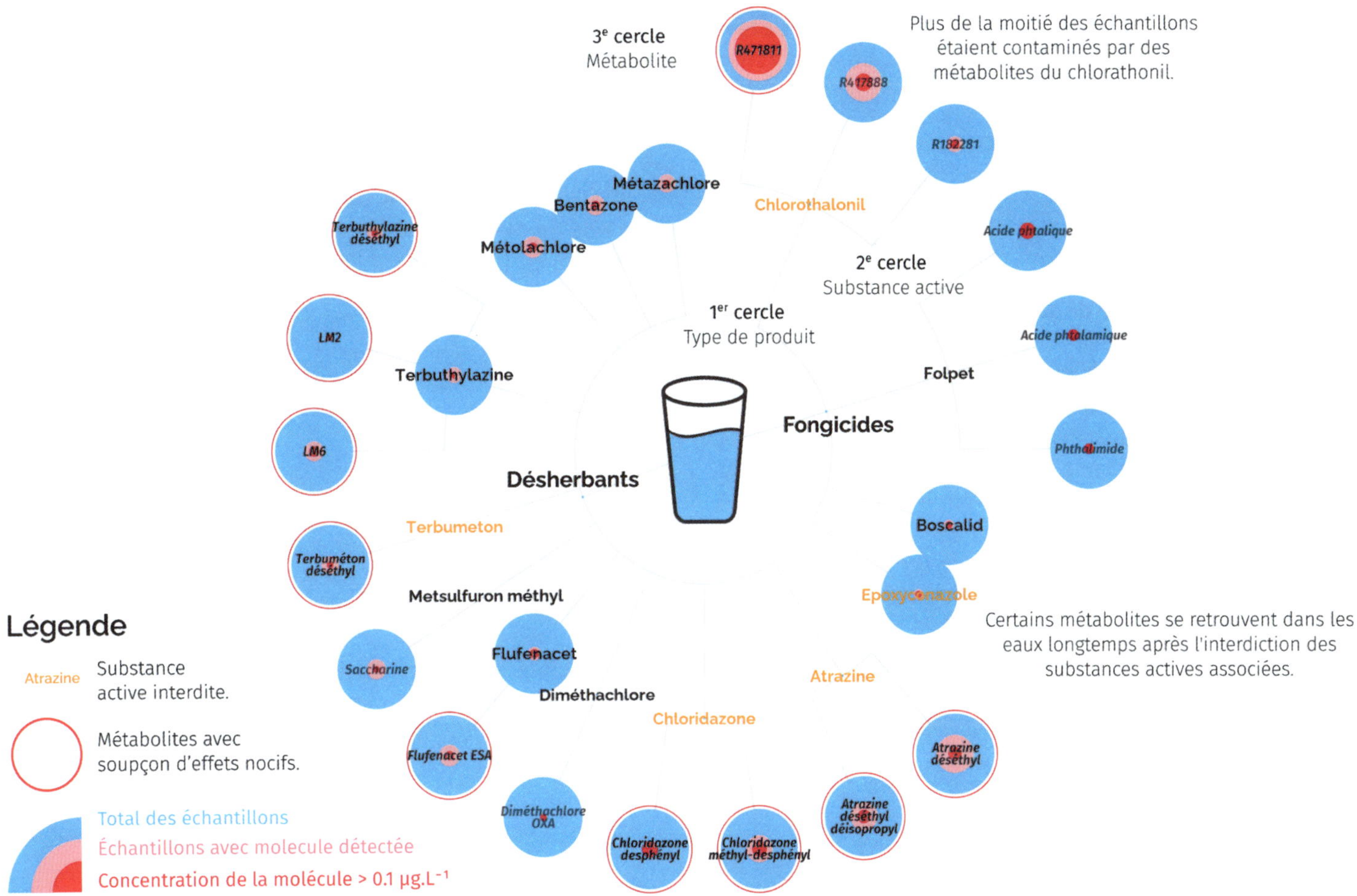

Des tensions autour de l'utilisation des produits phytosanitaires

L'utilisation de produits phytosanitaires en agriculture est source de tensions avec le reste de la population, **notamment lorsque les parcelles cultivées se situent à proximité des habitations**.

LE NOMBRE DE TRAITEMENTS PAR CULTURE

Le nombre de traitements phytosanitaires, ainsi que le type de produits utilisés, dépend beaucoup de la culture en place. L'indicateur couramment utilisé pour suivre l'utilisation des produits phytosanitaires est **l'indicateur de fréquence de traitements phytosanitaires** (IFT). Cet indicateur comptabilise le **nombre de doses de référence appliquées**, qui peut être différent du nombre de traitements effectivement réalisés au champ. **Les cultures permanentes, et plus particulièrement les vergers, sont parmi les cultures les plus traitées**. Les pommiers, qui ont été pris comme références pour le graphique ci-contre, reçoivent par exemple 30 traitements par an en moyenne. Les deux tiers de ces traitements sont des fongicides, notamment pour lutter contre la tavelure, l'une des principales affections fongiques du pommier. Le nombre de traitement moyen est relativement plus faible pour les grandes cultures, avec des différences de produits utilisés selon les espèces. Les insecticides sont les principaux produits utilisés sur les cultures de colza, alors que les principaux traitements sur le blé sont des herbicides pour lutter contre les adventices aux stades précoces de la culture et des fongicides pour éviter les maladies fongiques comme la septoriose et la fusariose.

L'EXPOSITION DES RIVERAINS

Sur la partie de gauche, le graphique ci-contre montre le pourcentage de la surface totale occupée par chaque culture qui se trouve à proximité des habitations (moins de 50 mètres, 100 mètres ou 150 mètres des habitations). La comparaison avec les données précédentes montre que **les cultures qui reçoivent le plus de traitements, comme les vignes et les vergers, sont aussi celles qui sont le plus souvent proches des habitations,** ce qui pose des questions de santé publique. Pour ce qui est des vergers, 53 % de la surface française implantée avec ce type de culture se trouve à moins de 150 mètres des habitations (dont 11 % à moins de 50 mètres). Comme présenté dans le premier chapitre de cet ouvrage, les cultures permanentes sont généralement implantées sur des plus petites parcelles, ce qui augmente la part relative occupée par les bordures qui peuvent se trouver à proximité des exploitations. Dans le but de réduire l'exposition des riverains aux produits phytosanitaires, le gouvernement français a annoncé en 2019 l'instauration obligatoire de zones sans traitements autour des zones habitées. La distance de ces zones tampons varie de 3 à 20 mètres selon la toxicité des produits, selon la culture traitée et selon l'équipement utilisé. En comparaison le maire d'une commune bretonne avait signé un arrêté pour instaurer des zones tampons de 150 mètres autour de toute parcelle cadastrale comprenant un bâtiment à usage d'habitation ou professionnel. Selon les cultures considérées, une telle mesure concernerait donc entre 20 % et 50 % des surfaces cultivées.

Les différences d'exposition des riverains aux traitements en France

Données : Guilpart *et al.* (2022)

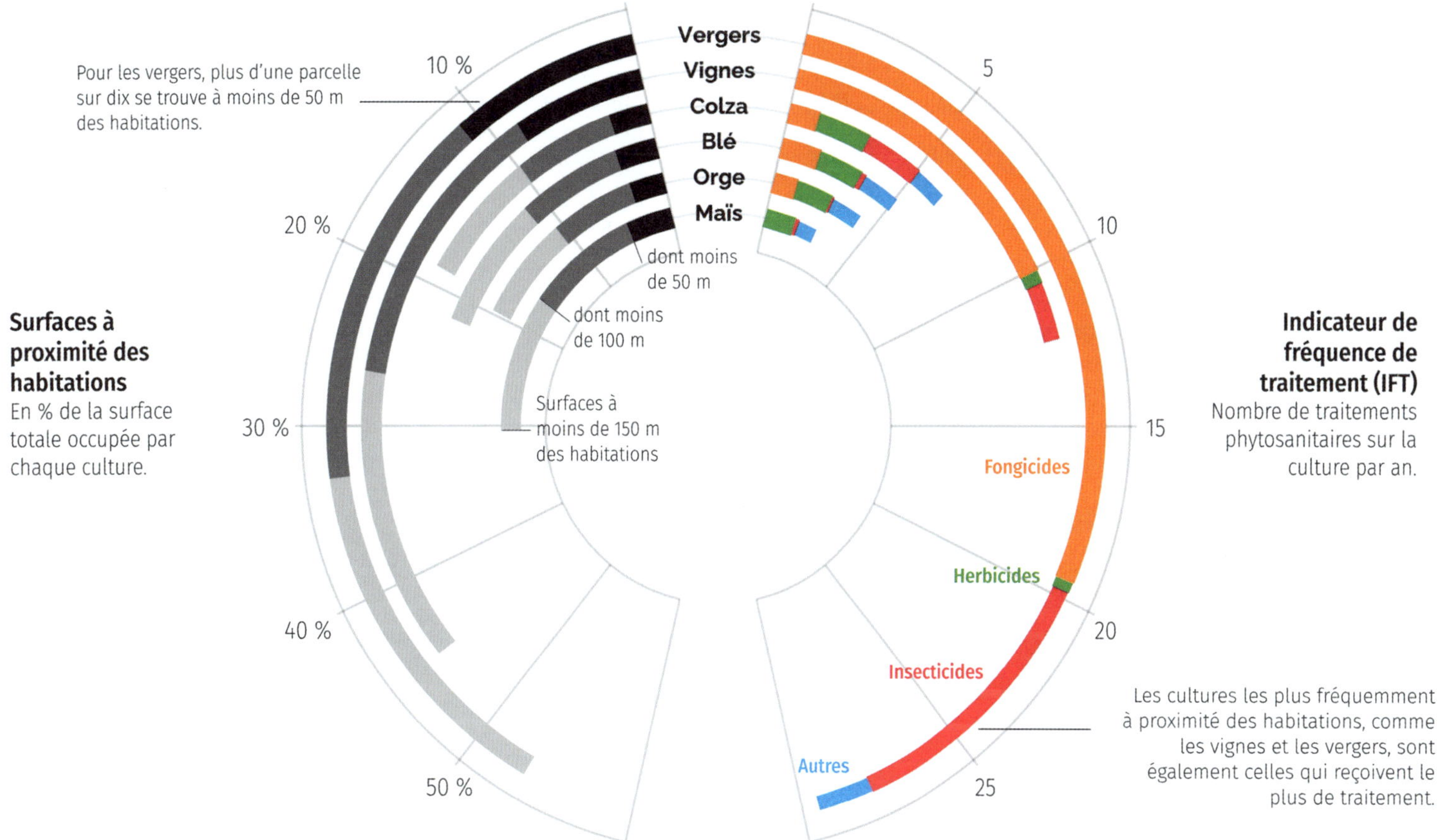

Des difficultés pour diminuer l'utilisation des produits phytosanitaires

En plus des impacts des produits phytosanitaires sur la biodiversité et les risques de contournement de ces produits présentés précédemment, l'utilisation de ces produits peut aussi avoir **des effets délétères sur la santé des utilisateurs**. Des politiques publiques ont été mises en place pour limiter l'utilisation des produits phytosanitaires.

DES VENTES QUI NE BAISSENT PAS...

Lancé en 2008 par le gouvernement français, le plan Écophyto visait une réduction de l'usage des produits phytosanitaires de 50 % en 10 ans. Cette initiative s'est soldée par un échec : l'utilisation globale de ces produits reste stable, voire augmente légèrement en France, comme on peut le voir sur le graphique ci-contre (+2 % d'augmentation entre 2012 et 2020 en France). À titre de comparaison, les données disponibles pour la Suisse, sur un intervalle de temps entre 2008 et 2021, montre la même tendance. En France, le plan Écophyto a été suivi du plan Écophyto II, puis maintenant du plan Écophyto II+ qui a reporté la réduction de l'usage des produits phytosanitaires de 50 % à 2025. La fin de l'utilisation du glyphosate pour 2022 faisait également partie de ce plan, mais son usage en agriculture était toujours autorisé en agriculture en 2023, et au moment de la rédaction de cet ouvrage des discussions étaient en cours pour prolonger l'autorisation d'utilisation de cet herbicide en Europe.

... MAIS DES DIFFÉRENCES SELON LES PRODUITS

Cependant, on observe **d'importantes différences d'évolution des utilisations entre les familles de produits phytosanitaires**, notamment pour les deux principaux types de produits : les herbicides et les fongicides, les deux types de produits combinés représentant plus de 85 % des ventes en France. **Les ventes de fongicides augmentent, alors que celles d'herbicides diminuent**. Une explication vient du fait que plus de solutions alternatives aux traitements chimiques existent pour la gestion des adventices, comme la mise en œuvre de désherbage mécanique. Un autre point commun observé entre la situation en France et en Suisse concerne une forte augmentation de la vente d'insecticides. Alors que plusieurs insecticides sont aujourd'hui interdits dans ces deux pays en raison de leur toxicité, comme les produits à base de chlorpyrifos et plus récemment les néonicotinoïdes, cette augmentation est liée à la vente d'huile de paraffine, obtenue à partir de résidus de pétrole. Cette huile minérale a un mode d'action physique, par contact : en recouvrant les insectes présents sur les cultures, elle les empêche de respirer. Son utilisation est notamment autorisée en agriculture biologique.

L'évolution des ventes en France entre 2012 et 2020

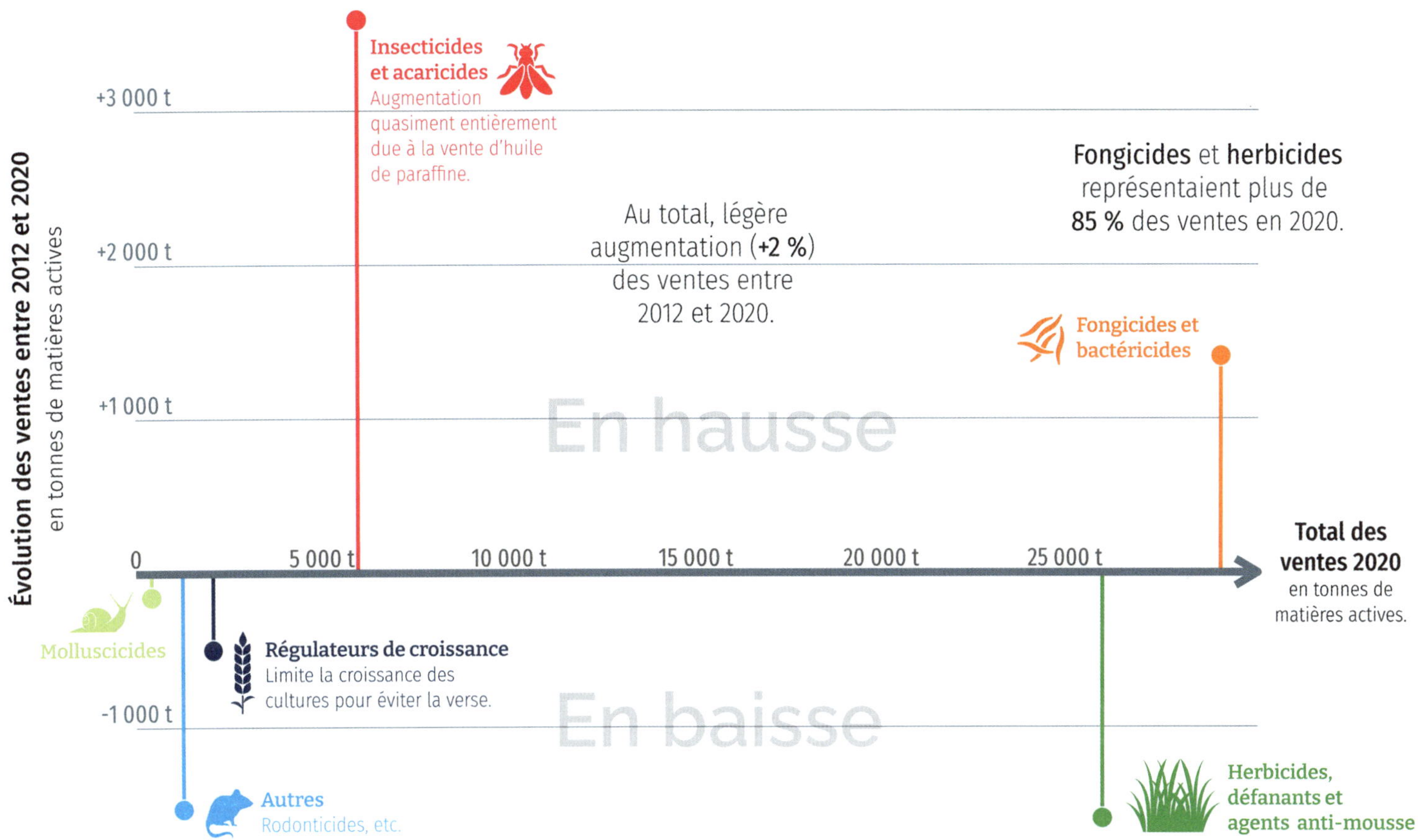

L'évolution des ventes de produits phytosanitaires en Suisse entre 2008 et 2021

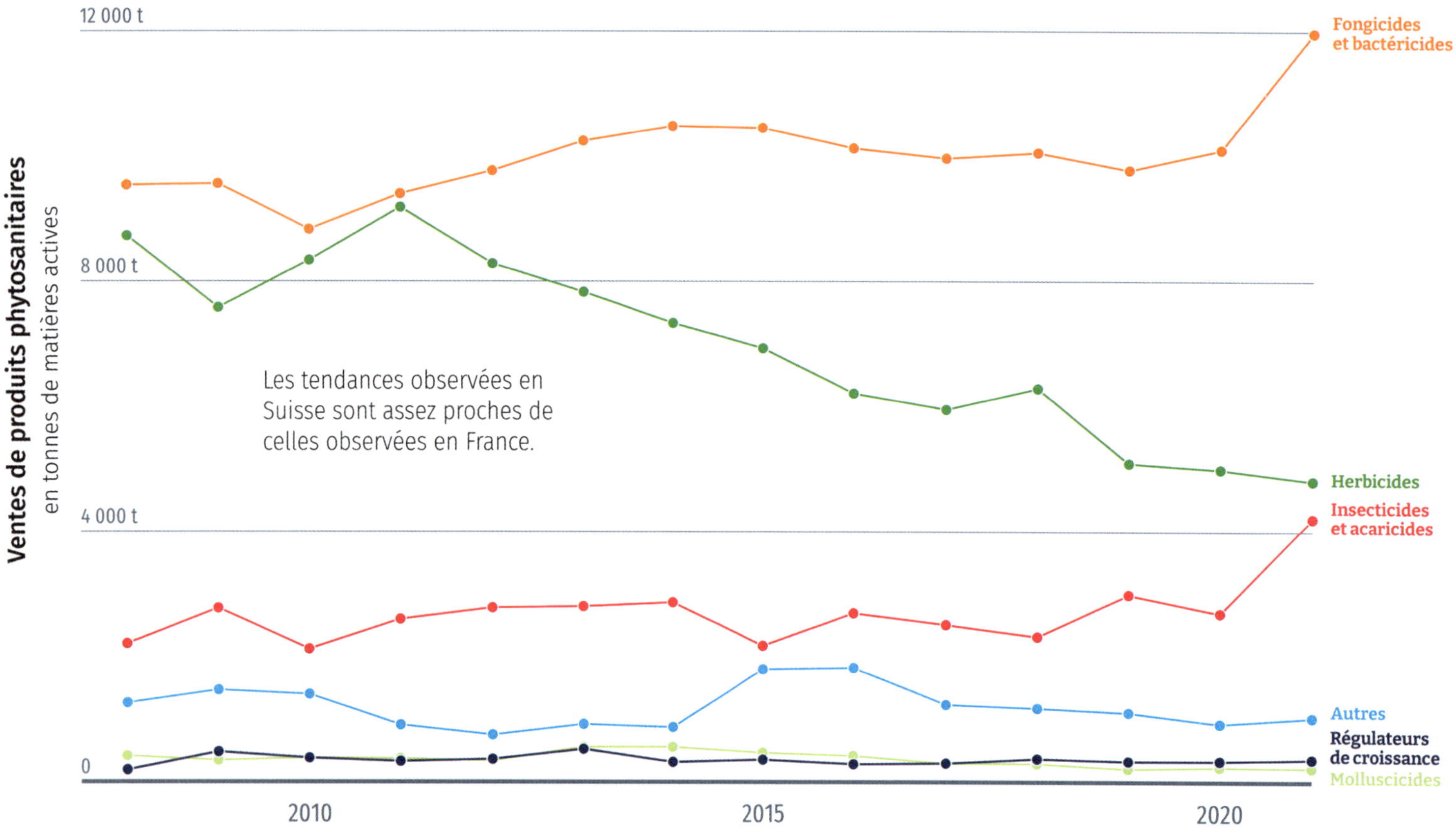

Des changements observés dans la typologie des produits phytosanitaires vendus en Suisse

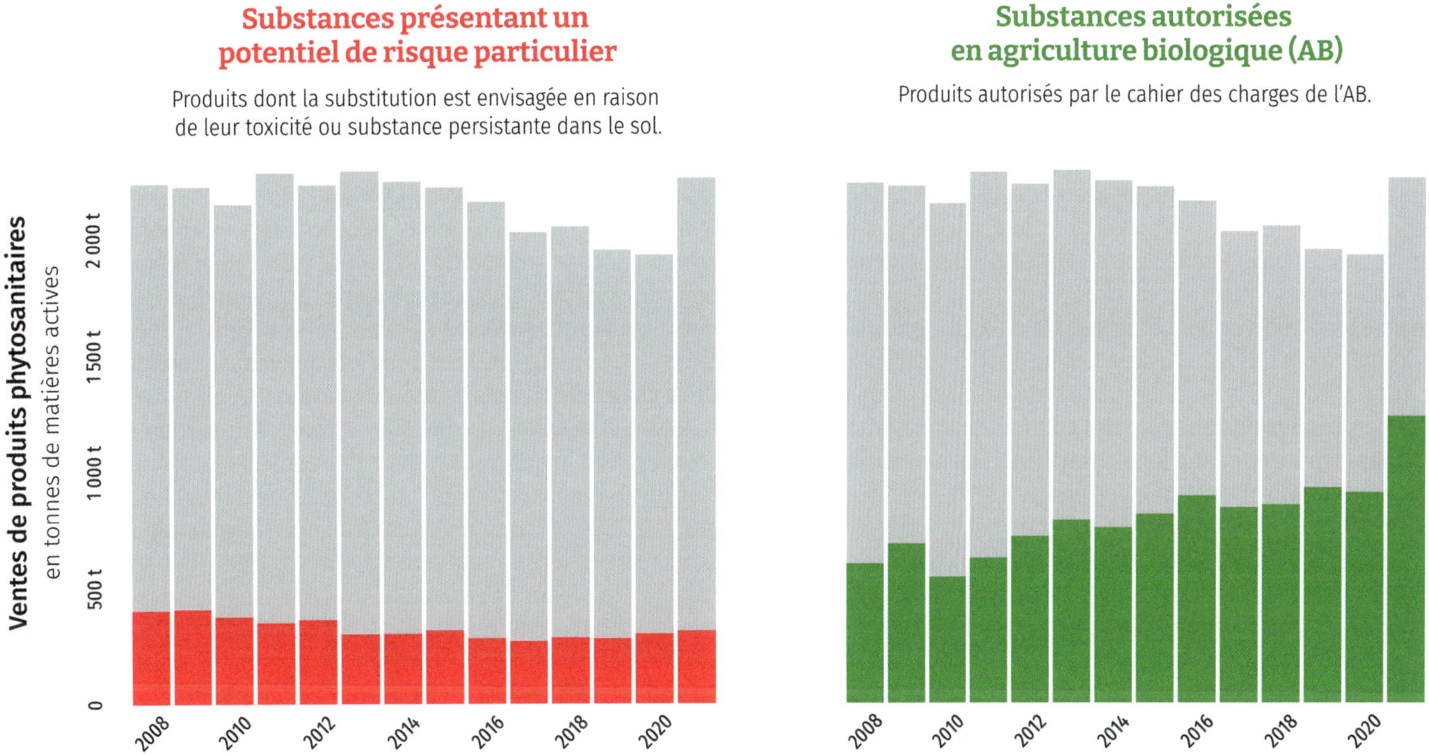

Les ventes des deux types de produits sont **comparées au total des ventes** (histogramme gris).

Rupture des grands cycles biogéochimiques

Avec la baisse de la biodiversité, la rupture des grands cycles biogéochimiques est l'autre limite planétaire dont le dépassement a été le plus marqué. La modification des systèmes agricoles, et notamment l'utilisation massive des engrais, a conduit à **de profondes modifications des cycles de l'azote et du phosphore**.

LE CAS DE L'AZOTE

L'azote est l'un des éléments pour lesquels ces changements ont été les plus importants. La forme stable de l'azote, le diazote (N_2), représente près de 80 % de l'atmosphère terrestre. Mais seule une petite partie des végétaux peut utiliser l'azote sous cette forme, grâce à une symbiose avec une bactérie qui leur permet de fixer le diazote atmosphérique. Il s'agit principalement des plantes de la famille des légumineuses, comme le pois, les haricots ou le soja. On parle de « fixation symbiotique de l'azote ». Mais **les besoins en azote des cultures sont majoritairement couverts par le prélèvement d'ions nitrate (NO_3^-) ou ammonium (NH_4^+) dans la solution du sol**. Ces deux formes de l'azote sont des formes dites « réactives », c'est-à-dire que, au contraire du diazote stable, l'azote peut facilement être transformé d'une forme réactive à une autre, alors que le retour à la forme stable par dénitrification, processus réalisé lors de la respiration anaérobie de certains micro-organismes, est beaucoup plus lent. Dans les écosystèmes naturels, il existe un certain équilibre entre la quantité d'azote transformée de la forme stable aux formes réactives d'un côté, et la quantité d'azote réactif qui va revenir à la forme stable de l'autre. On peut donc parler de « cycle de l'azote ». Mais **l'invention de la fixation industrielle de l'azote par le procédé Haber-Bosch a perturbé cet équilibre**.

RUPTURE DU CYCLE

Aujourd'hui, d'importantes quantités d'azote réactif sont introduites via les engrais azotés. Or, l'efficience d'utilisation de ces engrais azotés est relativement faible (environ la moitié de l'azote apporté aux cultures se retrouve dans les parties récoltées). L'accumulation d'azote réactif dans les systèmes agricoles conduit à l'augmentation des transferts en direction des écosystèmes naturels, causant ainsi d'importants dégâts environnementaux. De plus, **les effets peuvent se cumuler tout au long de la chaîne de transformation de l'azote**. Par exemple, une partie de l'azote non prélevée par les plantes peut être perdue sous forme de volatilisation ammoniacale, avec des conséquences sur la qualité de l'air. Une fois dans l'atmosphère, cet azote peut retomber sous forme de pluies acides, et par exemple contribuer à l'augmentation de la teneur en nitrates et à l'eutrophisation des cours d'eau. Les nitrates peuvent ensuite être dénitrifiés et émis dans l'atmosphère sous forme de protoxyde d'azote, contribuant ainsi au réchauffement climatique.
Cette situation a conduit à la définition du terme de **cascade de l'azote** au début du XXIe siècle.

Du cycle de l'azote à la cascade de l'azote

Les liens entre les points indiquent les différentes transformations de l'azote et le nom des phénomènes est précisé pour une partie des transformations.

Les flux de la partie supérieure vont de la gauche vers la droite.

Les liens foncés correspondent aux flux intentionnels, les liens plus clairs aux flux non intentionnels.

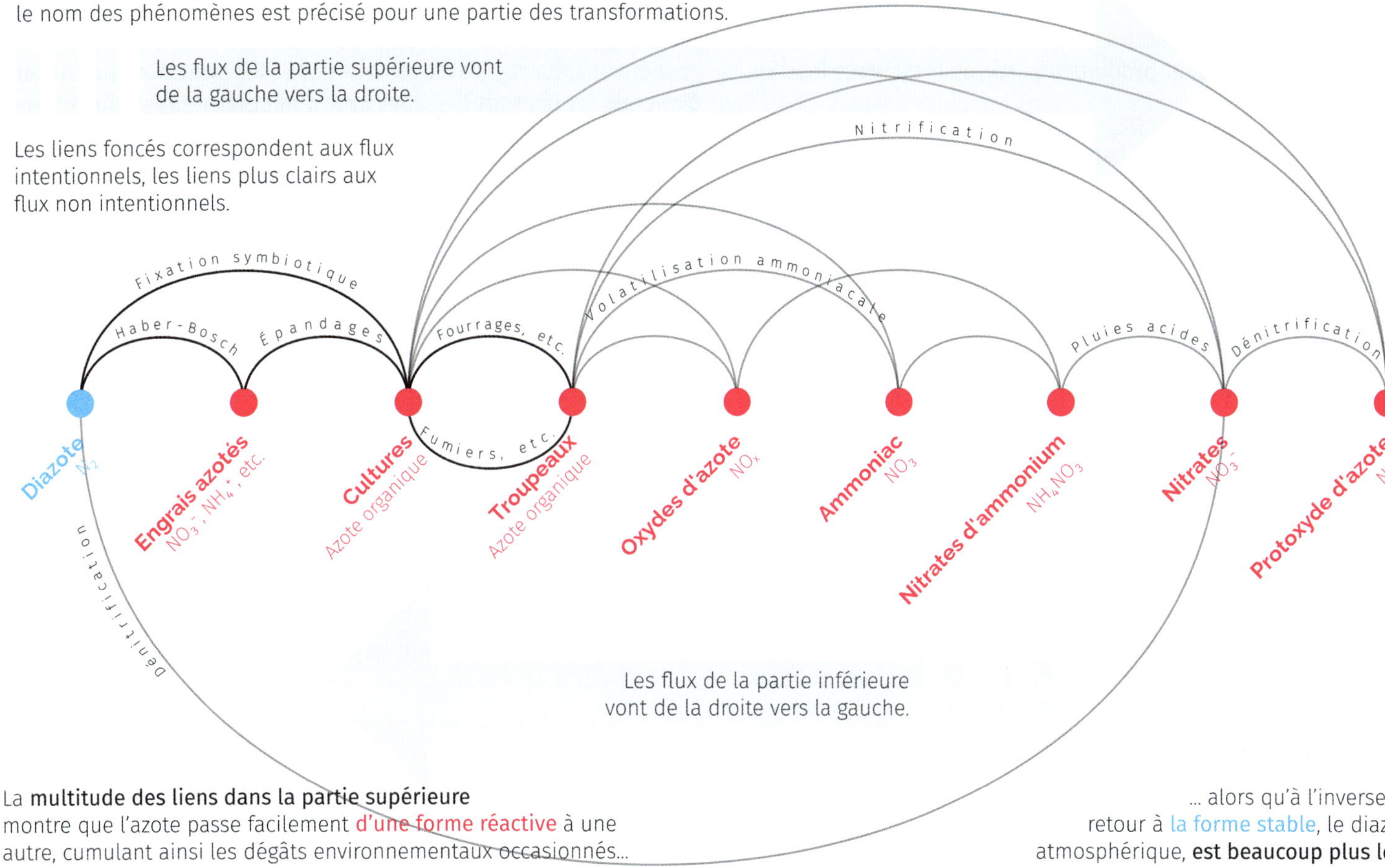

Les flux de la partie inférieure vont de la droite vers la gauche.

La **multitude des liens dans la partie supérieure** montre que l'azote passe facilement d'une forme réactive à une autre, cumulant ainsi les dégâts environnementaux occasionnés...

... alors qu'à l'inverse, le retour à la forme stable, le diazote atmosphérique, **est beaucoup plus lent.**

Vers une pénurie d'engrais phosphatés ?

Avec l'azote, le phosphore et le potassium sont les deux autres éléments minéraux indispensables à la croissance des plantes, et donc aux rendements agricoles. Mais, comme le pétrole ou le gaz, **les engrais phosphatés et potassiques sont produits à partir de ressources fossiles, non renouvelables**.

DES STOCKS DE PHOSPHORE EN VOIE D'ÉPUISEMENT ?

Plus de 90 % de l'exploitation actuelle des minerais de phosphore est utilisée comme engrais dans l'agriculture. Or, il existe aujourd'hui des craintes concernant l'épuisement de ces ressources. Cependant, comme le montre le graphe ci-contre, **l'estimation de la durée d'exploitation des réserves restantes est difficile à réaliser**. Sur la base des estimations des stocks restant réalisée dans chaque étude, l'année d'épuisement complet des réserves de phosphore a été estimée ici en considérant une consommation annuelle constante de 30 millions de tonnes de phosphore. La variabilité concernant l'estimation des stocks disponibles vient notamment de **l'évolution des moyens d'extraction**, qui donnent accès à de nouvelles ressources. Toutefois, au fur et à mesure de l'extraction des minerais de phosphate, la qualité des réserves restantes diminue, avec **une augmentation de la concentration en métaux lourds comme le cadmium**. Une autre source d'incertitude concerne **le manque d'information concernant les stocks de phosphore de certains pays**. Ces ressources sont concentrées en une poignée de pays : **les cinq principaux producteurs d'engrais (Chine, États-Unis, Inde, Russie et Maroc) produisent plus de deux tiers des engrais phosphatés**. Avec la raréfaction des ressources, des tensions géopolitiques pourraient donc perturber l'approvisionnement en fertilisants. En comparaison, à cause du fort coût énergétique du procédé Haber-Bosch, **les principaux producteurs d'engrais azotés sont des pays avec d'importantes ressources énergétiques** (comme le gaz naturel).

LE RECYCLAGE DU PHOSPHORE

Les apports d'engrais phosphatés ont permis d'augmenter fortement la fertilité des sols. À l'échelle mondiale, il a été estimé que **47 % du phosphore est d'origine anthropique**, mais avec de fortes variations entre continents. En Amérique du Nord, ce ratio monte à 63 % contre seulement 20 % en Afrique. Face à la pénurie de minerais phosphatés à venir, la durabilité des futurs systèmes dépend du recyclage du phosphore contenu dans les produits organiques, tels que les boues d'épuration et les déchets alimentaires, afin de limiter la dépendance vis-à-vis des ressources fossiles. Heureusement, le « bouclage » du cycle du phosphore peut être plus facilement réalisé que celui de l'azote. Par rapport à ce dernier élément, **le phosphore est un élément relativement stable**. Par exemple, il n'existe pas de forme gazeuse du phosphore, ce qui évite les pertes par volatilisation. Fortement lié à la phase solide du sol, les principales pertes de phosphore sont dues à l'érosion des sols, et à la perte de particules de terre.

Vers l'épuisement des engrais phosphatés

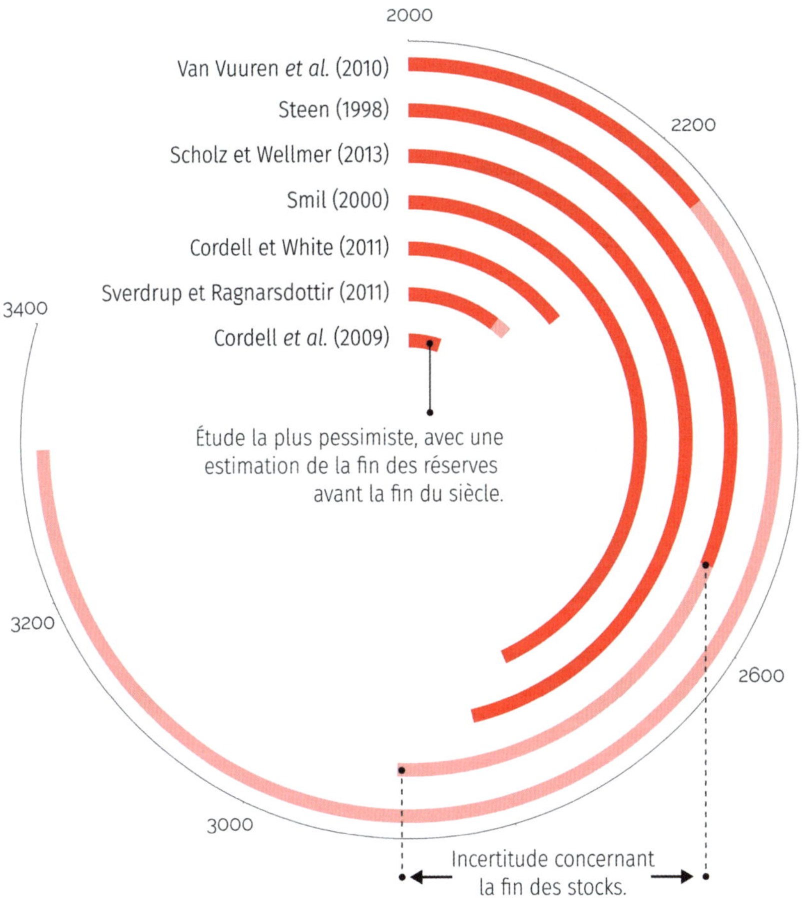

Les dix principaux pays producteurs d'engrais phosphatés

En 2023, l'annonce de la découverte d'un important gisement de minerais phosphatés encore non exploité en Norvège a réduit les inquiétudes concernant l'épuisement de cette ressource.

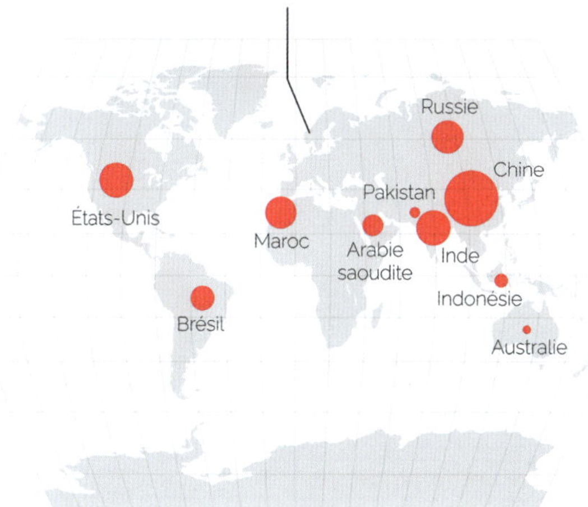

La taille des cercles est proportionnelle à la **quantité d'engrais phosphatés produits** pour l'année 2018.

Naturel ou anthropique : origine du phosphore contenu dans les productions agricoles

Données : Demay *et al.* (2022)

Les apports d'engrais phosphatés ont **augmenté la fertilité naturelle** des sols agricoles, de façon plus ou moins forte selon les continents.

La part du phosphore anthropique est plus forte en Europe de l'Ouest qu'en Europe de l'Est.

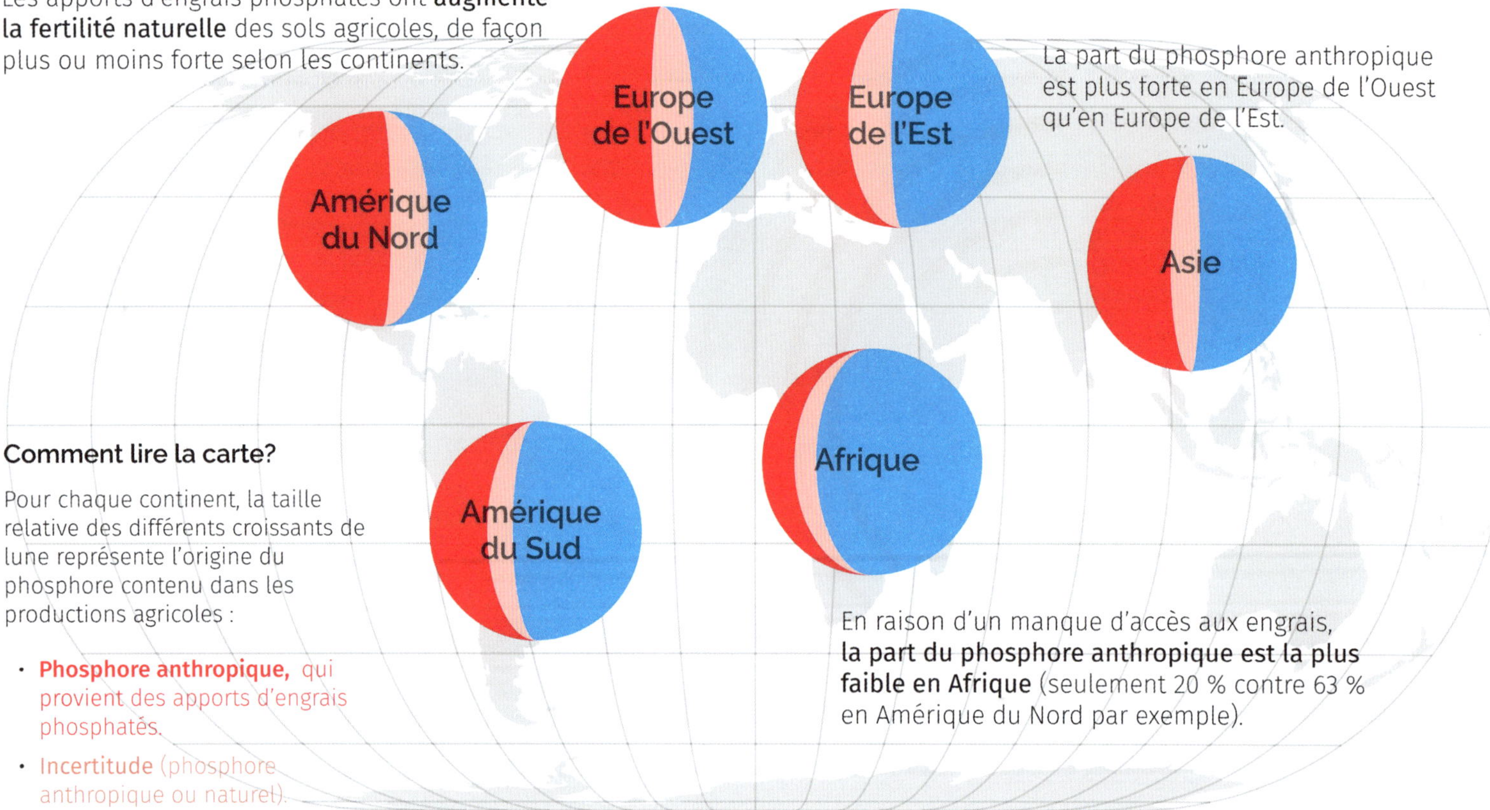

En raison d'un manque d'accès aux engrais, **la part du phosphore anthropique est la plus faible en Afrique** (seulement 20 % contre 63 % en Amérique du Nord par exemple).

Comment lire la carte?

Pour chaque continent, la taille relative des différents croissants de lune représente l'origine du phosphore contenu dans les productions agricoles :

- **Phosphore anthropique,** qui provient des apports d'engrais phosphatés.
- **Incertitude** (phosphore anthropique ou naturel).
- **Phosphore naturel**, issu des ressources du sol.

Les principaux producteurs d'engrais dans le monde

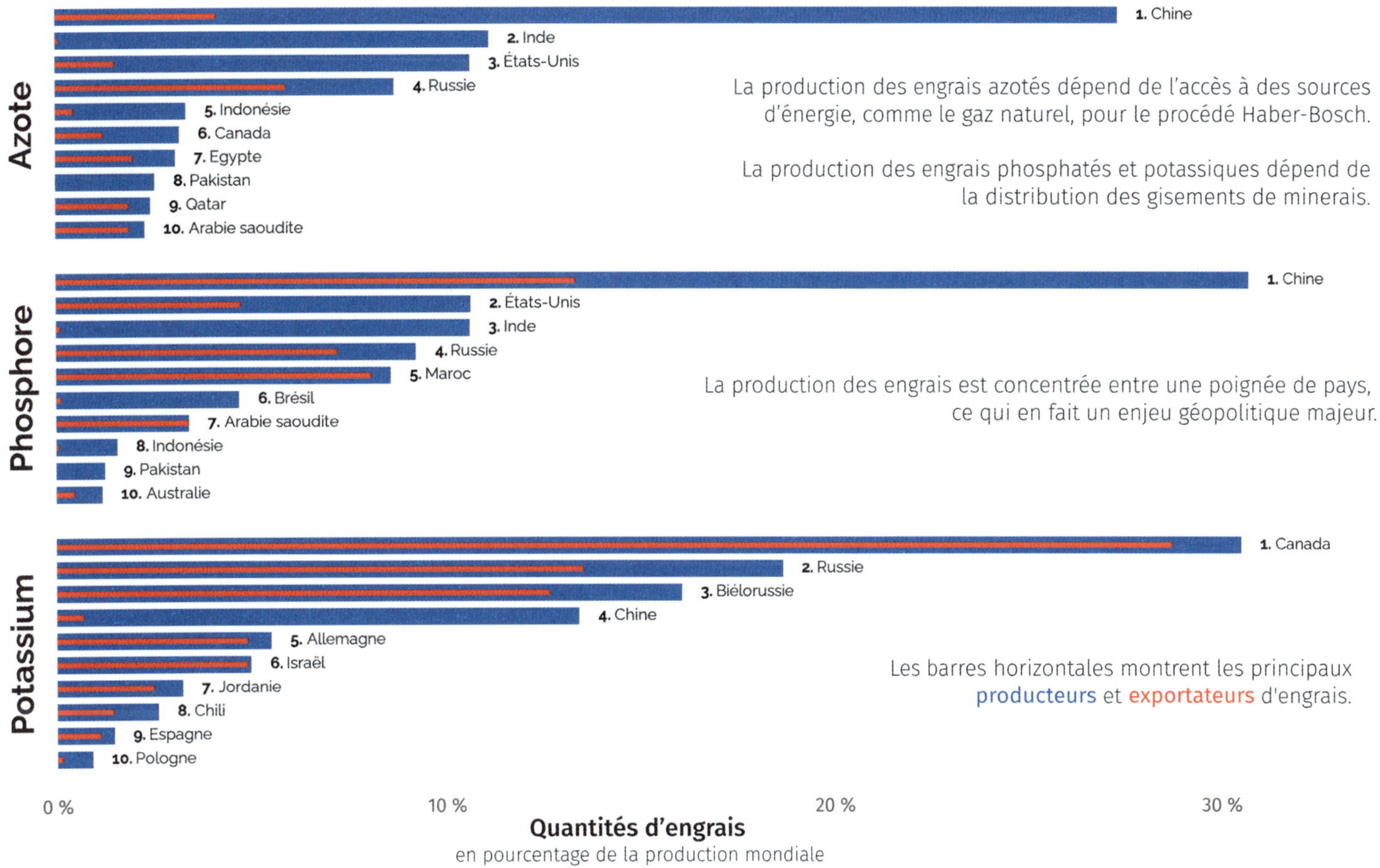

La remise en cause de l'agronomie

En montrant les limites du modèle agricole dominant, les enjeux mentionnés dans le deuxième chapitre de cet ouvrage questionnent aussi l'agronomie. Quelles sont les méthodes scientifiques à mettre en place pour faire évoluer les systèmes agricoles ?

LA MISE EN AVANT DE L'AGROÉCOLOGIE

L'engouement récent pour l'agroécologie témoigne de ce questionnement. Le terme « agroécologie » est difficile à définir, car selon les pays et le contexte, il peut faire référence à un mouvement social, une discipline scientifique ou à un ensemble de pratiques agricoles. Dans tous les cas, l'un des principes fondateurs de l'agroécologie est que l'utilisation des intrants peut être réduite, voire supprimée, en s'appuyant sur **les fonctionnalités offertes par les écosystèmes**, en augmentant la biodiversité des systèmes de production agricole et en optimisant les interactions positives entre espèces au sein de ces systèmes. Un exemple simple d'application de ce principe est la diminution de l'utilisation des engrais azotés par une augmentation de la proportion de plantes de la famille des légumineuses dans les rotations, espèces capables de fixer le diazote atmosphérique. L'augmentation de la diversité des rotations, avec l'introduction d'espèces actuellement peu représentées par rapport aux céréales, doit ainsi permettre d'améliorer la fertilité du sol.

LES DIFFÉRENTES ÉCHELLES DE L'AGRONOMIE

Le pilotage des régulations naturelles pour optimiser la production agricole implique de **dépasser l'échelle de la parcelle**, qui a longtemps été l'unité de base du raisonnement des agronomes. De nombreux ravageurs pouvant se déplacer d'une parcelle à une autre, la dynamique de ces bioagresseurs doit être considérée **à l'échelle du paysage**. Une agronomie du paysage ou agronomie territoriale (les termes peuvent varier si l'attention se porte plutôt sur les processus naturels ou sur les acteurs) s'est donc développée pour répondre à ces nouveaux enjeux. Avec l'agronomie territoriale, le cadre d'étude dépasse la parcelle ou l'exploitation agricole pour s'intéresser à l'influence de l'environnement proche sur les systèmes agricoles, mais aussi à l'influence des systèmes agricoles sur la constitution de ce paysage. L'évolution des problématiques liées à la nutrition des cultures est un autre exemple de cette évolution. Depuis la découverte du rôle des éléments minéraux dans la nutrition des plantes par Justus Von Liebig, le calcul de la dose optimale à apporter aux cultures a été l'une des questions majeures de l'agronomie, avec la création de multiples outils d'aide à la décision pour accompagner les agriculteurs dans leurs pratiques. Mais là encore l'apparition de nouveaux enjeux a conduit à une évolution des échelles, comme la problématique de l'eutrophisation des eaux qui se traite à l'échelle du bassin-versant.

Les mots les plus fréquents dans les titres des publications de l'agronomie territoriale

Les 479 articles recensés avec le mot-clé *landscape agronomy* étaient relativement récents.

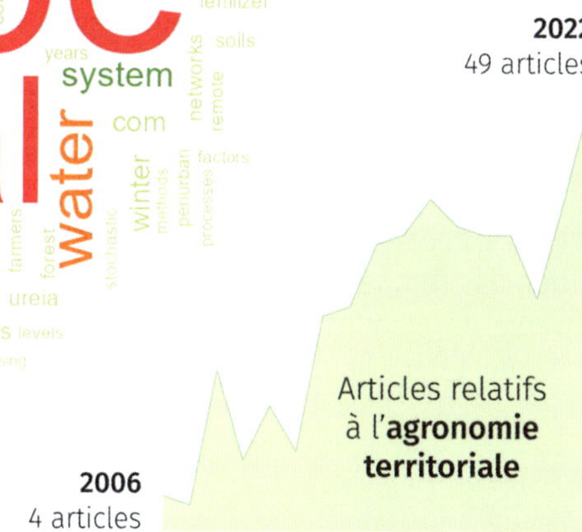

La séparation des productions animales et végétales

Les possibilités de recyclage des éléments minéraux, via des transferts de fumier entre productions animales et productions végétales, sont limitées par l'évolution de l'agriculture qui a conduit à **une spécialisation des systèmes agricoles**. Cette séparation peut être visible à différentes échelles. Tout d'abord, les exploitations agricoles peuvent être plus ou moins spécialisées dans un type de production et remplacer des flux internes par des importations de matière (par exemple, des importations d'aliments pour les troupeaux plutôt que des grains auto-produits dans le cas d'une exploitation d'élevage). Mais, au-delà de l'échelle de l'exploitation, **des territoires entiers peuvent se spécialiser vers un type de production**, comme cela est montré sur les cartes ci-contre.

UNE SPÉCIALISATION ACCRUE

Sur un cartogramme, **la superficie de chaque entité (ici de chaque département) dépend de la variable représentée** (ici le chargement animal ou la proportion de la surface agricole en céréales). La spécialisation de certains départements, voire de certaines régions entières, dans les productions animales ou végétales est clairement visible. Ainsi, au-delà de la spécialisation des exploitations, c'est tous les acteurs de la filière (conseil, commercialisation, etc.) qui se spécialisent.

En France, une situation particulièrement marquante concerne la concentration des troupeaux de granivores (porcs et volailles) en Bretagne. À l'inverse, les grandes zones de productions céréalières se situent principalement dans le Bassin parisien et dans le nord de la France.

LES CONSÉQUENCES DE LA SPÉCIALISATION

Cette ségrégation aboutit à **un double paradoxe**. D'une part, l'absence d'effluents d'élevage dans les régions spécialisées dans les productions végétales signifie que ces effluents doivent être remplacés par des apports d'engrais. D'autre part, les effluents d'élevage (fumiers, lisiers, etc.) sont des produits pondéreux, difficiles à transporter sur de longues distances. Ils sont épandus de façon excédentaire dans les régions d'élevage, ce qui peut conduire à des transferts en direction des écosystèmes naturels. Ces transferts sont responsables d'importants dégâts environnementaux comme l'eutrophisation des eaux, dont l'un des marqueurs est la prolifération des algues vertes. Un milieu dit « eutrophe » est un milieu riche en élément nutritif. Dans le cas de l'eutrophisation, **l'apport excessif d'éléments minéraux dans un écosystème aquatique va déséquilibrer le milieu**, avec une prolifération des espèces végétales et un appauvrissement en oxygène des eaux. À l'échelle européenne, il a été montré que la ségrégation entre les productions végétales et animales dans le bassin-versant de la mer Baltique avait contribué à son eutrophisation. Par exemple, les chargements animaux, en particulier ceux liés aux porcs, ont fortement augmenté au Danemark au cours des décennies précédentes. À l'échelle mondiale, la concentration des élevages dans certains pays peut augmenter le risque d'eutrophisation des eaux. La spécialisation de régions entières rend plus difficile le retour à une mixité de productions, car tous les acteurs sont connectés (par exemple, les fermes auront besoin de collecteurs pour leurs productions). Pour cette raison, on parle de **verouillage socio-technique des systèmes agricoles**.

Cartogrammes des effectifs porcins et des surfaces en céréales en France

Effectifs porcins

Sur ces cartogrammes, **la surface de chaque département** est **proportionnelle à la variable représentée**.

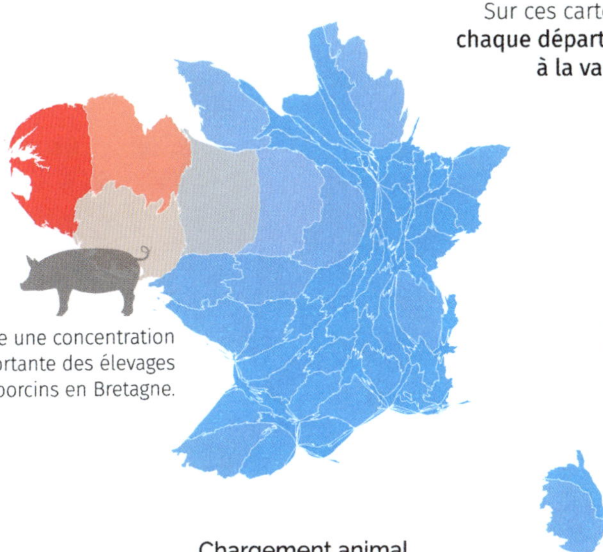

Il existe une concentration importante des élevages porcins en Bretagne.

Chargement animal
en nombre d'animaux par ha.

2 4 6

Surfaces en céréales

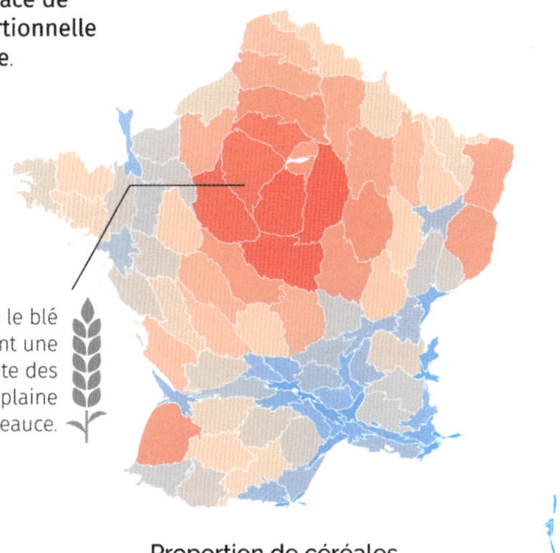

Les céréales comme le blé et l'orge représentent une part importante des rotations dans la plaine de la Beauce.

Proportion de céréales
en % de la surface agricole.

15 35 55

La distribution géographique des productions végétales en France

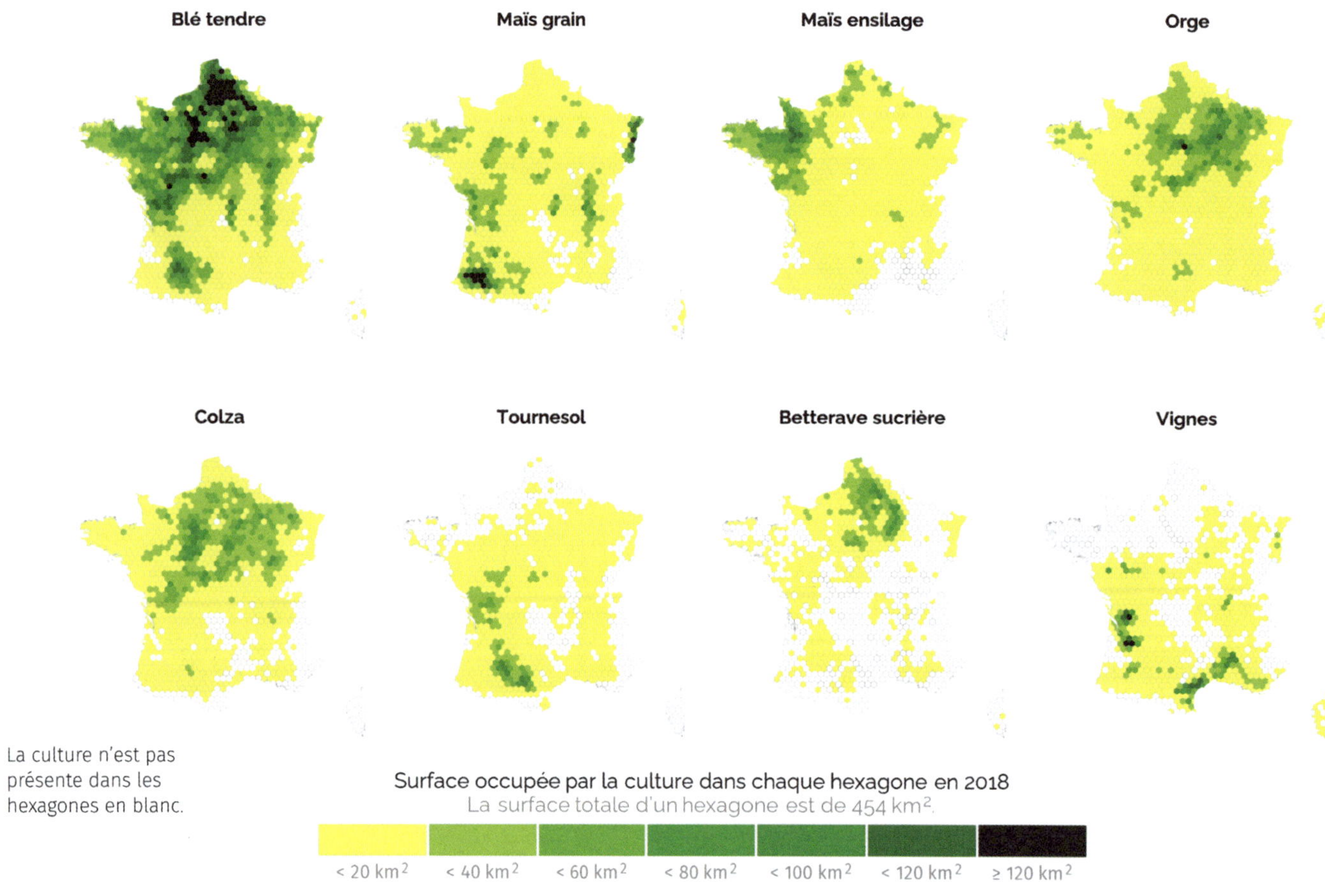

La comparaison des densités de population humaine et animale en France

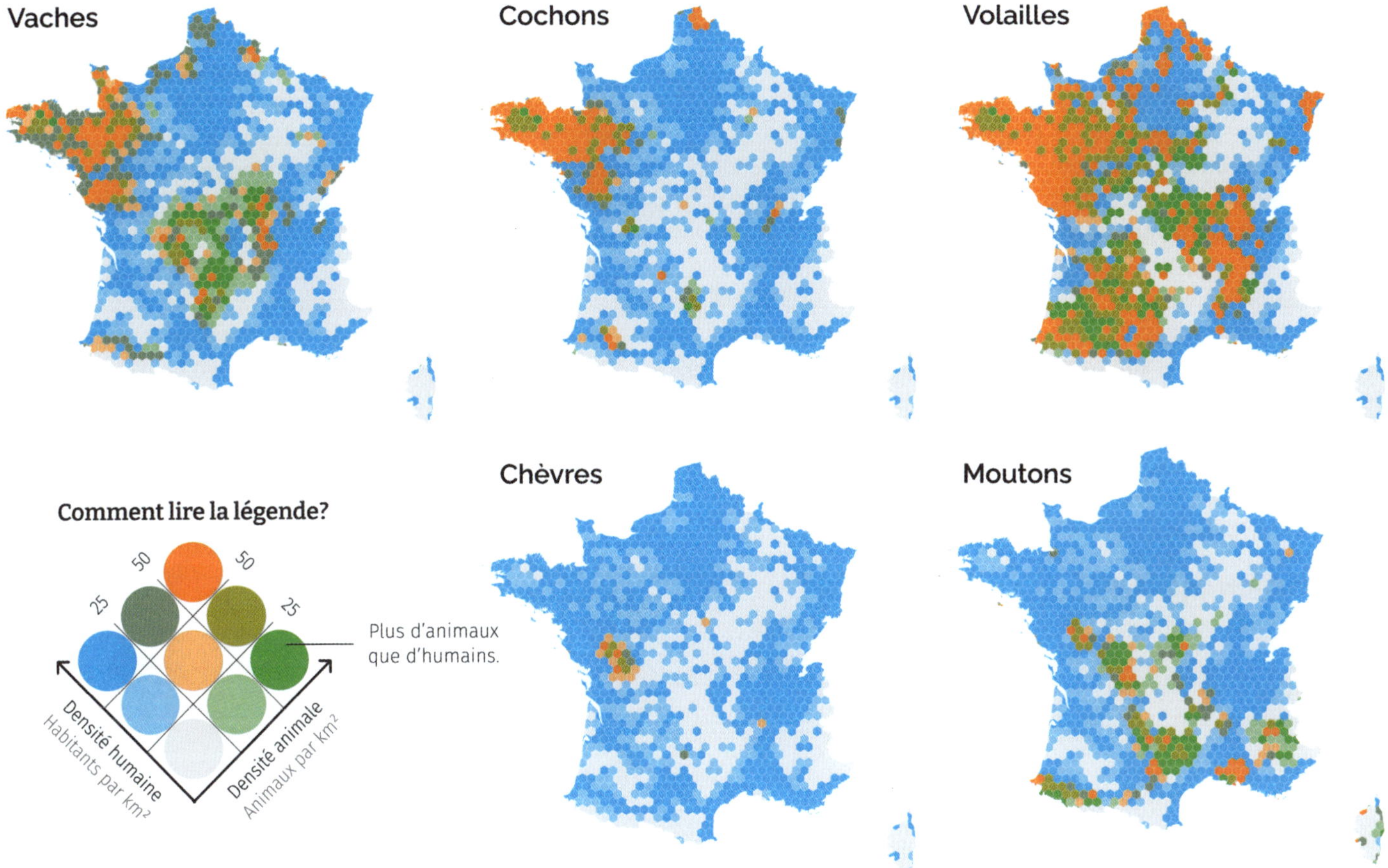

Des systèmes agricoles de plus en plus mondialisés

Les échanges de produits agricoles ont fortement augmenté au cours des dernières décennies. Cette mondialisation a plusieurs conséquences.

LES TRANSFERTS D'ALIMENTS

Dans une recherche de compétitivité économique, certains pays vont se **spécialiser dans un type de production**, comme le sucre de canne ou l'huile de palme, par exemple. En contrepartie, ces pays peuvent être **contraints d'importer les denrées alimentaires** qui ne sont pas produites localement. Certains échanges sont aussi nécessaires pour assurer le fonctionnement des exploitations agricoles locales. **Les aliments pour les troupeaux font partie des productions végétales dont les exportations ont le plus augmenté**, comme le montre l'évolution des échanges de grains de maïs, de soja ou encore de tourteaux de soja. Les tourteaux sont des résidus solides obtenus après extraction de l'huile des graines des oléagineux. Riches en protéines, et donc en azote, ils sont fréquemment utilisés pour l'alimentation des troupeaux, en particulier pour les élevages granivores (comme les porcs ou les volailles).

LA SPÉCIALISATION DES PAYS

Certaines régions du monde se spécialisent dans la production de ces aliments. En 1986, les Amériques étaient déjà les principaux exportateurs de tourteaux de soja, avec des quantités exportées similaires entre l'Amérique du Nord et l'Amérique du Sud. Un peu plus de 30 ans plus tard, en 2020, **le total des exportations de tourteaux de soja a été multiplié par trois** (de 24 millions de tonnes à 67 millions de tonnes). Cette augmentation est presque exclusivement due à l'augmentation des exportations en provenance d'Amérique du Sud, où les principaux pays producteurs sont l'Argentine et le Brésil. Dans ce dernier pays, la hausse de la production de soja est notamment causée par une augmentation des surfaces cultivées, **au détriment de la surface initialement occupée par la forêt Amazonienne**. Les principaux importateurs de tourteaux de soja sont l'Europe et l'Asie. Dans ce continent, la demande a fortement augmenté entre 1986 et 2020, en raison des changements de régime alimentaire et de l'augmentation de la consommation de viande, en Chine notamment.

Enfin, la production de certains produits agricoles peut avoir **un coût environnemental dans les pays exportateurs**. Alors que les sécheresses se multiplient au Maroc, le gouvernement a mis fin en 2022 aux subventions permettant d'investir dans l'irrigation (creusement de puits, pompage, équipement de goutte-à-goutte, etc.) pour les cultures d'agrumes, de pastèques et d'avocats, qui sont principalement cultivées pour l'export.

L'évolution des échanges de produits végétaux dans le monde de 1986 à 2020

Forte augmentation des échanges de produits végétaux au cours des précédentes décennies, **en particulier pour l'alimentation animale**, avec maïs, soja (grains ou tourteaux), etc.

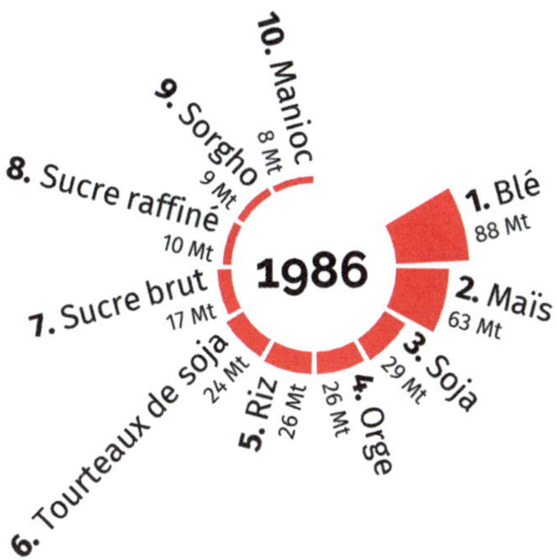

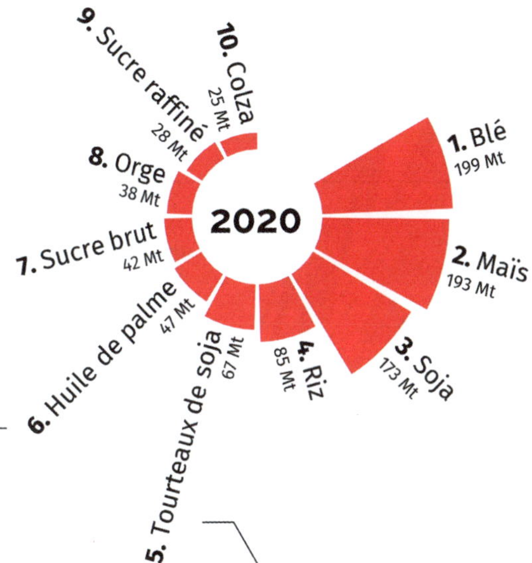

Apparition de l'**huile de palme** parmi les 10 principaux produits végétaux échangés.

Résidus solides obtenus après extraction de l'huile des graines des oléagineux, **les tourteaux** sont utilisés pour **l'alimentation des troupeaux**.

L'évolution des échanges de tourteaux de soja entre continents de 1986 à 2020

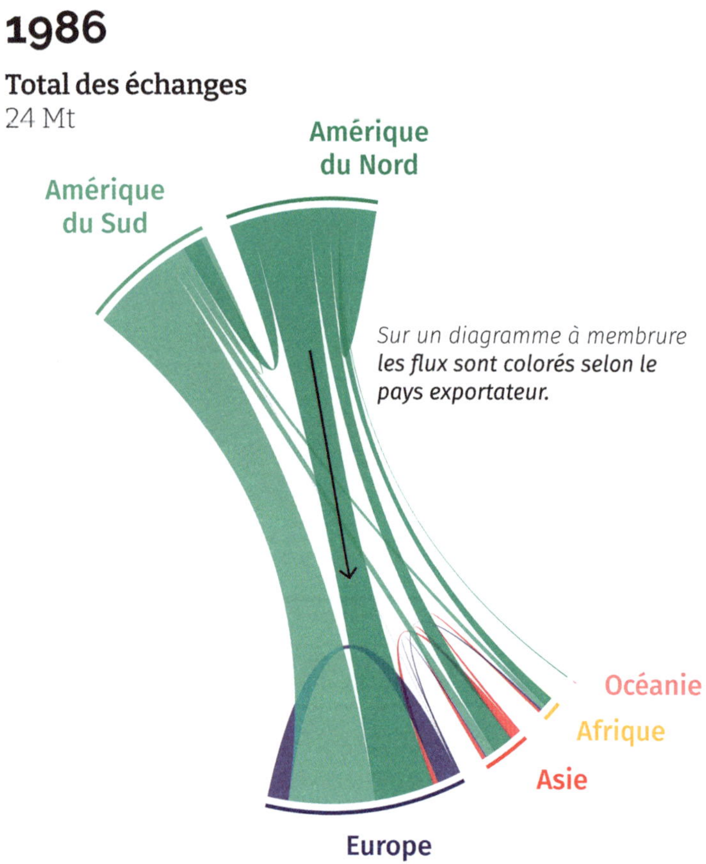

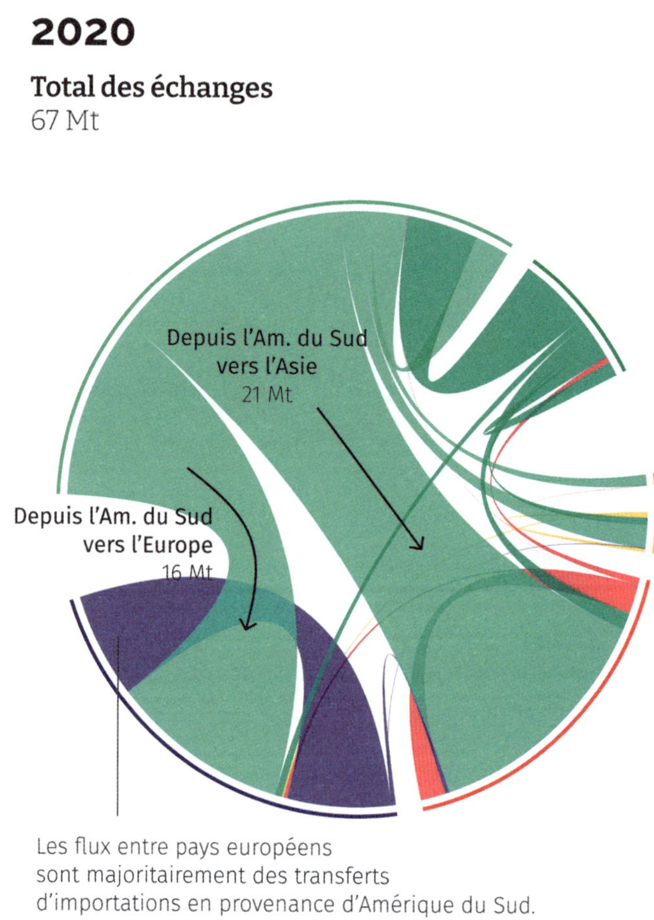

Des exemples d’échanges entre continents pour l’année 2020

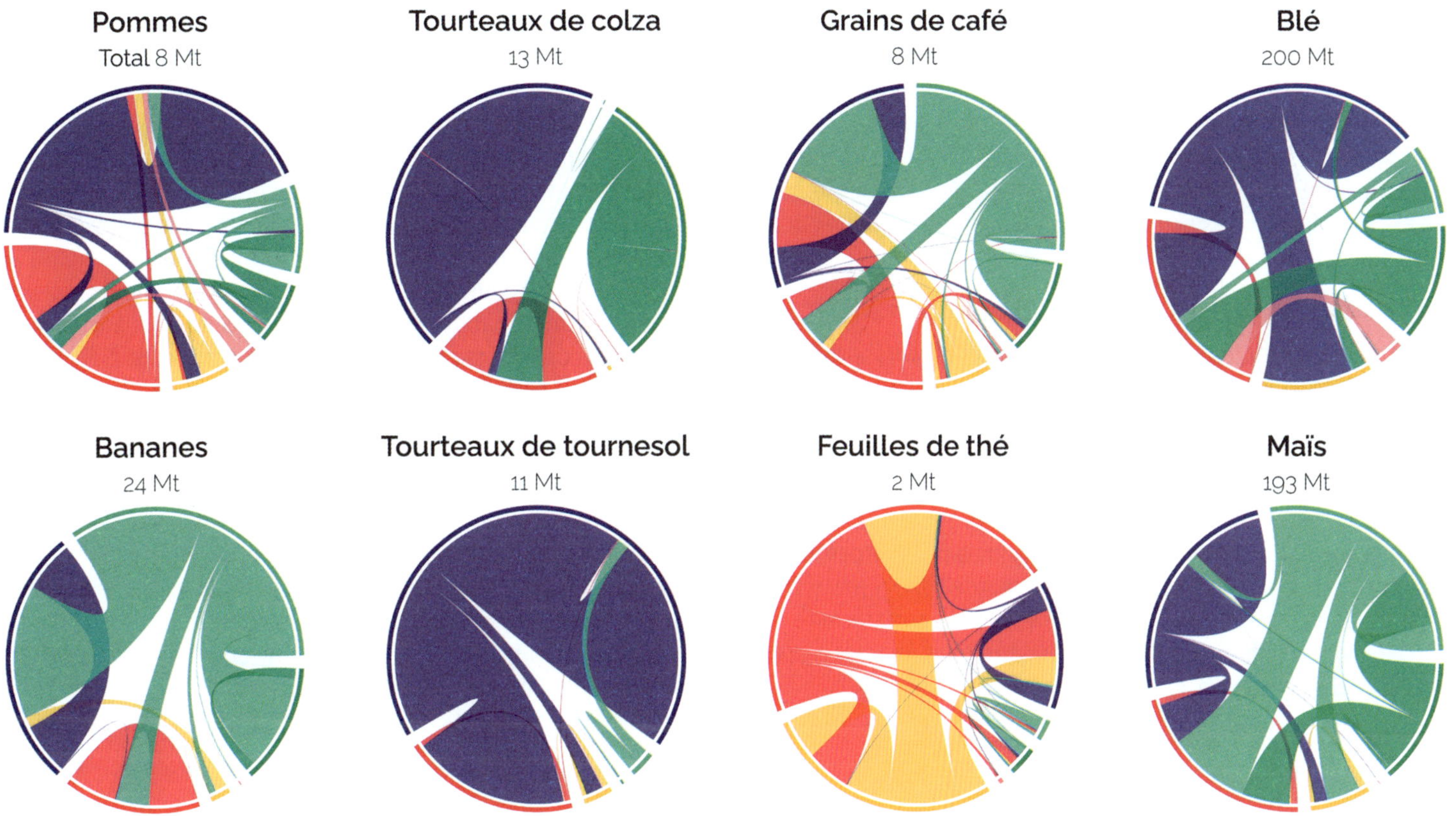

Légende : Afrique, Amérique du Nord, Amérique du Sud, Asie, Europe, Océanie

La stagnation des rendements

En France, les rendements agricoles ont fortement augmenté au cours du siècle précédent, en particulier depuis la fin de la Seconde Guerre mondiale. En moyenne, les rendements ont été multipliés par quatre au cours du XXe siècle. Cependant, **depuis les années 1990, une stagnation des rendements s'observe sur certaines cultures** comme les céréales à paille (blé tendre, blé dur, orge, avoine), et dans une moindre mesure pour le tournesol. Pour ces cultures, le taux de croissance des rendements est très faible voire nul. En revanche, le maïs ne présente aucun signe de stagnation.

QUELLES SONT LES CAUSES DE CETTE STAGNATION ?

Contrairement aux rendements moyens, **les rendements maximaux continuent d'augmenter**. C'est-à-dire que, dans des conditions optimales de culture, le rendement continue de progresser. La stagnation des rendements observée à l'échelle nationale ne semble donc pas être due à l'atteinte d'une limite physiologique. De plus, si le développement de l'agriculture biologique a parfois pu être mis en avant pour expliquer la stagnation, cette explication ne semble pas être pertinente car l'augmentation de la croissance de l'agriculture biologique débute après le début de la stagnation des rendements et les surfaces en agriculture biologique sont encore largement minoritaires en France (2,3 % des surfaces en céréales en 2015 par exemple).

Plusieurs hypothèses peuvent alors être avancées pour expliquer cette situation. À l'échelle mondiale, **l'influence du changement climatique** a déjà été identifiée comme pouvant être responsable de la baisse de productivité de certaines cultures. En Europe, **les changements d'orientation de la politique agricole commune** ont pu entraîner une désintensification des pratiques (baisse des apports d'intrants, diminution du travail du sol). En plus, les bénéfices attendus de l'augmentation des facteurs de production pourraient avoir atteint un plateau, de sorte qu'un investissement supplémentaire n'est pas rentabilisé par l'augmentation des rendements. Enfin, la stagnation des rendements peut être due **aux modifications des systèmes de culture** (changement des rotations, avec une diminution du temps de retour et une baisse de la part des légumineuses, etc.) et aux impacts à long terme de ces changements (dégradation de la fertilité des sols, etc.).

L'ÉTENDUE DE LA STAGNATION

La stagnation des rendements est aujourd'hui **observée dans de multiples pays**. Les causes de cette stagnation peuvent être variées, et dépendent de chaque situation. Au Mexique, par exemple, la réduction des périodes de jachère, sans l'adoption concomitante de pratiques culturales modernes, a été identifiée comme étant responsable de la stagnation des rendements de maïs. L'identification des causes de la stagnation est aujourd'hui critique dans un contexte de croissance démographique.

L'évolution des rendements et du taux de croissance des rendements en France depuis 1962

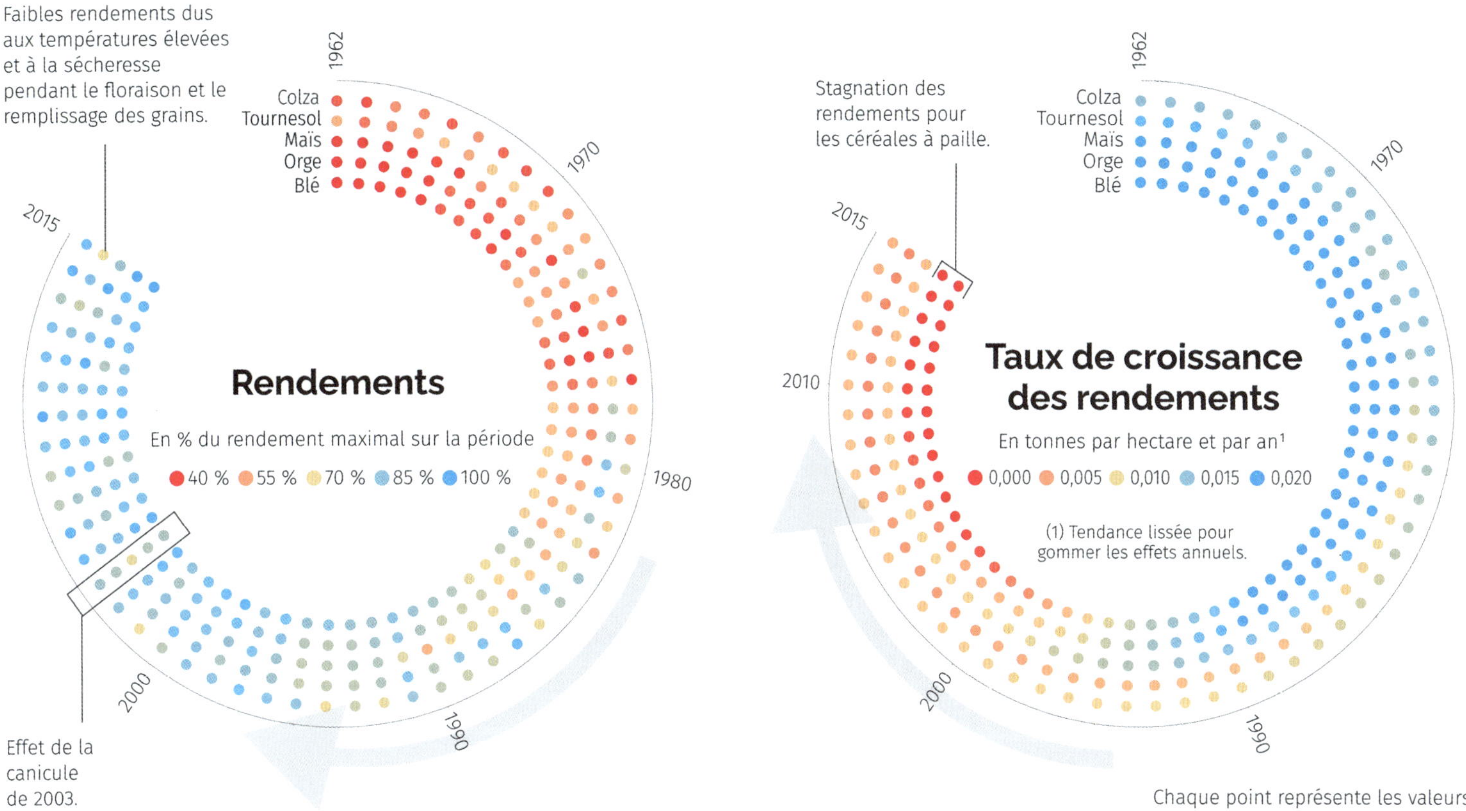

Chaque point représente les valeurs d'une variable pour une année et pour une culture donnée.

L'artificialisation des sols

Alors que les rendements stagnent dans une partie du monde, une autre menace pèse sur la productivité agricole : **l'artificialisation des terres**.

LA LONGUE CRÉATION D'UN SOL

L'artificialisation des terres est d'autant plus problématique qu'à l'inverse, **la création d'un sol est un processus long**, qui va prendre plusieurs milliers à plusieurs centaines de milliers d'années. La première étape de la pédogenèse est la météorisation : au contact de l'atmosphère, l'altération physique et chimique de la roche mère va former de fines particules minérales. On ne pourra pas parler de sol avant la deuxième étape : l'enrichissement de ces particules minérales en matières organiques. Les premiers organismes vont coloniser le milieu et ainsi permettre la création d'un sol. Enfin, les sols vont se différencier en plusieurs couches : les horizons. Cette différenciation va se faire du haut vers le bas, par migration et accumulation des éléments depuis les horizons supérieurs vers les horizons inférieurs. Le drainage de l'eau dans le sol est le principal moteur de la création des horizons.

LE SUIVI DE L'OCCUPATION DU SOL

La base de données géographique *CORINE Land Cover* est produite sur 39 États européens, dans le cadre du programme européen de surveillance des terres Copernicus. Les images multispectrales Sentinel-2, qui font aussi partie de ce programme, seront présentées plus loin dans cet ouvrage. Depuis 1990, la base de données *CORINE Land Cover* est constituée à partir de l'interprétation visuelle d'images satellitaires. Les cartes produites sont disponibles gratuitement en téléchargement. L'artificialisation des sols est un phénomène difficile à quantifier et les estimations fournies par les données de cette base peuvent être légèrement différentes de celles fournies par d'autres sources.

Si les terres agricoles occupent toujours une grande partie du sol français, avec 59 % des surfaces dédiées à l'agriculture, les surfaces artificialisées ont progressé de presque 2 millions d'hectares depuis 1990. Soit **une moyenne de 21 hectares urbanisés par commune entre 1990 et 2018**. Comme le montre la carte présentée dans les pages suivantes, cette progression se fait principalement autour des grandes métropoles françaises. À noter que le centre des grandes villes, comme Paris, évolue peu car ces zones sont déjà quasiment totalement urbanisées. La progression des villes se fait donc principalement dans des grandes plaines, **au détriment des terres les plus fertiles**. Un million et demi d'hectares de terres agricoles ont ainsi disparu entre 1990 et 2018. À l'inverse, les milieux naturels se trouvent dans des endroits plus accidentés, loin des villes, et sont donc moins touchés par l'artificialisation. **La politique de « zéro artificialisation nette » d'ici 2030 cherche aujourd'hui à limiter ce phénomène**, mais elle se heurte à l'opposition de certains élus locaux.

La pédogénèse : les trois étapes de la création des sols

1. Météorisation

À la surface, l'altération physique et chimique des roches-mères sédimentaires ou volcaniques forment de fines particules minérales.

2. Enrichissement

Le sol commence à se créer lorsque l'altération est supérieure à l'érosion et que les premiers organismes enrichissent le sol en matières organiques.

3. Horizonation

Différenciation verticale, du haut vers le bas, des horizons du sol par migration et accumulation des éléments vers les horizons inférieurs.

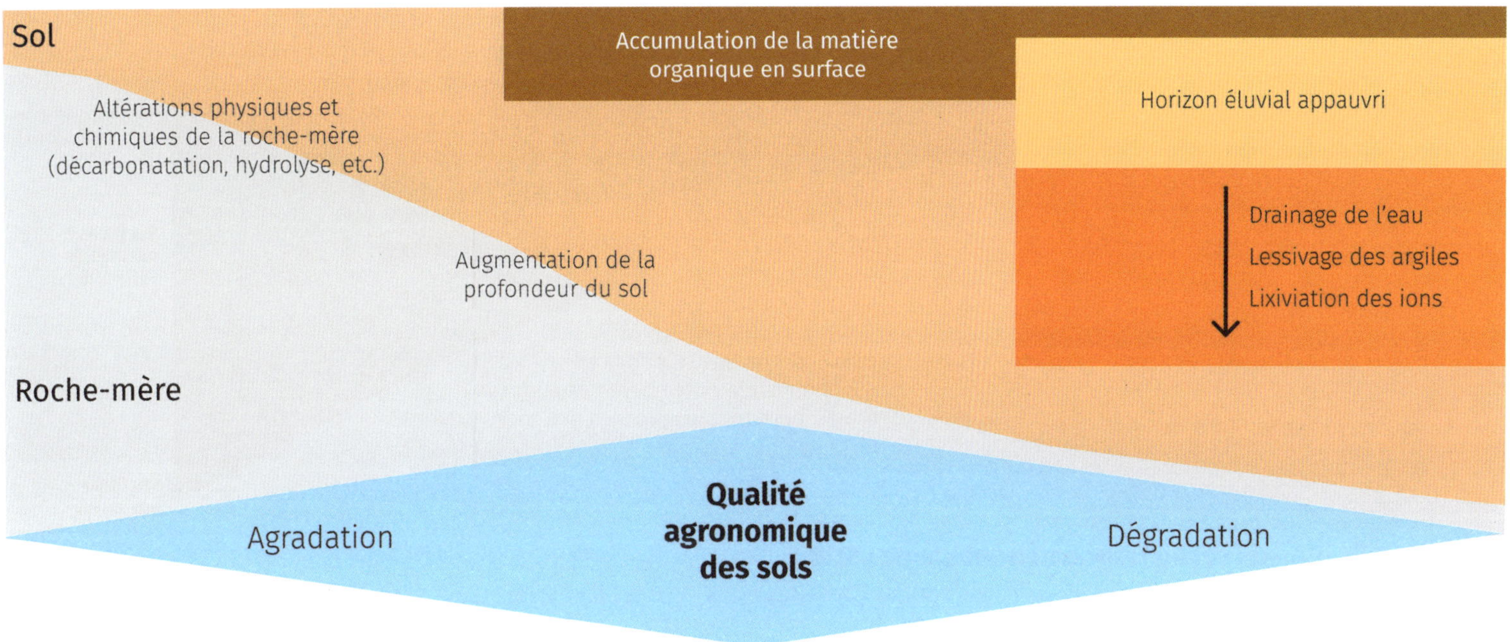

L'évolution relative de l'occupation des sols en France métropolitaine

Données : *CORINE Land Cover*

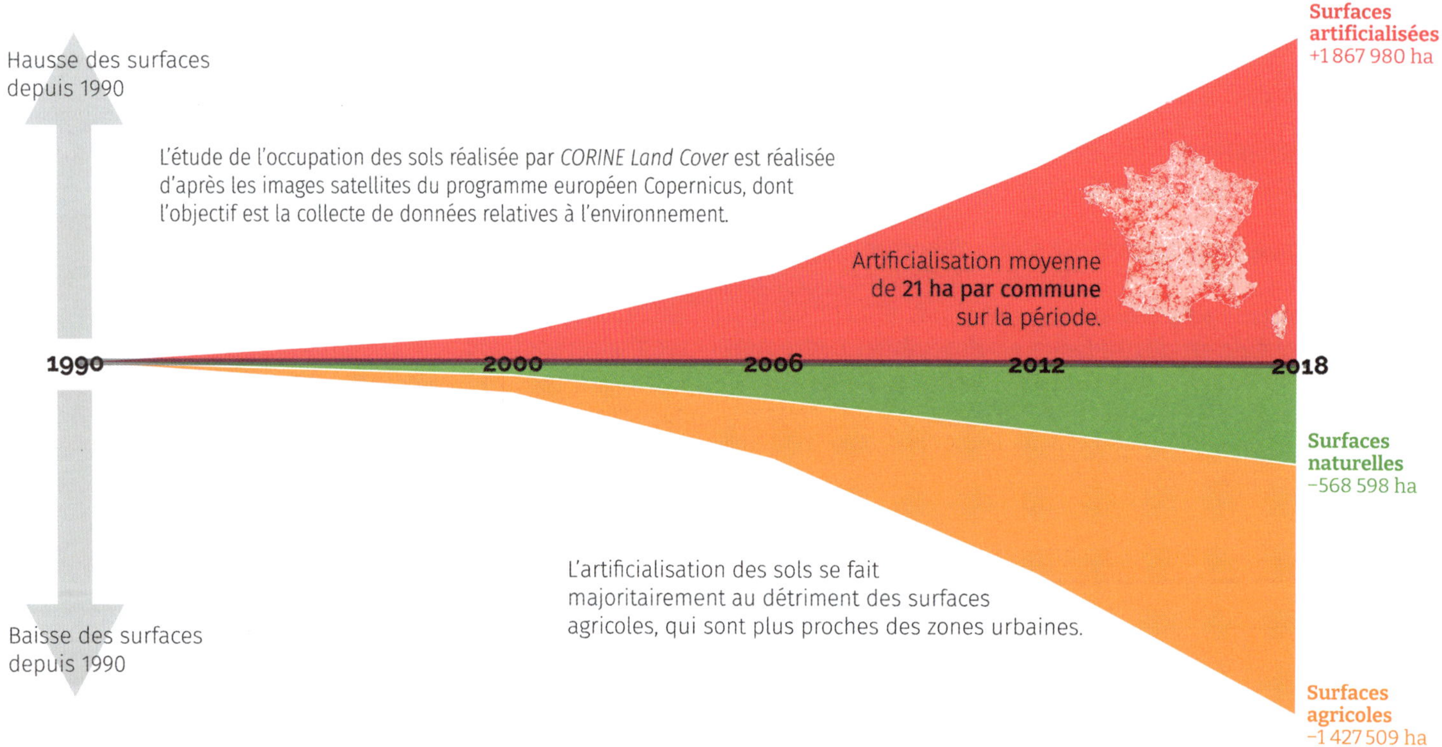

Utilisation du sol en France métropolitaine (2018)

Pour la métropole, les surfaces agricoles sont majoritaires mais avec les territoires d'outre-mer, les espaces naturels prédominent, avec la forêt guyanaise.

L'évolution relative des surfaces agricoles en France métropolitaine de 1982 à 2018

Données : Agreste (enquêtes Teruti)

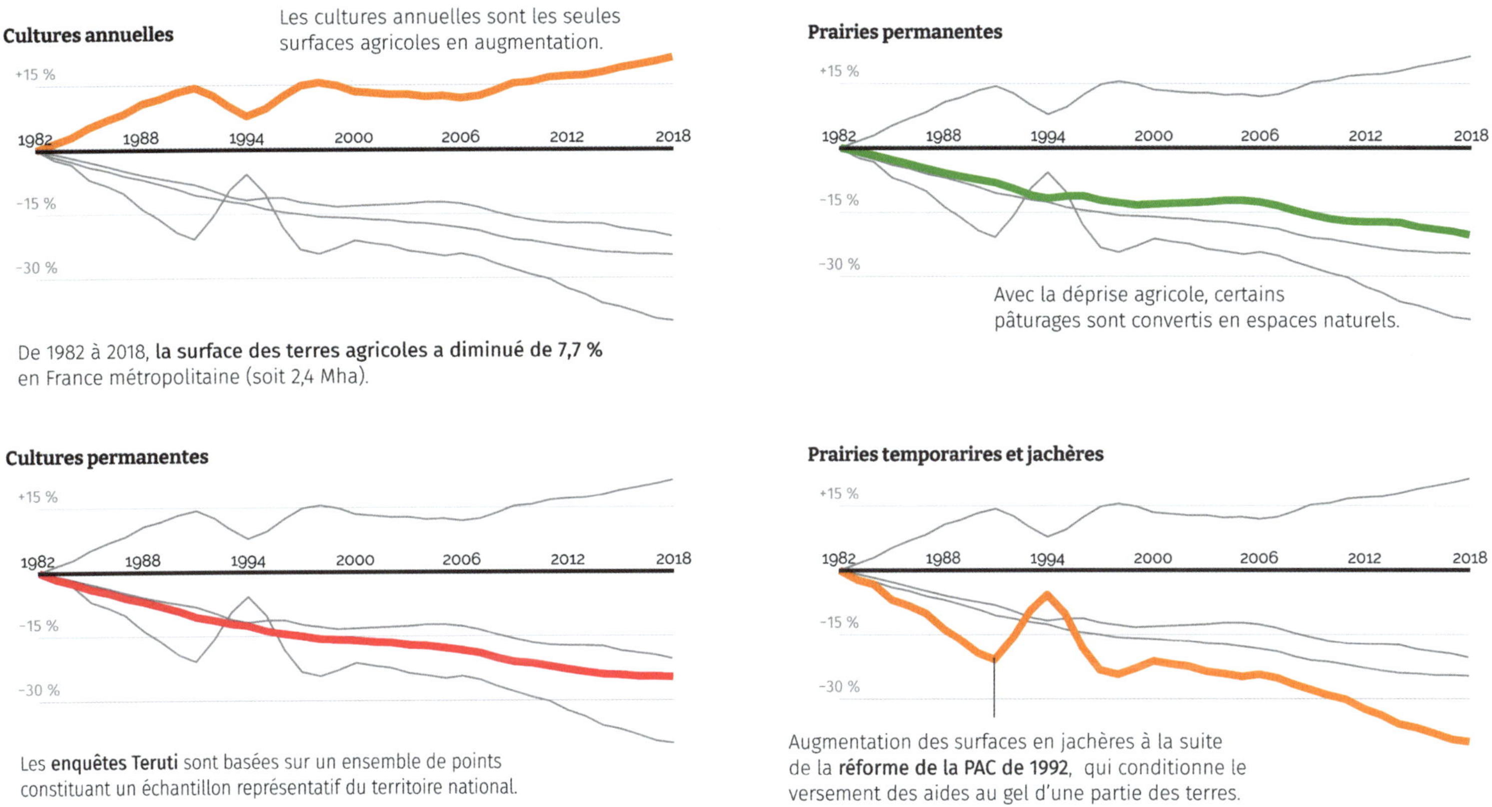

La dégradation des sols

Sans aller jusqu'à l'artificialisation, les sols agricoles peuvent être soumis à **d'autres types de dégradation**.

LA STRUCTURE DU SOL

La structure du sol décrit l'agencement des particules de sol sous forme d'agrégats, de mottes ou encore en blocs continus. Contrairement à la texture du sol, qui correspond à la taille des particules du sol (argile, limon ou sable), la structure du sol peut varier rapidement et subir différentes dégradations, comme la compaction. Cette dégradation se traduit par une augmentation de la masse volumique du sol, due au piétinement des troupeaux ou au passage d'engins agricoles lourds en conditions humides. Les cultures se développeront moins bien dans un sol tassé, car la progression des racines sera plus difficile.

La récolte est un moment critique pour limiter les tassements, car les engins de récolte comme les moissonneuses-batteuses sont **les engins les plus lourds**. Ainsi, les risques de tassement sont accrus pour des rotations culturales avec beaucoup de cultures de printemps, comme le maïs et la betterave sucrière, dont la récolte va se réaliser à l'automne, **au moment où les sols sont humides**. De plus, l'essor de la mécanisation agricole a entraîné une augmentation significative du poids des équipements agricoles, exacerbant ainsi le problème du compactage des sols. La figure ci-contre, qui a été reproduite des travaux de Thomas Keller et Dani Or, montre que, de manière similaire à l'évolution des espèces animales, **l'augmentation du poids des engins a été permise par une augmentation de la surface au sol**, pour éviter l'enlisement des véhicules. C'est le même principe que l'utilisation de raquettes pour marcher sur la neige. Mais si cette stratégie permet à de lourdes machines agricoles d'avancer sans s'enfoncer dans le sol, elle conduit à d'importants tassements en profondeur. Ces dégradations de la structure sont trop profondes pour être reprises par du travail du sol.

L'ÉROSION DES SOLS

L'érosion des sols se produit lorsque des particules de sol sont déplacées latéralement, généralement en raison de précipitations excédant la capacité d'absorption du sol. Cela se produit notamment lorsqu'une croûte de battance, une fine couche imperméable de sol, se forme à la surface. Ces phénomènes d'érosion des sols ont suscité des préoccupations, avec des prédictions pessimistes annonçant qu'il ne restait que 60 récoltes possibles avant l'épuisement complet des sols. Cette déclaration semble exagérée lorsqu'on compare les quantités perdues par rapport aux quantités totales de sol (voir carte dans les pages suivantes). Cependant, l'érosion reste un phénomène important à maîtriser, notamment pour limiter les dégâts qu'elle peut créer localement, en particulier dans les zones de montagne avec de fortes pentes. La présence de couverts végétaux peut limiter le risque d'érosion, grâce à deux mécanismes. Tout d'abord, les plantes vont consommer de l'eau, augmentant ainsi les capacités de stockage du sol. Ensuite, même si le ruissellement se produit, la présence d'un couvert végétal va limiter le départ de particules de sol : l'eau va être « nettoyée » par les couverts végétaux.

La relation entre l'empreinte au sol et la masse totale

Source : Keller et Or (2022)

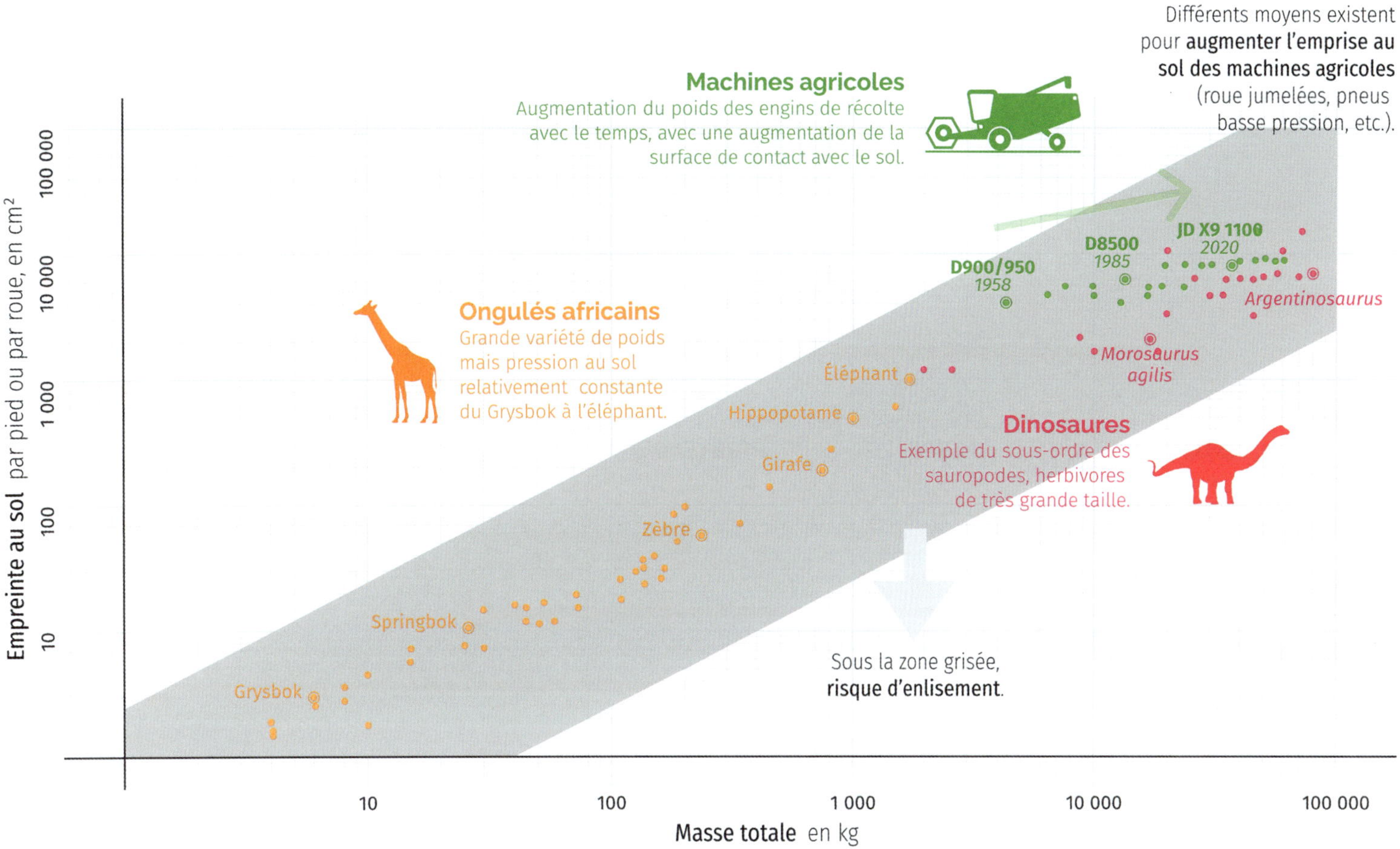

L'influence des rotations culturales sur le risque de compactation

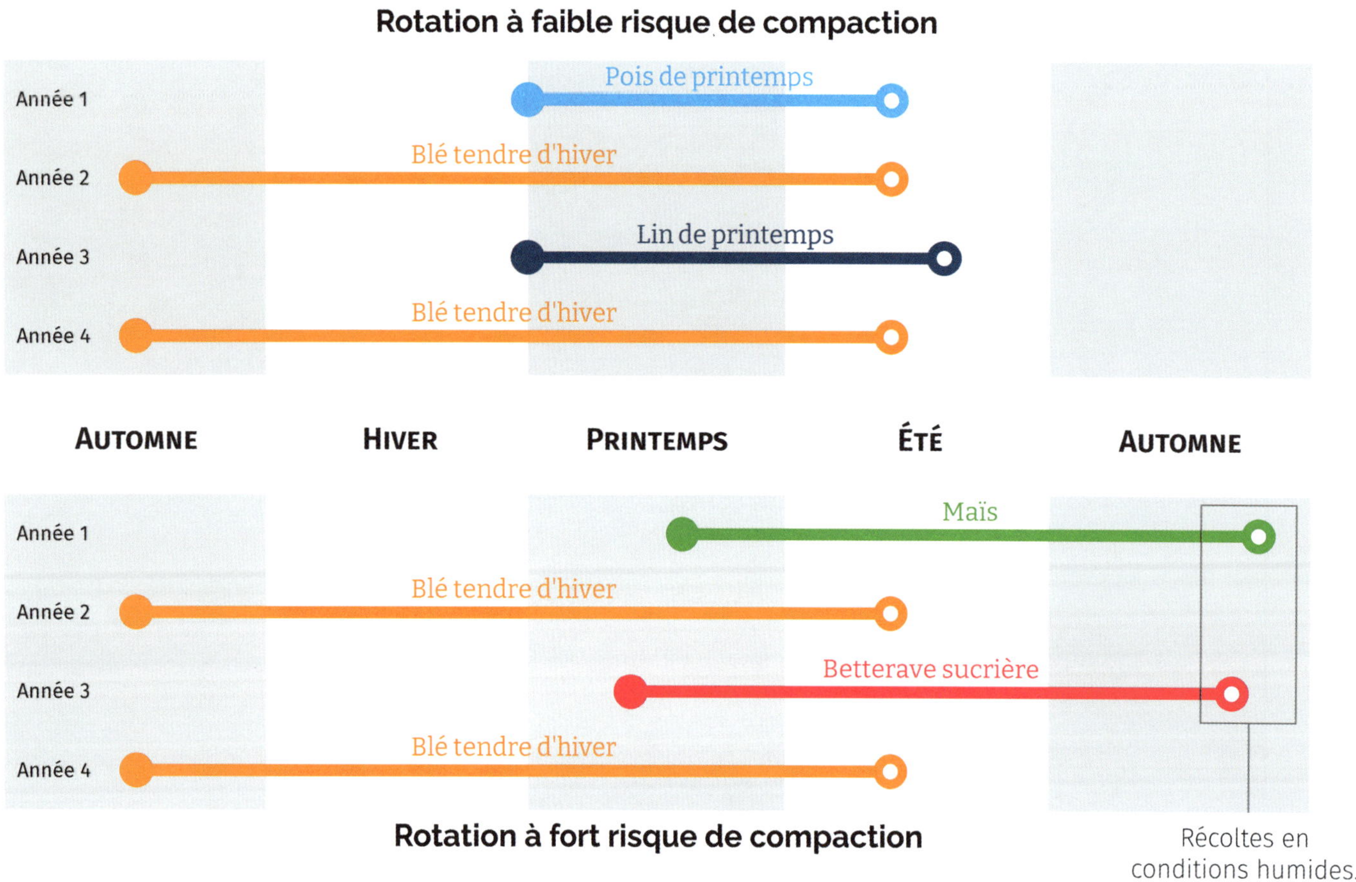

Les mécanismes de l'érosion hydrique

L'érosion hydrique désigne le **transfert latéral** des particules de sol **sous l'effet du ruissellement de l'eau**.

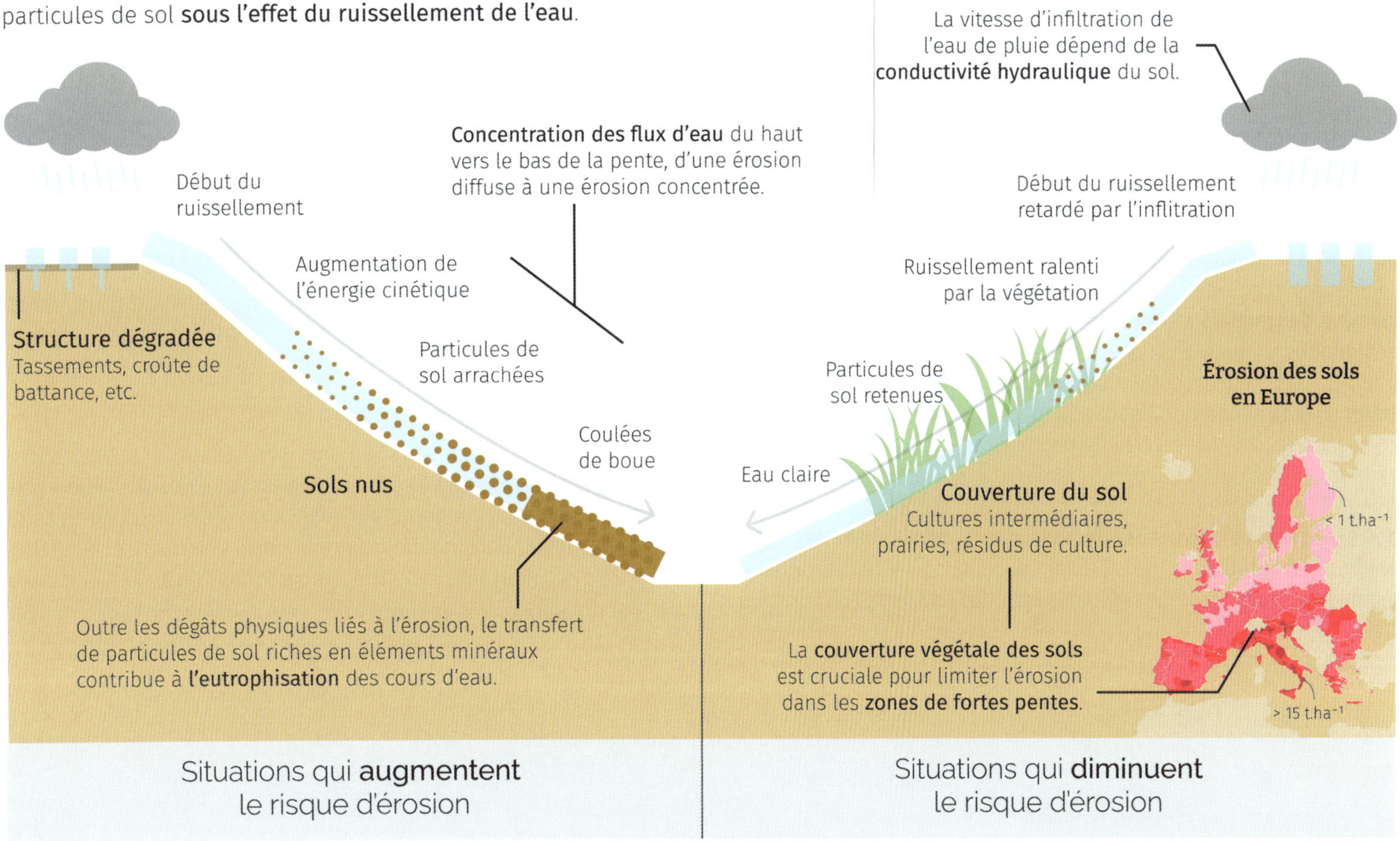

En résumé

Les principaux enjeux relatifs aux systèmes agricoles actuels ont été abordés dans cette deuxième partie. Si les évolutions des pratiques observées au XXe siècle ont permis d'augmenter la productivité agricole, ces pratiques ont aussi entraîné des conséquences négatives, comme le montre le dépassement des limites planétaires, en partie liées aux activités agricoles.

RÉDUIRE LA DÉPENDANCE AUX INTRANTS

L'un des principaux enjeux de l'agriculture concerne aujourd'hui **la réduction de la dépendance aux intrants**, dont certains sont issus de ressources non renouvelables comme les minerais phosphatés. **L'utilisation massive des engrais a conduit à l'ouverture des grands cycles biogéochimiques**, comme ceux de l'azote et du phosphore. La dépendance à ces engrais a été accentuée par **la spécialisation des systèmes agricoles**, avec la séparation des productions animales et végétales. Cette ségrégation s'observe à l'échelle régionale mais également à l'échelle globale, comme ceci a été montré avec les exportations de soja depuis l'Amérique du Sud pour nourrir les troupeaux européens. **Le transfert des excédents vers les écosystèmes naturels peut causer des dégâts environnementaux**. Ces transferts ont de nombreux effets négatifs, notamment la biodiversité : les effluents épandus en excès dans les régions d'élevage peuvent conduire à l'eutrophisation des eaux et certains produits phytosanitaires peuvent avoir un impact sur les espèces sauvages.

PROTÉGER LES SOLS

L'érosion constitue l'un des facteurs majeurs favorisant les transferts de substances depuis les systèmes agricoles vers les écosystèmes naturels. Ce phénomène peut être aggravé par la compaction des sols, qui ralentit le drainage de l'eau en profondeur et favorise donc le ruissellement. Or, l'augmentation du poids des engins agricoles observée depuis plusieurs décennies accentue les risques de tassement. L'urbanisation est une autre menace pour les sols, comme le montre la diminution des surfaces agricoles en France. Cependant, **tous les enjeux cités précédemment sont liés**. L'urbanisation des sols peut conduire à une intensification des pratiques sur les parcelles restantes, afin de garantir le maintien de la productivité agricole. Ce qui aura un impact négatif sur la biodiversité.

L'ÉVOLUTION DE L'AGRONOMIE

La réduction de l'utilisation des intrants grâce à l'optimisation des fonctionnalités offertes par les écosystèmes est l'une des clés aujourd'hui mise en avant pour répondre aux enjeux précédemment cités. Le pilotage des régulations naturelles implique de dépasser l'échelle de la parcelle, et de nouvelles échelles comme le bassin-versant sont investies par les agronomes pour imaginer les systèmes agricoles de demain.

Les enjeux liés aux systèmes agricoles actuels

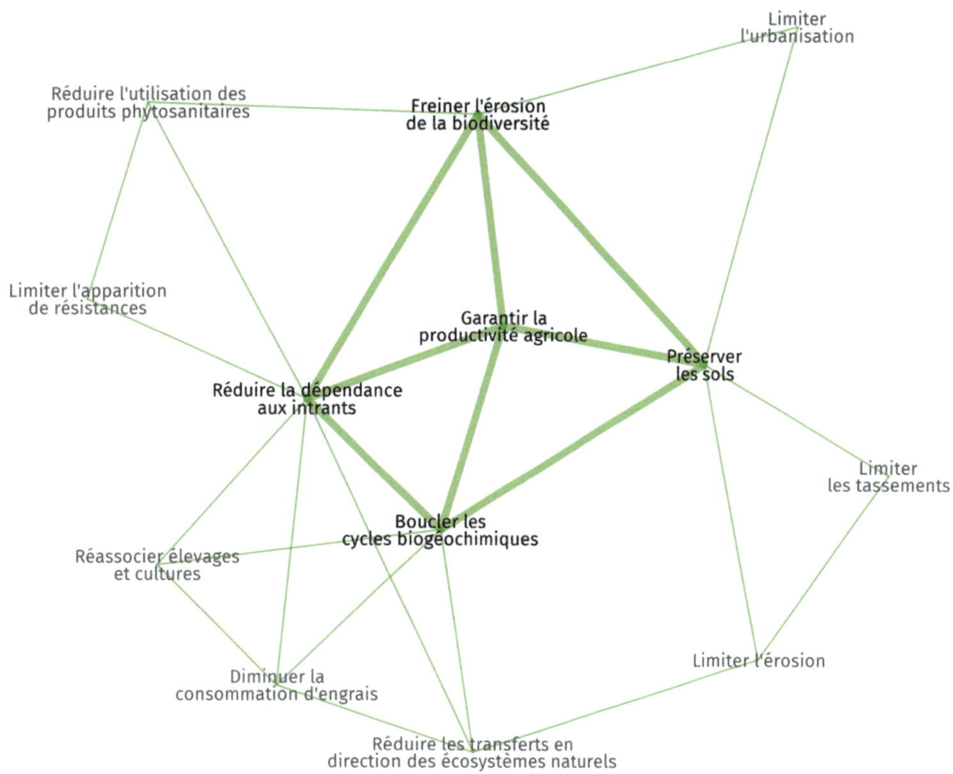

Partie 3
Concevoir les systèmes agricoles du futur

DE L'AMÉLIORATION DE L'EFFICIENCE D'UTILISATION DES INTRANTS À LA RECONCEPTION DES SYSTÈMES AGRICOLES POUR MOBILISER LES SERVICES FOURNIS PAR LES ÉCOSYSTÈMES

L'impact du changement climatique sur les rendements

L'évaluation de l'impact du climat futur sur la productivité agricole est difficile à faire. En effet, il existe de fortes incertitudes concernant l'évolution du climat. **Les différentes dimensions du changement climatique auront donc des effets variables sur les rendements agricoles**.

LES RÉPERCUSSIONS DU CLIMAT

D'un côté, l'augmentation de la concentration en dioxyde de carbone atmosphérique peut accroître l'activité photosynthétique, et donc la biomasse produite par les cultures. De l'autre, l'augmentation de la température et la variabilité accrue des précipitations peuvent avoir un effet négatif sur les rendements agricoles. Cet effet dépend des climats initiaux. Les conditions vont se compliquer dans les zones qui présentent déjà des déficits hydriques, alors que des gains de rendement pourront intervenir dans des climats froids.

Par ailleurs, toutes les cultures ne seront pas touchées de façon équivalente. Les deux principaux modes de fixation du dioxyde de carbone pour les plantes cultivées sont les mécanismes en C3 (qui concerne la très grande majorité des espèces) et en C4 (qui concerne particulièrement les graminées tropicales). Les plantes qui réalisent la photosynthèse en C4 (comme le maïs) ont la capacité de mieux résister aux augmentations de températures mais les gains de rendements potentiels liés à l'augmentation du dioxyde de carbone atmosphérique pourraient être plus importants pour les cultures en C3 (comme le blé, le riz et le soja). Il en résulte **une grande diversité d'évolutions possibles**, comme on peut le voir sur le graphe ci-contre où chaque histogramme représente les résultats d'une simulation de l'évolution du rendement pour une culture donnée, dans un environnement particulier.

UN EFFET GLOBALEMENT NÉGATIF

Le changement climatique va avoir **un effet globalement négatif sur les rendements** avec, dans certaines conditions, une perte complète des récoltes. Toutefois, **certaines pratiques agricoles peuvent permettre de mitiger cet impact**. Certaines simulations de la figure ci-contre évaluent l'effet de ces changements de pratique, comme l'avancement de la date de semis qui va permettre à certaines cultures de terminer leurs cycles plus tôt, avant les périodes de sécheresse et de forte canicule. La diminution des densités de semis peut également être un moyen de limiter la concurrence entre les plantes pour la ressource en eau. Les choix d'espèces ou de variétés cultivées sont également un levier important. En France, une évolution déjà observée concerne le remplacement des cultures de maïs par du sorgho, culture moins gourmande en eau mais qui peut avoir un débouché similaire pour l'alimentation des troupeaux.

L'évolution des rendements d'ici 2100 pour les quatre cultures les plus cultivées

Données : Hasegawa *et al.* (2022)

Les différentes barres représentent les résultats de 6 436 simulations d'évolution des rendements (en rouge pour une diminution, en bleu pour une augmentation des rendements).

L'évolution des rendements est exprimée en **pourcentage** par rapport **aux rendements de 2005**.

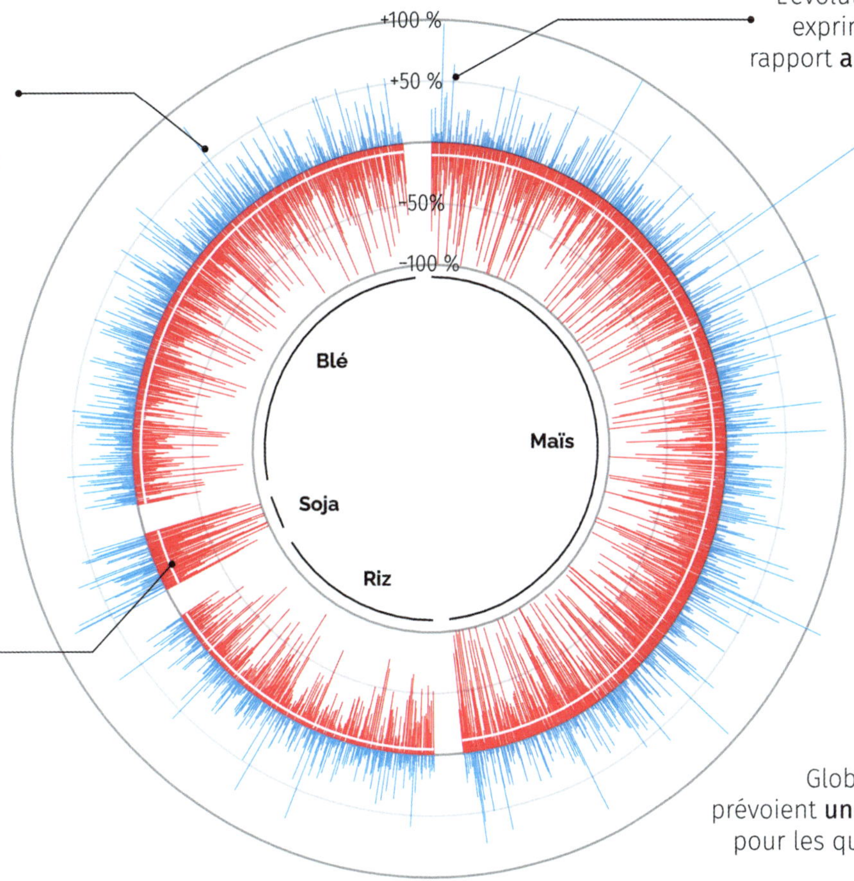

Les lignes blanches représentent **l'effet moyen** pour chaque culture.

Globalement, les simulations prévoient **une baisse des rendements** pour les quatre cultures principales.

L'impact du changement climatique sur le développement des cultures

Au-delà de l'effet sur le rendement des cultures, le changement climatique modifie également le cycle de développement de celles-ci.

LES STADES PHÉNOLOGIQUES

De la germination de la graine à la sénescence de la plante, en passant par le développement des feuilles à l'élongation de la tige**, le passage d'un stade phénologique à un autre est majoritairement contrôlé par les facteurs climatiques du milieu**. L'un des exemples les plus connus est le processus de vernalisation, qui désigne la période de froid prolongée nécessaire à certaines espèces végétales pour acquérir la capacité de fleurir et de produire des graines lorsque les conditions idéales reviendront. Le froid va permettre aux plantes de produire une protéine spécifique, dénommée Vin3 pour ***Vernalisation Insensitive 3***, qui va inhiber le gène ***Flowering Locus C*** (FLC) responsable de l'empêchement de la floraison.

Mais, au-delà de cet exemple, le développement des plantes dépend plus généralement des sommes de températures positives auxquelles elles sont exposées. Ainsi, le phyllochrone désigne la somme de température nécessaire entre l'émergence de deux feuilles. Cependant, toutes les plantes ne réagissent pas à la température de la même façon. La température de base désigne la température en dessous de laquelle la croissance des plantes est nulle. Cette température est de 0 °C pour le blé contre 6 °C pour le maïs, par exemple. Lorsque la température extérieure dépasse la température de base, les plantes accumulent de la chaleur. Ce phénomène est traduit par la notion de **somme de température**, qui permet d'estimer le stade de développement de la plante en additionnant les degrés jours (température journalière moins la température de base). **Plus la température journalière est élevée, plus le cycle de développement des plantes sera court**. Cet effet s'arrête à partir de 30 °C, température maximale de croissance pour la majorité des plantes. Ainsi, l'augmentation des températures que nous observons actuellement va accélérer le développement des cultures. Ceci peut entraîner des pertes de rendement. Par exemple, la floraison précoce des arbres fruitiers augmente le risque de destruction des bourgeons par le gel.

L'EXEMPLE DE LA FLORAISON DES CERISIERS

La fleur de cerisier est célébrée comme l'annonce la plus emblématique du printemps au Japon. En raison de cette popularité, les cerisiers bénéficient d'un long historique des dates de pleine floraison qui remonte à l'année 812. Les données les plus anciennes du graphique ci-contre ont été recueillies par Yasuyuki Aono dans des journaux et des chroniques rédigés par des empereurs, des aristocrates, des gouverneurs et des moines de Kyoto, ce qui en fait la plus longue série phénologique connue. L'analyse de cette série phénologique montre l'influence des activités humaines, qui augmente la probabilité d'une floraison précoce des cerisiers.

L'avancement de la date de floraison des cerisiers à Kyoto (Japon)

Données : Yasuyuki Aono

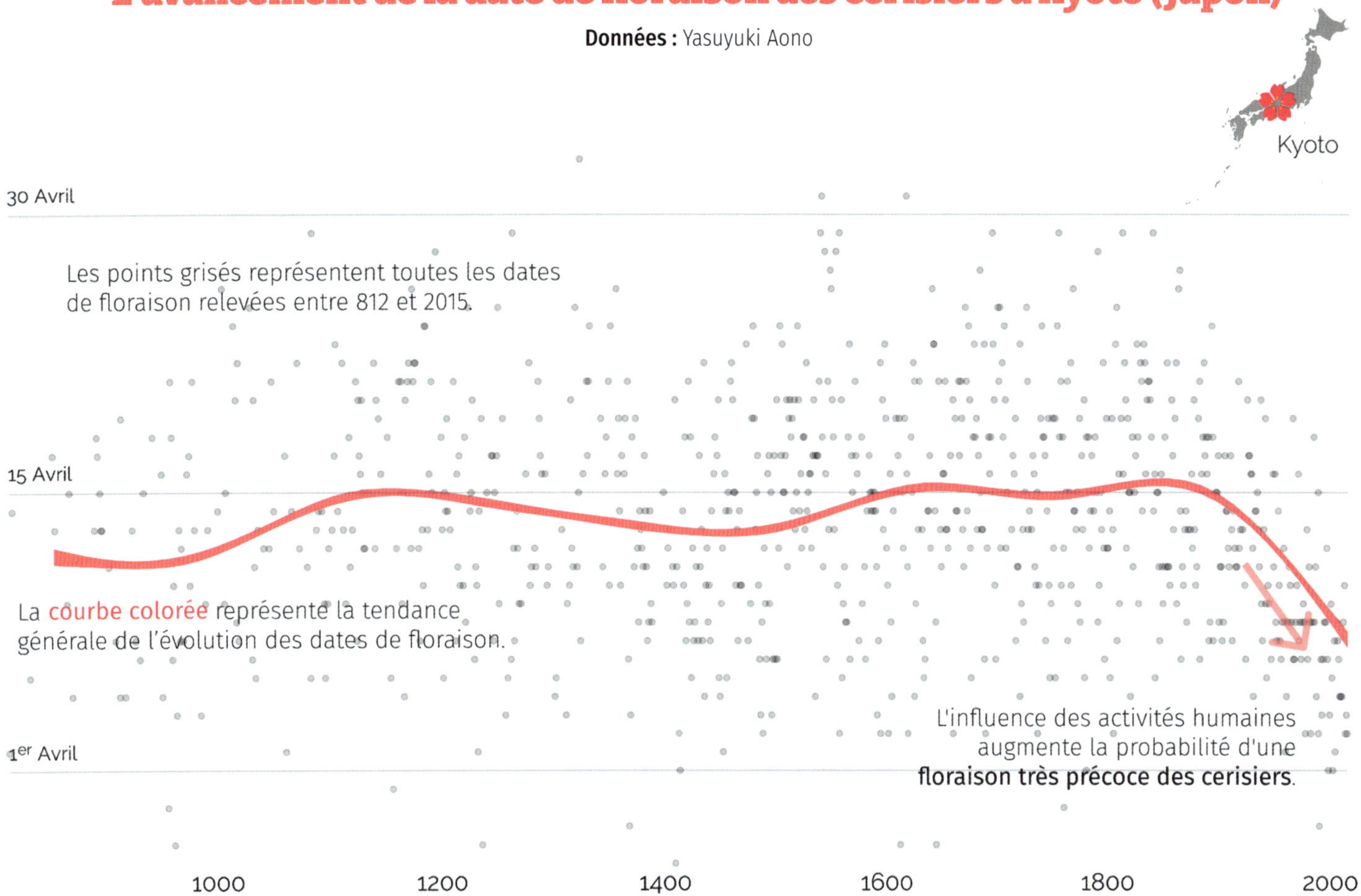

La réserve utile en eau du sol

Toutes les parcelles ne seront pas touchées de la même façon par le changement climatique. Les agriculteurs doivent tenir compte de la réserve utile en eau du sol lors de la gestion de l'irrigation et de la culture des plantes, car cela influence la fréquence des arrosages et la quantité d'eau nécessaire pour maintenir une croissance saine des plantes. Une compréhension de la réserve utile en eau du sol est essentielle pour une gestion durable des ressources en eau et une utilisation efficace de l'irrigation.

LA RÉSERVE UTILE

La réserve utile du sol désigne l'eau qui peut être **stockée dans le sol et restituée aux cultures**. La deuxième partie de la définition est importante car une partie de l'eau stockée dans le sol n'est pas accessible aux plantes. Lorsque l'humidité du sol est plus faible que **l'humidité au point de flétrissement**, le pouvoir de rétention du sol est supérieur au pouvoir de succion des plantes. À l'inverse, lorsque l'humidité du sol dépasse **l'humidité à la capacité au champ**, le sol est saturé en eau et c'est la gravité qui contrôle les flux : les excès vont être perdus rapidement par drainage en profondeur ou ruissellement à la surface. Entre ces deux humidités caractéristiques, l'eau est faiblement retenue par le sol : elle n'est pas entraînée par la gravité tout en restant disponible pour les plantes. **Cette capacité de rétention du sol s'explique principalement par les caractéristiques des particules d'argile**, qui sont constituées de feuillets de silice. Ces feuillets étant chargés négativement, l'eau va pouvoir être retenue dans l'espace entre deux feuillets. En effet, l'eau est une molécule globalement neutre mais polaire : les électrons sont plus attirés par l'atome d'oxygène que par les deux atomes d'hydrogènes, qui apparaîtront donc comme porteur d'une charge positive. Ainsi, plus un sol est argileux, plus sa réserve utile sera importante alors que les sols sableux auront moins capacité à retenir l'eau. Les autres facteurs qui vont influencer la réserve utile d'un sol sont la profondeur du sol et la charge en éléments grossiers. Plus un sol est profond et plus la charge en éléments grossiers est faible, plus la réserve utile sera importante.

LE BILAN HYDRIQUE

Comme la pluviométrie, **la réserve utile d'un sol est exprimée sous la forme d'une hauteur d'eau, en millimètres**. La réserve utile maximale du sol pris comme exemple dans le graphe ci-contre est estimée à environ 140 millimètres, ce qui est une valeur relativement élevée. Le **bilan hydrique** représenté suit l'évolution de cette réserve utile au cours du temps. La réserve utile se remplit grâce aux précipitations, elle se vide à cause de l'évaporation et de la consommation des plantes. On parle **d'évapotranspiration**. Pour les cultures, le stress hydrique commence à apparaître avant même que la réserve utile d'un sol soit complètement vide. On distingue ainsi **la réserve facilement utilisable** et **la réserve de survie**, qui correspondent respectivement aux deux premiers tiers et au dernier tiers de la réserve utile. Un sol avec une réserve utile importante résistera mieux aux périodes de sécheresses mais, sans recours à l'irrigation, des stress hydriques apparaissent généralement sur toutes les parcelles en période estivale.

La réserve utile des sols

La **réserve utile** désigne la quantité d'eau **utilisable par les plantes** que le sol peut stocker.

La réserve utile dépend de **la teneur en argile** du sol, mais aussi de **la nature de l'argile**.

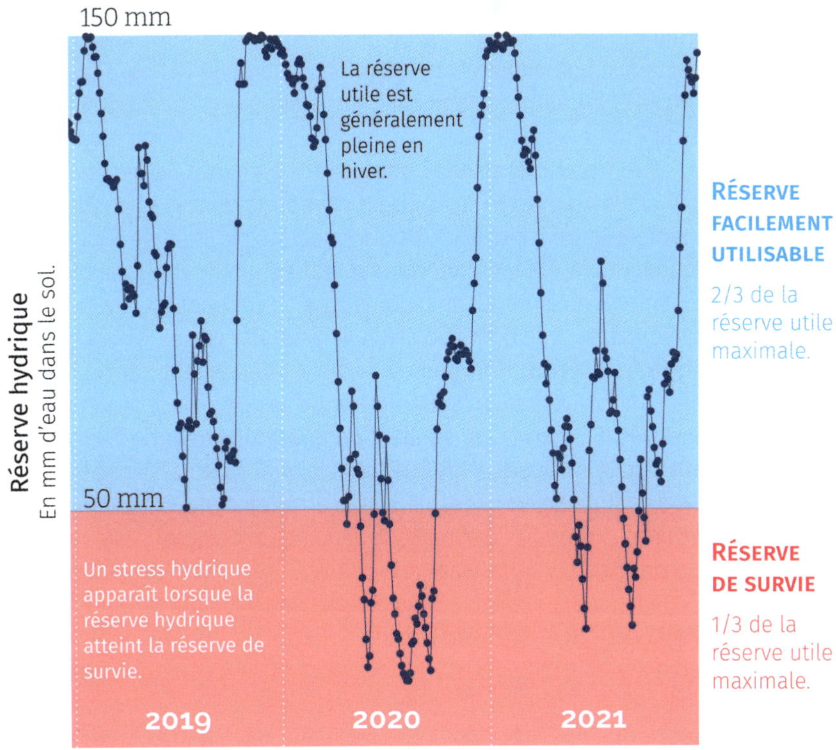

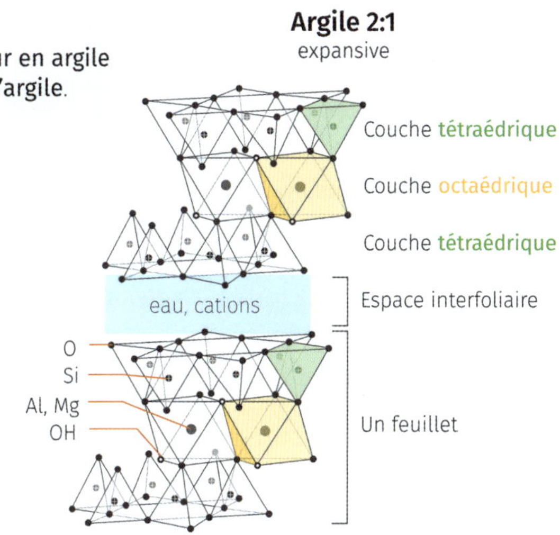

Les **argiles 2:1** peuvent stocker plus d'eau, causant ainsi plus de variations de volume.

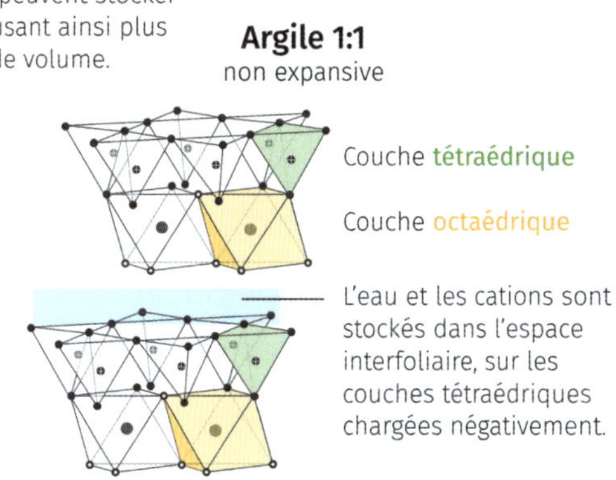

La répartition des ressources en eau

Dans un contexte de changement climatique, la gestion de l'eau va être cruciale pour assurer les futurs rendements agricoles.

LES GRANDS TYPES DE PRÉLÈVEMENTS

Les prélèvements d'eau ont été multipliés par six depuis 1900. À l'échelle mondiale, **les prélèvements agricoles représentent plus de deux tiers des prélèvements d'eau douce**. Comme l'utilisation des autres intrants, ces prélèvements ont fortement augmenté depuis la seconde moitié du XXe siècle. Les prélèvements agricoles regroupent les utilisations pour la production agricole, par exemple pour l'irrigation des cultures, pour l'abreuvement et le nettoyage des élevages ou encore pour l'aquaculture. Cependant, l'eau destinée aux industries agro-alimentaires est incluse dans **les prélèvements industriels** (si ces industries s'auto-approvisionnent) ou dans **les prélèvements réalisés par les municipalités** (en cas de raccordement aux réseaux de distribution public).

Il est à noter que **les quantités d'eau prélevées sont bien supérieures aux quantités réellement consommées**. Par exemple, dans le cas des prélèvements agricoles, une partie de l'eau d'irrigation est perdue par évaporation, avant d'avoir pu être prélevée par la plante, ou par drainage en profondeur dans le sol. Pour le secteur industriel, le rapport entre la consommation nette et le prélèvement est estimé à moins de 5 %. Pour les réseaux domestiques, ce rapport peut varier de 5 à 15 % dans les zones urbaines et de 10 à 50 % dans les zones rurales.

LA VARIABILITÉ DES PRÉLÈVEMENTS AGRICOLES ENTRE PAYS

La proportion des prélèvements d'eau utilisés pour l'agriculture varie fortement d'un pays à l'autre, comme le montre le graphique ci-contre. Une première explication à cette variabilité est le niveau de revenu : de manière générale, la part des prélèvements dédiés aux usages agricoles à tendance à diminuer avec l'augmentation de la richesse du pays. Le climat est un autre facteur qui peut expliquer cette variabilité. Enfin, les différentes productions des pays peuvent aussi être responsables de ces écarts, car toutes les productions agricoles ne nécessitent pas les mêmes quantités d'eau. La proportion de surfaces irriguées varie fortement entre continents. Le développement limité de l'irrigation en Afrique a déjà été identifié comme étant l'une des causes des faibles rendements observés dans certains pays du continent. À l'inverse, le fort développement de l'irrigation en Asie peut être partiellement lié à l'importance de la riziculture dans cette région. Cependant, sur ce continent, une grande diversité de situations entre les pays peut également être constatée. En Europe, un gradient de développement de l'irrigation du nord vers le sud peut se deviner, avec une augmentation de la proportion des surfaces irriguées de l'Italie à l'Allemagne, par exemple. Mais certaines exceptions, comme le Danemark, sont à noter également. Avec environ 7 % de la surface agricole cultivée irriguée, la France est au-dessus de la médiane des pays européens, mais loin de la Grèce (environ 40 % des surfaces cultivées irriguées). Cette proportion est relativement stable au cours des dernières décennies. Si le recours à l'irrigation est un moyen d'augmenter les rendements, cette technique a aussi un coût important pour les irrigants, que ce soit pour l'entretien des réseaux ou l'achat du matériel d'irrigation.

Les prélèvements d'eau annuels par habitant dans le monde

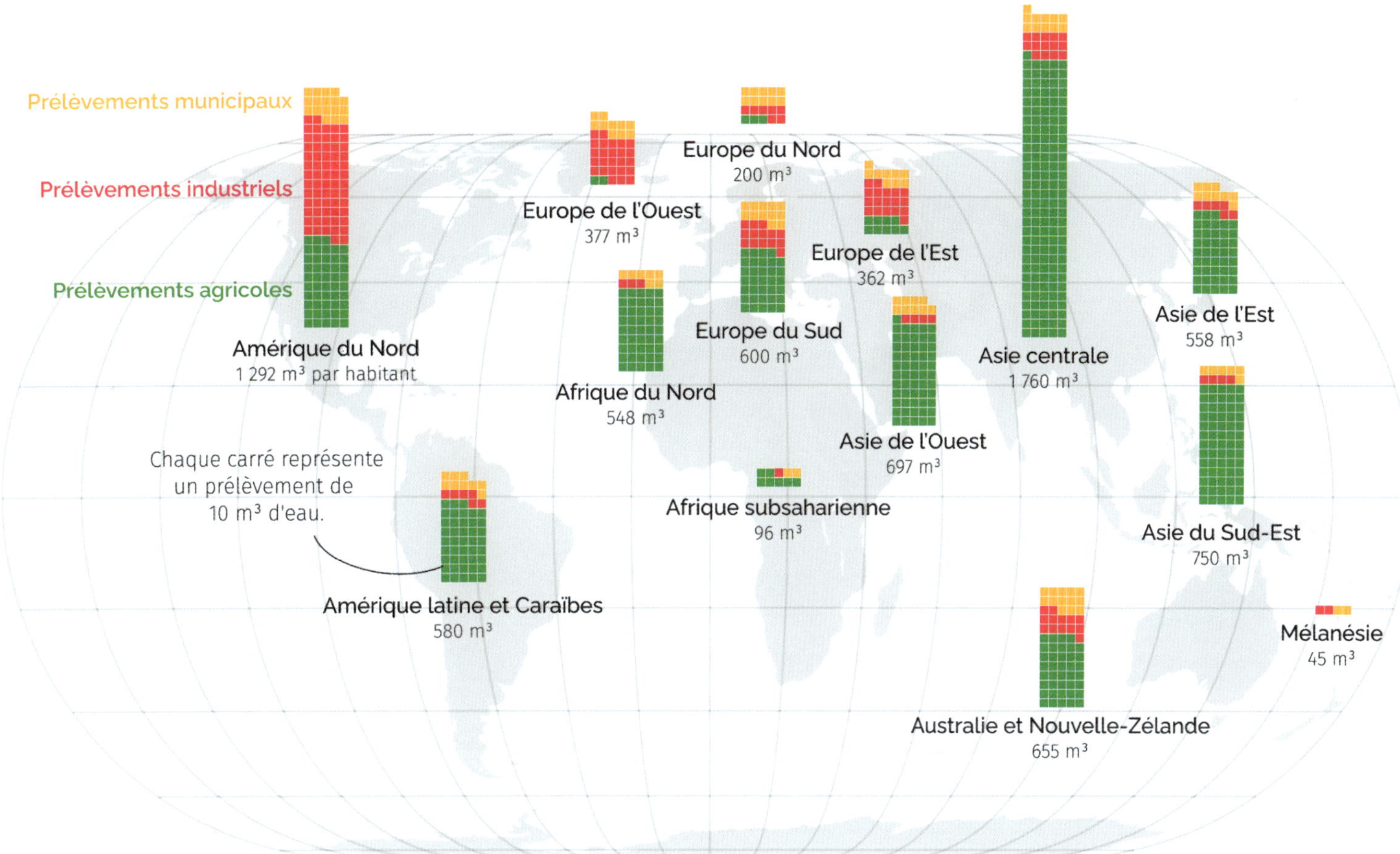

La quantité d'eau consommée par pays pour les usages agricoles en 2019

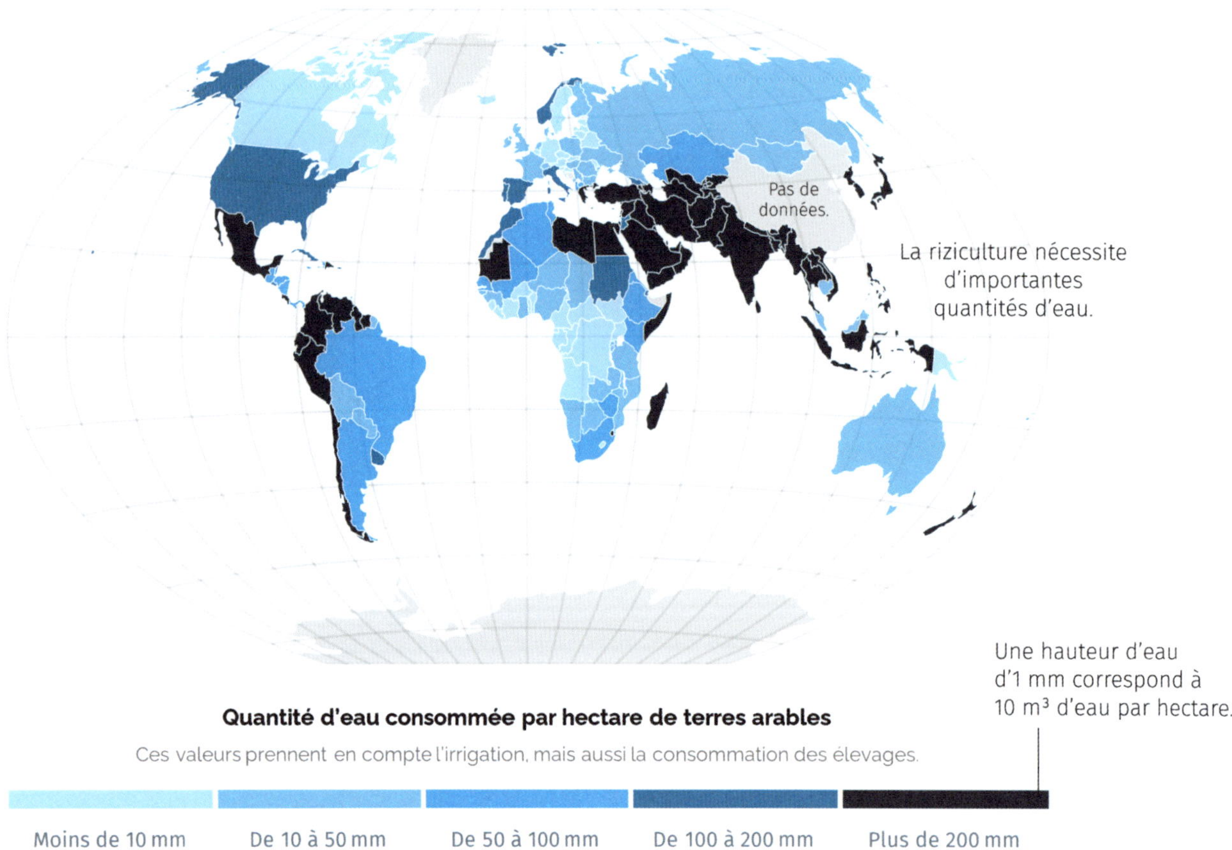

La part de la surface agricole cultivée irriguée par pays en 2019

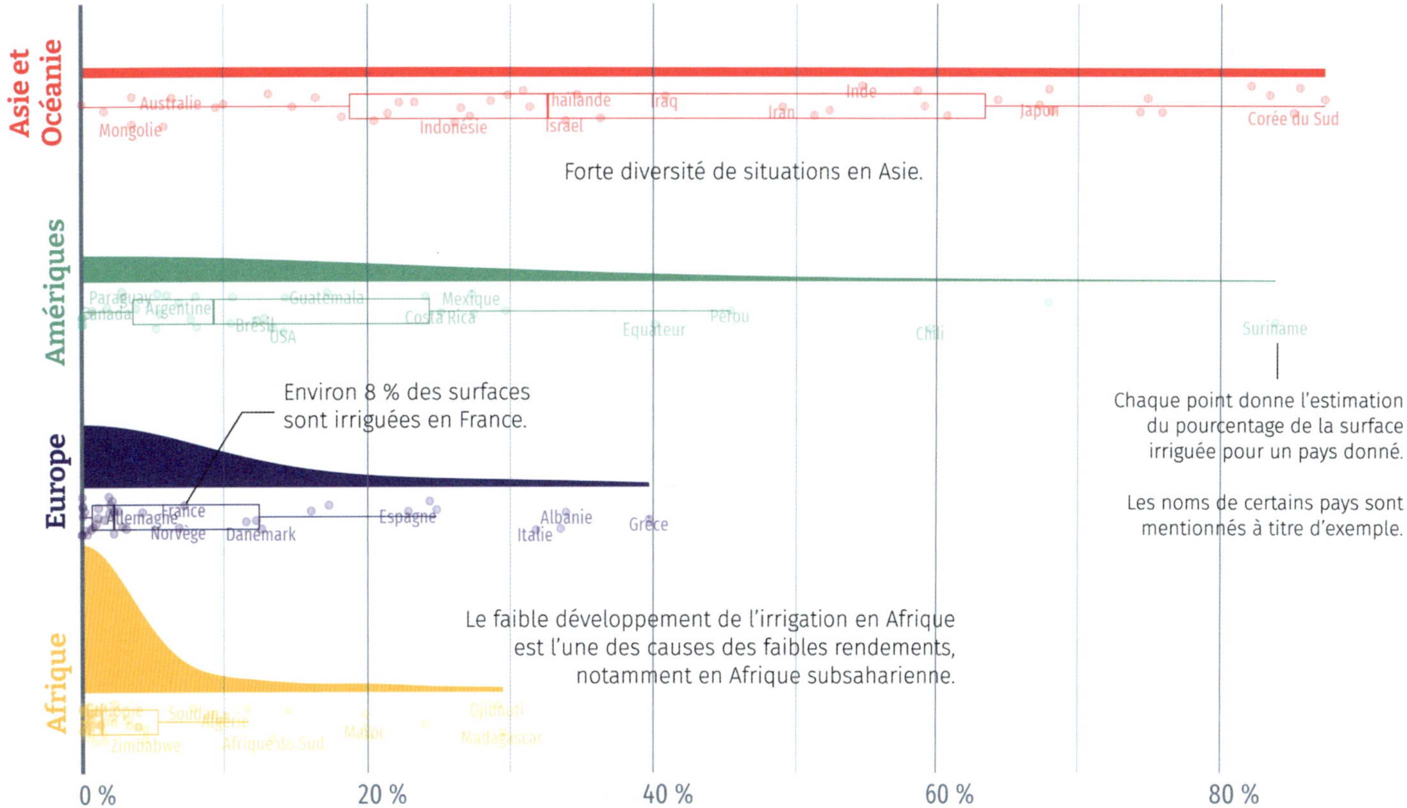

Proportion de la surface cultivée irriguée (en %)
Surfaces agricoles hors surfaces toujours en herbe

Améliorer l'efficience d'utilisation de l'eau

Au-delà des quantités d'eau disponibles pour l'agriculture, les moyens utilisés pour l'irrigation seront déterminants pour assurer une bonne efficience de cette pratique.

LES SYSTÈMES PAR ASPERSION

Les systèmes d'irrigation par aspersion, qui arrosent les cultures grâce à de l'eau mise sous pression, sont les systèmes majoritaires en France. Les enrouleurs sont les dispositifs les plus fréquents. Ils sont constitués d'une bobine sur laquelle est enroulé un tuyau raccordé par une extrémité à un canon équipé d'un brise-jet, afin de créer une pluie artificielle. L'enrouleur est déplacé d'un point d'arrosage à un autre par le tracteur. Après déroulement du tuyau, avec le canon, à une extrémité de la parcelle par le tracteur, l'arrosage peut commencer. Le tuyau est enroulé lentement autour de la bobine jusqu'à ce que le canon vienne buter contre un dispositif d'arrêt. La vitesse d'enroulement dépend de la quantité d'eau que l'on souhaite apporter. Le principal avantage des enrouleurs est leur mobilité. Ils peuvent ainsi arroser plusieurs parcelles. Mais le déplacement des enrouleurs prend beaucoup de temps pendant la saison d'irrigation. Par ailleurs, **une partie de l'eau apportée est perdue par évaporation lors de l'application ou sur le sol, avant d'être utilisée par les plantes** (voir graphique ci-contre). Les rampes d'irrigation, ou pivot si la rampe tourne autour d'une extrémité fixe, limitent ces pertes car l'eau est projetée plus proche des cultures, avec une moindre pression. Par ailleurs, ces équipements sont autonomes et n'ont pas besoin d'être déplacés à une position à une autre. Cependant, les investissements sont plus conséquents car, contrairement aux enrouleurs, chaque parcelle irrigable doit être équipée d'un matériel individuel, dont le coût est par ailleurs supérieur à celui de l'enrouleur.

L'IRRIGATION DE PRÉCISION

Les systèmes d'irrigation de précision (ou micro-irrigation) distribuent l'eau en faible quantité, très près des cultures, ce qui améliore l'efficience d'utilisation de la ressource. **L'irrigation par goutte-à-goutte est un exemple de dispositif d'irrigation de précision**. Des lignes de goutteurs vont être disposées à la surface ou enterrées à une faible profondeur à intervalles réguliers. Les pertes par évaporation peuvent ainsi être complètement évitées, et l'exemple ci-contre montre que l'on peut obtenir des rendements équivalents au dispositif par aspersion avec beaucoup moins d'eau. Mais ces dispositifs ont un coût élevé. Par ailleurs, dans le cas du goutte-à-goutte de surface, si le dispositif est autonome pendant la saison d'irrigation, la pose des lignes de goutteurs en début de culture et la dépose avant la récolte nécessitent de la main-d'œuvre. Pour ces raisons, les systèmes d'irrigation de précision sont majoritairement utilisés en maraîchage ou en arboriculture. En grandes cultures, ils sont réservés aux cultures à forte valeur ajoutée, comme la production de semences, par exemple. **Mais ceci pourrait changer dans un contexte de tensions croissantes sur les ressources en eau**.

Le devenir de l'eau selon le système d'irrigation utilisé

Données : Serra-Wittling *et al.* (2020)

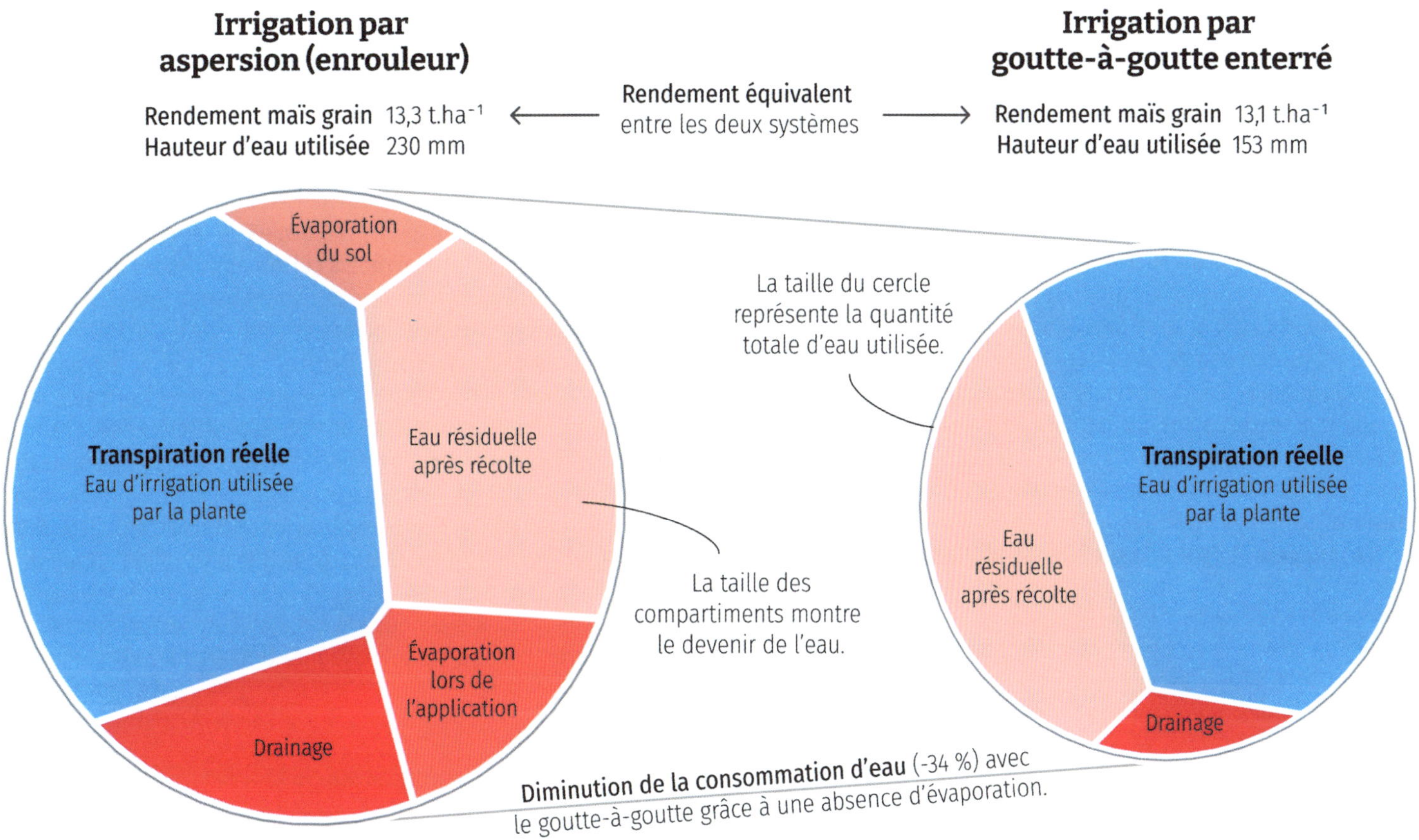

Des systèmes remis en question par l'évolution du climat

Dans un contexte de changement climatique, l'incertitude qui pèse sur l'importance et la répartition temporelle et spatiale des précipitations futures incite à **la reconception des systèmes agricoles**, comme c'est le cas de la Californie.

L'AGRICULTURE CALIFORNIENNE

La Californie couvre 25 % des besoins alimentaires des États-Unis. Cet État fournit notamment une part importante des fruits et légumes, avec par exemple 85 % des carottes et 94 % des prunes du pays. L'agriculture californienne réalise également d'importantes exportations à l'étranger : les amandes et les pistaches produites en Californie représentent respectivement 83 % et 45 % de la production mondiale.

Les sécheresses sont courantes en Californie et d'importantes infrastructures ont été développées pour répondre à ces contraintes. La production agricole californienne est soutenue par l'irrigation, avec 3 650 000 hectares de terres agricoles irriguées. Pour que les systèmes d'irrigation puissent fonctionner, **les réservoirs d'eau doivent être remplis par les précipitations**. Le modèle agricole californien est aujourd'hui remis en question par **plusieurs vagues de sécheresse pluriannuelles**.

DES SÉCHERESSES INQUIÉTANTES

Le graphique en spirale ci-contre montre une première sécheresse qui dure de 2013 à 2016, et qui s'étend à la quasi-totalité de l'État californien. L'un des éléments marquants de cette sécheresse a été sa durée. Des précipitations automnales insuffisantes, et des hivers avec peu de neige sur les sommets, n'ont pas suffi à compenser les déficits hydriques estivaux. Cet épisode de sécheresse, le pire depuis 1 200 ans, pouvait alors être considéré comme exceptionnel. Mais une nouvelle sécheresse pluriannuelle a débuté en 2021, avec notamment un été 2022 particulièrement difficile pour toute la façade ouest du pays, qui a été touchée par de nombreux feux de forêts.

Une augmentation de l'intensité et de la fréquence des sécheresses remet en question le modèle agricole californien qui pourrait être conduit **à diminuer les surfaces consacrées à certaines cultures qui consomment beaucoup d'eau**, comme l'amandier. De même, une partie de la production de fruits et légumes pourrait être repartie dans d'autres états américains. Ces changements sont lents et difficiles à mettre en place car ils n'impliquent pas uniquement les producteurs agricoles mais aussi les autres acteurs des filières, comme les collecteurs et les transformateurs. Cette adaptation des systèmes agricoles est indispensable pour répondre aux enjeux liés au changement climatique. Des problématiques similaires existent en Europe, où les bassins de productions de certaines cultures vont devoir remonter vers le nord. C'est notamment le cas des oliviers qui subissent d'importantes pertes de rendement en Espagne depuis plusieurs années. Ou encore la vigne qui commence à se développer en Belgique et au Royaume-Uni.

Les niveaux de sécheresse en Californie (États-Unis) de 2001 à 2022

Données : *US Drought Monitor*

La lecture débute depuis le centre vers l'extérieur. Chaque cercle représente une année de données, du 1er janvier 2001 au 31 décembre 2022.
Pour chaque semaine, la couleur de la spirale donne le pourcentage du territoire californien touché par la sécheresse.
Pour chaque commune, le niveau de sécheresse est classé en **six catégories :**

- Pas de sécheresse.
- Anormalement sec.
- Sécheresse modérée.
- Grave sécheresse.
- Sécheresse extrême.
- Sécheresse exceptionnelle.

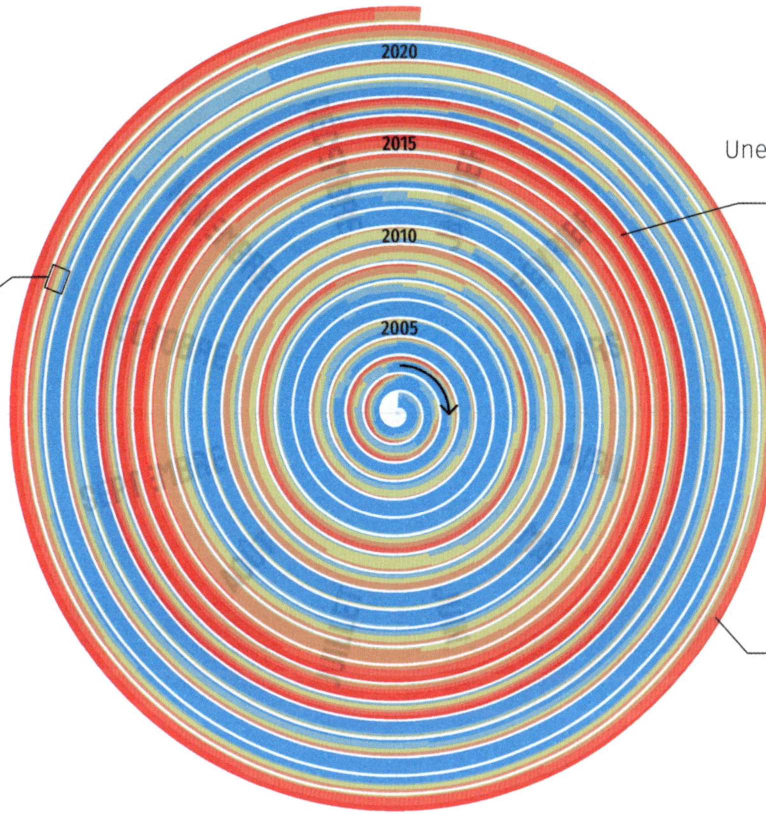

Une **sécheresse pluriannuelle** sévère a affecté la quasi-totalité de la Californie **de 2013 à 2016.**

Les précipitations automnales insuffisantes ainsi que de faibles chutes de neige hivernales ne permettaient pas de remplir les nappes phréatiques.

Une **nouvelle période de sécheresse a débuté en 2021**, avec notamment un été 2022 particulièrement difficile pour toute la façade ouest du pays, touchée par de nombreux feux de forêt.

La progression des bioagresseurs

Les pathogènes et les ravageurs causent chaque année d'importants dégâts aux récoltes mondiales. **La propagation des bioagresseurs**, et plus généralement des organismes vivants, est d'abord due aux activités humaines, et notamment **aux nombreux échanges de biens** qui sont réalisés entre pays et entre continents. À titre d'exemple, l'introduction du frelon asiatique en France serait due à l'entrée de femelles fondatrices causée par l'importation de poteries en provenance de Chine au début des années 2000 par un horticulteur du Lot. En quelques années, l'insecte s'est largement répandu, en France mais aussi dans les pays voisins comme l'Espagne, l'Italie, l'Allemagne, avec même des cas recensés en Angleterre et aux Pays-Bas.

LA DISSÉMINATION DES RAVAGEURS

Par ailleurs, **le changement climatique permet le développement de certaines espèces dans des régions jusqu'alors inadaptées**. Outre l'adéquation des conditions météorologiques avec le cycle des ravageurs, certains stress environnementaux peuvent aussi affaiblir les plantes et diminuer leur résistance vis-à-vis de ces organismes. Un exemple bien connu en France concerne la progression de la chenille processionnaire du pin. D'origine méditerranéenne, cette chenille s'étend aujourd'hui en direction du nord, causant d'importants dégâts aux populations d'arbres. De manière générale, le changement climatique favorise la progression des bioagresseurs vers le nord. Le graphique ci-contre, adapté des travaux de Bebber ***et al.*** (2013), synthétise la progression de plusieurs centaines de ravageurs et des maladies depuis 1960. Les observations de terrain ont **montré un déplacement moyen de 2,7 km par an (+/–0,8 km) en direction des pôles** sur la période d'étude, avec de fortes différences entre les groupes taxonomiques. Une partie de ces différences peut être expliquée par les caractéristiques des ravageurs. Par exemple, le développement des insectes herbivores est particulièrement favorisé par le réchauffement climatique, car il favorise la survie hivernale de ces insectes. Cependant, l'effet du changement climatique peut être variable sur les champignons : l'augmentation de la température peut accélérer leur développement, mais ils peuvent aussi souffrir de la sécheresse.

DES BIAIS D'OBSERVATIONS

Des **biais d'observations** peuvent aussi influencer les résultats obtenus. Plusieurs sources d'erreur peuvent être mentionnées. Tout d'abord, en raison de moyens financiers supérieurs, les observations de terrain sont plus facilement réalisées dans des pays situés à des latitudes élevées, ce qui peut surestimer la représentation des ravageurs dans ces pays par rapport aux pays plus proches de l'équateur. Par ailleurs, l'observation de certains ravageurs du sol peut être plus compliquée que la détection de ravageurs aériens. Mais il reste que la dissémination des ravageurs et des maladies présentées dans la figure ci-contre correspond globalement aux prévisions établies à partir des connaissances théoriques.

L'évolution de la distribution des groupes taxonomiques depuis 1960

Source : Bebber *et al.* (2013)

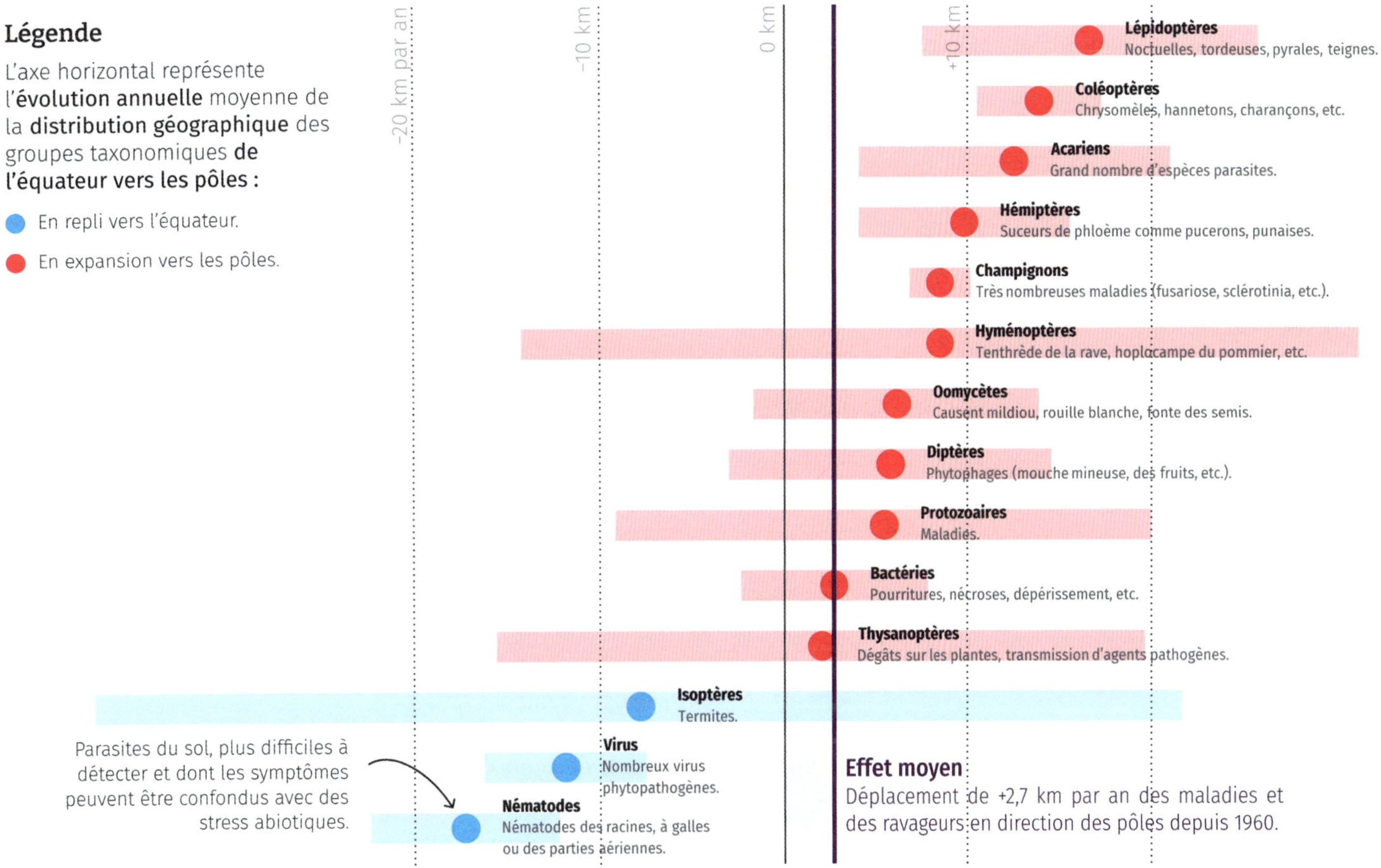

La lutte biologique

En plus de l'effet du changement climatique, la propagation de certaines espèces en dehors de leur foyer d'origine peut parfois être une conséquence indésirable d'une bonne intention, comme cela a parfois été le cas lors de l'utilisation de méthode de lutte biologique contre les bioagresseurs.

HISTORIQUE DE LA LUTTE BIOLOGIQUE

En agriculture, le terme « lutte biologique » désigne **une méthode de lutte contre des bioagresseurs en utilisant des organismes vivants antagonistes de ceux-ci**. Il s'agit d'une méthode ancienne : par exemple, il a été documenté des cas de lâchers de fourmis (***Oechophylla smaragdinia***) pour lutter contre des insectes ravageurs des mandariniers en Chine, il y a plus de 2 300 ans. Au XIXe siècle, des efforts importants ont été fournis pour trouver des solutions de lutte biologique contre de nouveaux ravageurs comme aux États-Unis et en France, pour lutter contre différents ravageurs en Europe et en Amérique du Nord, comme le bombyx disparate (un papillon de nuit qui s'attaque aux feuilles des arbres) ou encore le phylloxéra (un puceron de la vigne). Mais les recherches sur ces méthodes de lutte vont diminuer au XIXe siècle, avec le développement des produits phytosanitaires, et notamment des insecticides.

UN REGAIN D'INTÉRÊT POUR LA LUTTE BIOLOGIQUE

Aujourd'hui un exemple de lutte biologique emblématique concerne **l'utilisation de la coccinelle dans le cadre de la lutte contre les pucerons**. Dans cet objectif, la coccinelle asiatique (***Harmonia axyridis***) a été introduite à ces fins en Europe dans les années 1980 et en Amérique du Nord à partir des années 1970. La coccinelle asiatique présente l'avantage de consommer plus du double de pucerons que les espèces européennes, comme ***Adalia bipunctata*** (coccinelle à deux points) ou ***Septempunctata*** (coccinelle à sept points). La prolificité de la coccinelle asiatique en fait également une espèce facile à élever, mais cette caractéristique favorise aussi la multiplication de ces coléoptères dans les milieux naturels, au détriment des espèces autochtones. Des études réalisées en Belgique et en Grande-Bretagne ont montré que les populations d'***Adalia bipunctata*** avaient diminué de 40 %. Cette baisse s'explique par une compétition pour les ressources nutritives, mais aussi par la prédation des œufs des autres espèces par ***Harmonia axyridis***.

Mais, malgré certains cas où les agents de contrôle employés ont pu entraîner des conséquences néfastes sur les écosystèmes locaux (notamment en sur des îles), **la lutte biologique a un intérêt certain pour diminuer le recours aux produits phytosanitaires**. Plusieurs méthodes de luttes sont déjà utilisées à grande échelle : c'est notamment le cas des trichogrammes, des petites guêpes parasitoïdes à l'efficacité avérée contre la pyrale, un papillon qui s'attaque fréquemment au maïs. Les trichogrammes vont parasiter les oeufs de la pyrale. Par rapport à un traitement insecticide, **la lutte biologique nécessite donc d'anticiper le développement des ravageurs** : pour être efficace, les lâchers de trichogrammes doivent être positionnés au début des vols des papillons, en période de ponte.

La distribution géographique des espèces de coccinelles

Données : *Global Biodiversity Information facility*

La **coccinelle asiatique** (*Harmonia axyridis*) est aujourd'hui présente sur tous les continents.
L'expansion de cette espèce est directement liée à son **utilisation en lutte biologique**.
Contrairement à d'autres espèces comme *Adalia bipunctata* (deux points) ou *Coccinella septempunctata* (sept points), la coccinelle asiatique n'a pas de nombre de points fixe.

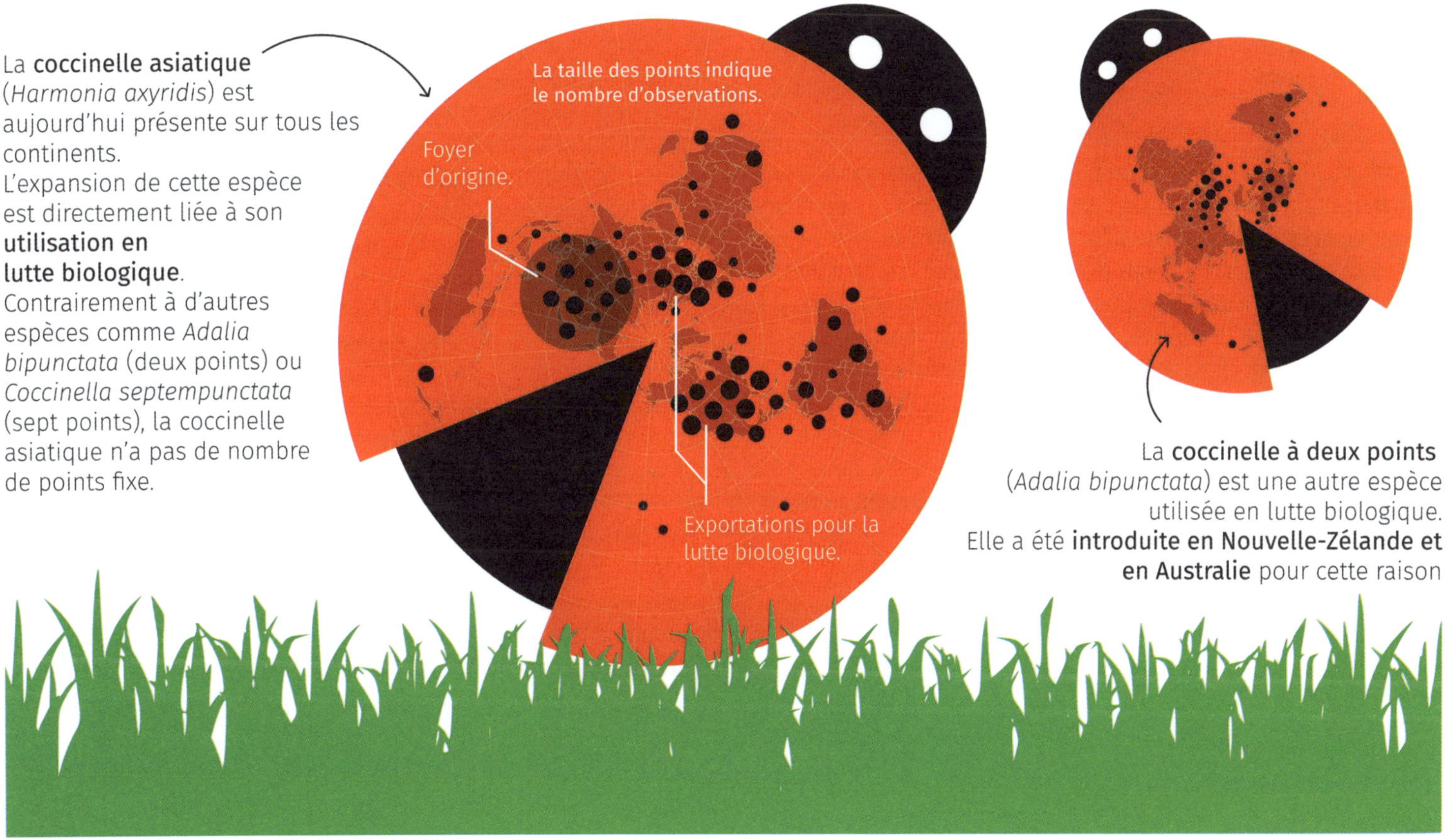

La **coccinelle à deux points** (*Adalia bipunctata*) est une autre espèce utilisée en lutte biologique.
Elle a été **introduite en Nouvelle-Zélande et en Australie** pour cette raison

L'importance du microbiote

Si l'aire de distribution géographique de certains pathogènes s'étend, de nouvelles connaissances permettent aujourd'hui d'envisager de nouveaux moyens de protection des cultures. Ainsi, les progrès de la génomique permettent de mieux connaître la diversité et les propriétés des micro-organismes.

LE MICROBIOTE INTESTINAL HUMAIN

Le microbiote désigne l'ensemble des micro-organismes (bactéries, champignons, etc.) partageant un même environnement ou un même hôte. Le microbiote intestinal, le plus important du corps humain, est aussi le plus étudié chez l'Homme. Notre tube digestif contient près de 50 000 milliards de bactéries soit plus d'un kilogramme par personne. Il a été montré que ce microbiote jouait un rôle dans les fonctions digestives et métaboliques, mais aussi dans les fonctions immunitaires et neurologiques. Ainsi, l'altération du microbiote intestinal est aujourd'hui une piste sérieuse pour expliquer certaines maladies encore méconnues. Le concept d'holobionte désigne l'ensemble composé par un hôte et par les nombreuses autres espèces vivant à l'intérieur ou autour de celui-ci. Il traduit donc l'importance du microbiote.

LA CONSTITUTION DU MICROBIOTE DES PLANTES

En partie hérité, le microbiote d'un hôte se construit aussi en interaction avec son environnement. Les cultures se développent dans des environnements riches en micro-organismes, qui peuvent entrer en contact avec les tissus végétaux. Comme illustré sur la figure ci-contre, le sol joue un rôle majeur dans la constitution du microbiote des plantes. En particulier, le microbiote de la rhizosphère, zone d'interaction entre les racines et le sol, a des implications importantes dans le fonctionnement des plantes. Par extension, le microbiote du sol participe à la constitution de notre microbiote, au travers de notre alimentation. La diversité microbienne des sols se traduit par différentes propriétés de ceux-ci. C'est notamment l'une des raisons qui est aujourd'hui évoquée pour expliquer le caractère suppressif de certains sols, c'est-à-dire leur capacité à réguler naturellement certaines maladies des cultures. Or, si la diversité des micro-organismes du sol dépend d'abord des caractéristiques de celui-ci, comme la texture (argile, limon ou sable) ou le pH, le microbiote du sol peut varier selon les pratiques agricoles appliquées, tout comme notre microbiote intestinal est influencé par notre alimentation et notre mode de vie. Les pratiques agricoles peuvent avoir un effet direct ou indirect (via leur effet sur les caractéristiques du sol) sur la composition du microbiote. Par exemple, l'arrêt du labour va favoriser le développement des communautés fongiques car, comme les champignons ont un cycle de développement plus lent que celui des bactéries, ceux-ci sont moins résilients à des travaux lourds comme le retournement du sol. Des travaux de recherche sont aujourd'hui en cours pour influencer le développement d'un microbiote du sol favorable aux cultures, soit en modifiant directement ce microbiote, soit indirectement via l'effet des pratiques agricoles.

L'évolution des assolements

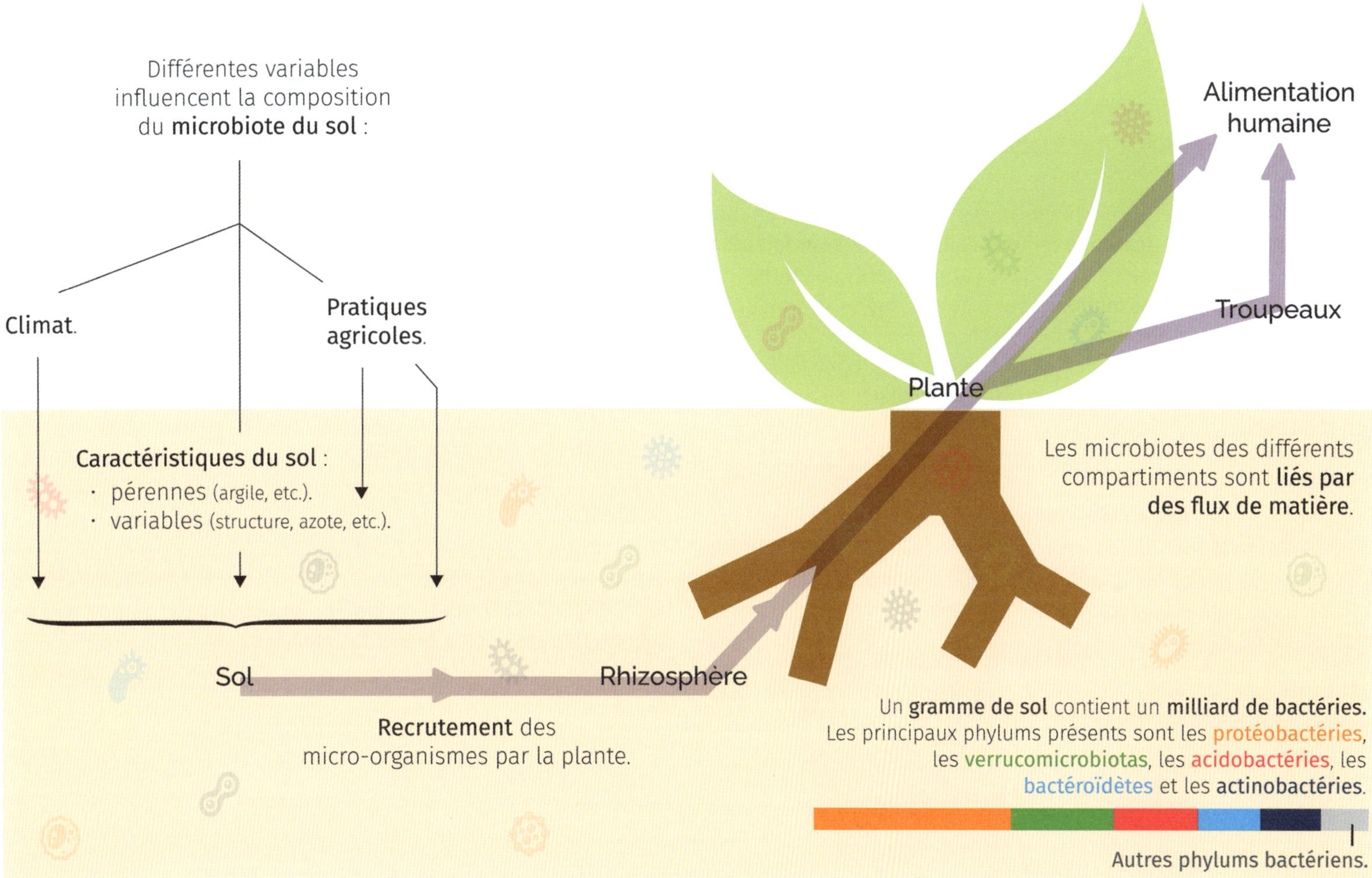

Stocker le carbone dans les sols

Si les systèmes agricoles vont devoir s'adapter au changement climatique, l'agriculture exerce aussi une influence importante sur l'ampleur des changements à venir.

FAVORISER LE STOCKAGE DANS LES SOLS AGRICOLES...

Le graphique ci-contre montre l'importance des stocks de carbone du sol, entre zéro et un mètre de profondeur, par rapport aux stocks de carbone atmosphérique. **Le carbone contenu dans le sol est trois fois plus important que le carbone contenu dans l'atmosphère sous forme de dioxyde de carbone et de méthane.** Les pratiques agricoles vont donc exercer une influence sur l'importance du changement climatique. Selon qu'elles favorisent le stockage ou le déstockage du carbone du sol, **les pratiques agricoles peuvent respectivement diminuer ou augmenter l'effet de serre**.

La photosynthèse est la principale porte d'entrée du carbone atmosphérique dans les systèmes agricoles. Les plantes sont des organismes autotrophes : elles peuvent produire de la matière organique par réduction de matière minérale, en l'occurrence le dioxyde de carbone. À l'inverse, les pertes sont dues à la minéralisation du carbone organique du sol, notamment en raison de la respiration des organismes hétérotrophes du sol.

Même lorsque les parties aériennes des plantes sont partiellement récoltées, le carbone contenu dans les racines ou dans les chaumes reste sur la parcelle après la saison de culture, et peut ainsi être stocké dans le sol. **Pour augmenter le stockage du carbone dans le sol, les futurs systèmes agricoles devront chercher à augmenter la production de biomasse végétale**. Ceci peut notamment se faire **en introduisant des cultures intermédiaires dans les rotations**. Ce type de culture est implanté entre la récolte d'une culture principale et le semis de la suivante, pour éviter de laisser les sols nus. La biomasse végétale produite peut être récoltée pour servir de fourrages aux troupeaux ou encore de culture bioénergétique (comme substrat dans un méthaniseur par exemple). Mais elle peut aussi être complètement broyée pour augmenter la fertilité du sol.

... ET LIMITER LE DÉSTOCKAGE

Il reste que les stocks de carbone les plus importants se situent dans les ressources fossiles, dans les roches carbonatées ou sous forme de carbone dissous dans les océans (ces deux derniers stocks ne sont pas représentés dans le graphique ci-contre). **La gravité du futur effet de serre dépend donc aussi fortement du déstockage ou non des ressources fossiles encore présentes dans les sols**.

La comparaison des quantités stockées dans les différents réservoirs de carbone

La taille de chaque réservoir indique la quantité de carbone stockée, pour un total d'environ 8 000 gigatonnes (Gt) pour les réservoirs représentés. À titre de comparaison, les quantités stockées par les océans sont de l'ordre de 40 000 Gt, et encore bien plus pour les roches carbonatées. Les valeurs données correspondent à une profondeur de sol de 0 à 1 m.

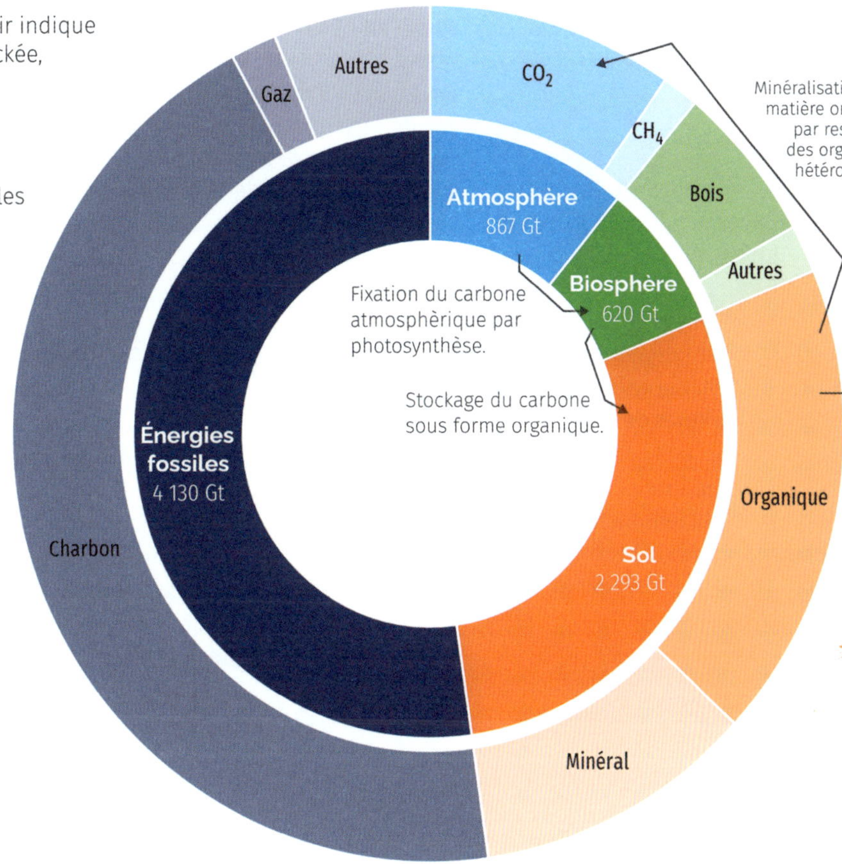

Le **carbone organique stocké dans le sol** représente environ **le double** du carbone déjà présent dans l'atmosphère.

Distribution des stocks de carbone organique

La fin de l'humus du sol

Des découvertes importantes concernant la dynamique du carbone dans le sol ont été réalisées au cours des dernières décennies, modifiant ainsi **la compréhension des mécanismes de stockage du carbone dans les sols**.

DU MODÈLE HUMIQUE...

Le stockage du carbone organique dans le sol a longtemps été évalué à l'aide de bilans humiques, qui comparaient les quantités d'humus qui pouvait être produites d'après les pratiques agricoles appliquées et les quantités d'humus dégradées, en fonction du stock initial et de la vitesse de minéralisation de la matière organique. Ces bilans étaient fondés sur une théorie qui prédisait que, après une première dégradation dans le sol, les matières organiques récemment déposées dans les sols allaient être **réorganisées sous forme de molécules de très grande taille : l'humus**. En raison de la taille de ces molécules composées de longues chaînes de carbone, **il a longtemps été pensé que l'humus formait un grand réservoir de carbone qui pouvait partiellement résister à la dégradation par les micro-organismes**.

... AU MODÈLE CONTINU

L'évolution de la physique et le développement de nouveaux moyens d'observations ont permis aux scientifiques de regarder directement dans le sol et de voir ce qu'il contenait, sans avoir recours à des méthodes d'extraction chimique. De cette façon, **il a été observé que les longues molécules censées composer l'humus n'étaient pas présentes dans les sols**. Ces molécules étaient en fait créées lors de la forte augmentation du pH qui a lieu lors de l'extraction chimique des composés du sol. Des conditions qui ne se retrouvent pas dans le milieu naturel. Dans le sol, la dégradation de la matière organique se fait toujours dans le sens des molécules de grande taille vers des molécules de plus petites tailles, jusqu'à dégradation complète du substrat en dioxyde de carbone par la respiration des micro-organismes. Ce processus est influencé par les conditions météorologiques. Jusqu'à une certaine température, il est accéléré par le réchauffement du sol qui favorise l'activité microbienne. Par ailleurs, le processus de dégradation peut être ralenti par certains composants du sol. Par exemple, les particules d'argile et de calcaire peuvent, dans une certaine mesure, limiter l'accès des micro-organismes aux molécules de matière organique et ainsi ralentir la minéralisation. Pour les réflexions concernant la conception de systèmes de culture, la fin du concept de l'humus insiste sur le fait que, pour garantir la fertilité des parcelles, **de la matière organique doit être ajoutée régulièrement aux sols pour compenser la minéralisation continue des stocks présents**. La quantité de carbone organique à apporter pour compenser les pertes par minéralisation est proportionnelle aux stocks : plus le sol est riche en matière organique, plus les apports doivent être importants.

L'évolution de la compréhension de la dynamique du carbone organique dans les sols

Source : Lehmann et Kleber (2015)

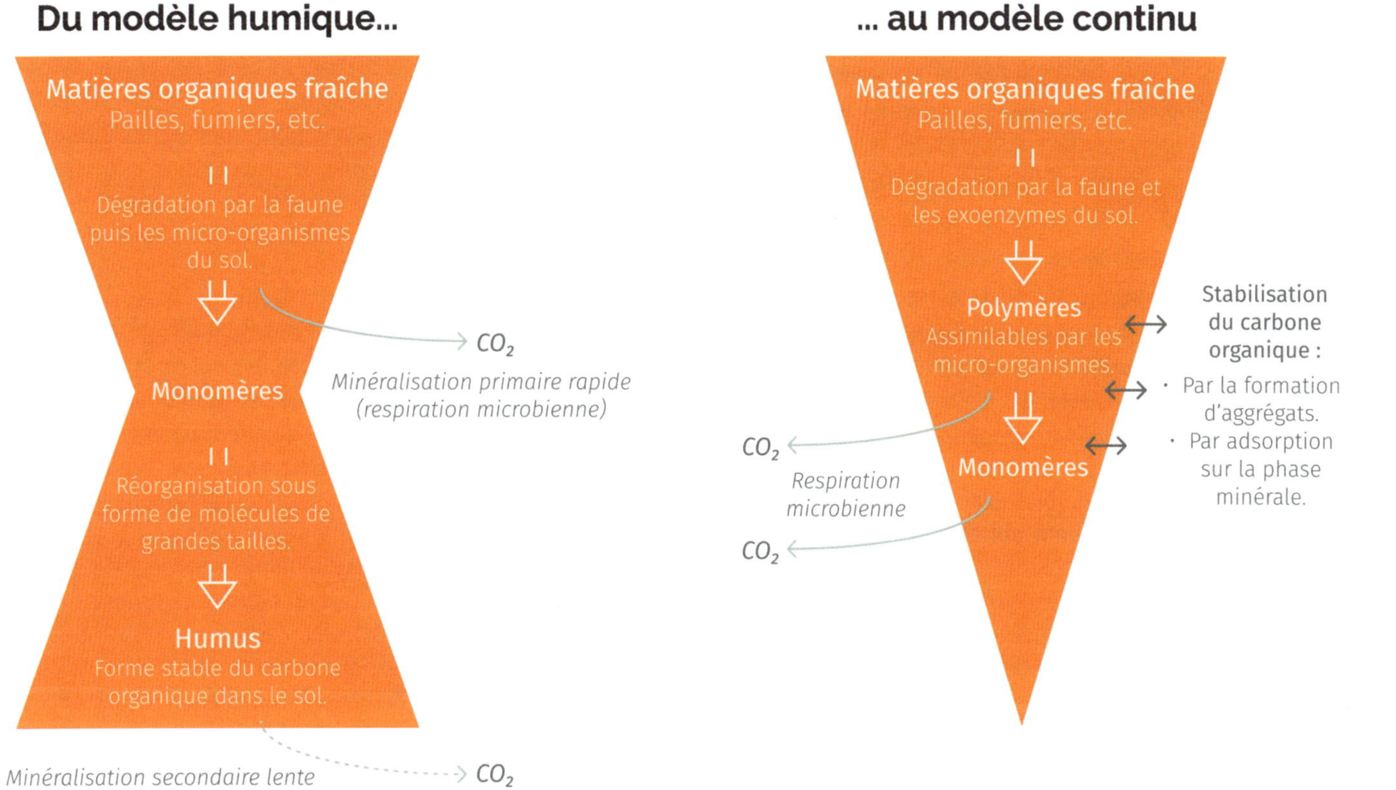

La **largeur des formes orangées** représente **la taille des molécules** de matière organique.

Cartographier le carbone pour optimiser le stockage

Lancée par la France en 2015, lors de la COP 21, l'initiative « 4 pour 1 000 » vise à augmenter les stocks de carbone organique du sol de 0,4 % par an pour compenser les émissions de dioxyde de carbone dues aux activités humaines. C'est le ratio qui permettrait de compenser presque totalement les émissions. Ce taux de croissance annuel de « 4 pour 1 000 » est à considérer à l'échelle globale. Le taux de croissance optimal peut varier entre les territoires, notamment en fonction des stocks déjà présents dans les sols.

LES STOCKS DE CARBONE EN FRANCE

La carte ci-contre représente les stocks de carbone organique dans les sols français. Ce type de représentation est inspiré de la pochette de l'album ***Unknown Pleasures,*** du groupe Joy Division (elle-même influencée par une illustration d'astronomie montrant les émissions d'ondes radioélectriques par un pulsar). Les pics représentent les stocks les plus importants, alors que les creux sont les zones où les quantités de carbone stockées sont plus faibles. D'après cette carte, **les réserves de carbone organique se trouvent plutôt dans les zones d'élevage**. En effet, les pics sont associés aux régions de montagne et de moyenne montagne, comme les Alpes, les Pyrénées ou encore le Massif central. Ces zones sont principalement spécialisées dans l'élevage de ruminants, avec d'importantes surfaces en prairies. La Bretagne, où est concentrée une grande partie des élevages de porc et de volaille, est également caractérisée par des stocks importants de carbone. À l'inverse, les zones de productions végétales présentent plutôt des stocks faibles. C'est le cas pour le Bassin parisien, mais aussi pour la plaine de la Limagne ou encore pour la vallée du Rhône, dont les creux sont particulièrement visibles entre le Massif central et les reliefs alpins.

LES DÉTERMINANTS DES STOCKS DE CARBONE

Les stocks de carbone semblent donc plutôt être déterminés par les productions agricoles que par les potentialités de stockage des sols. Les sols des zones de productions végétales présentent de bonne capacité de stockage. Ce sont en général des sols de plaine, profonds, qui se sont créés à partir de sédiments calcaires (comme c'est le cas pour le Bassin parisien et la plaine de la Limagne, par exemple). Ces sols présentent des teneurs en argile et en calcaire élevées. Comme mentionné précédemment, ces caractéristiques des sols ralentissent la minéralisation de la matière organique. À l'inverse, les sols d'élevage sont souvent des sols sableux et acides, qui se sont créés à partir du socle granitique. La dégradation de la matière organique est rapide dans ces sols. Dans ces zones d'élevage, le stockage du carbone plus élevé est donc dû à la présence de prairies dans les assolements et à l'épandage des effluents d'élevage. Pour les futurs systèmes agricoles, des gains importants de stockage du carbone organique pourraient donc être réalisés en augmentant le stockage dans les sols les plus favorables, dans les zones de productions végétales. Différents leviers sont envisageables pour cela, dont certains ont déjà été discutés comme l'introduction de cultures intermédiaires dans les rotations ou encore une moindre spécialisation des productions agricoles par région.

Les stocks de carbone organique dans les sols

Données : *SoilGrids*

Les **pics** représentent les stocks **les plus importants.** Ces pics correspondent le plus souvent aux reliefs, à l'exception de la Bretagne. Dans ces zones, le stockage du carbone organique est favorisé par une combinaison de facteurs :

effluents d'élevage, prairies, températures fraîches qui limitent la minéralisation, etc.

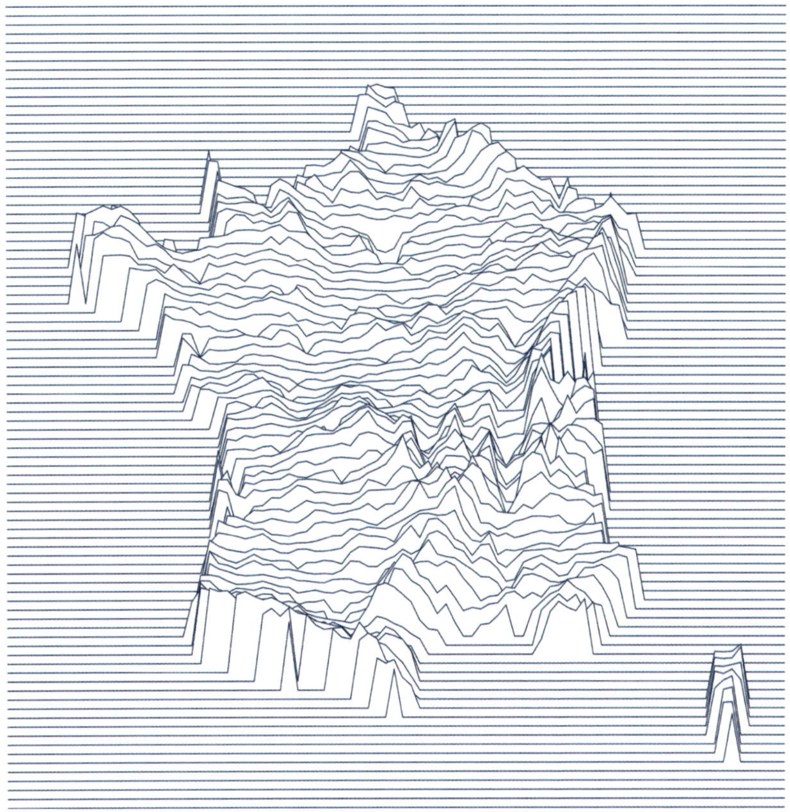

Les **creux** représentent les stocks **les plus faibles.** Les régions céréalières comme le Nord ou le Bassin parisien présentent des faibles stocks, malgré des sols argileux, avec un potentiel de stockage plus importants. Ainsi, la distribution des stocks s'explique d'abord **par les systèmes de production, plutôt que par les capacités de stockage des sols**.

Faire évoluer les systèmes agricoles

Si les systèmes agricoles doivent évoluer pour répondre à de nouveaux enjeux climatiques et de production, cette évolution peut être difficile à mettre en œuvre. Avec la comparaison de l'itinéraire technique du blé tendre d'hiver en agriculture biologique et en agriculture conventionnelle, nous avons vu que les différents éléments qui composent les systèmes agricoles sont liés. La modification d'un élément doit donc nous conduire à réévaluer les autres éléments du système. Pour autant, toutes les modifications ne sont pas équivalentes. **La grille ESR (pour *Efficience, Substitution, Reconception*) permet d'illustrer trois niveaux de changement**.

L'EFFICIENCE

L'efficience peut être traduite par **l'optimisation de la consommation des ressources utilisées dans la production d'un résultat**. Concernant les intrants agricoles, elle peut par exemple être estimée en faisant le ratio entre le rendement obtenu et la quantité d'intrants utilisée. Un premier moyen d'optimiser l'efficience d'utilisation des engrais concerne l'évaluation de la dose totale à apporter. Comme illustré sur le graphique ci-contre, les rendements atteignent un plateau et n'augmentent pas au-delà d'une certaine dose. Au-dessus de cette valeur, l'élément considéré (ici l'azote) n'est plus le facteur limitant. Pour l'exemple ci-contre, on remarque que cette dose cible se situe environ à 180 kilogrammes d'azote par hectare pour la courbe bleue, mais beaucoup plus bas pour la courbe rouge. Dans le deuxième cas, c'est la disponibilité en eau qui devient rapidement le principal facteur limitant alors, en l'absence de possibilité d'irrigation, il est inutile d'apporter plus de 100 kilogrammes d'azote par hectare. Au-delà du calcul de la dose totale à apporter, le fractionnement des apports est un moyen supplémentaire d'augmenter l'efficience d'utilisation. D'autres méthodes peuvent être utilisées, comme le réajustement des doses en cours de saison, en fonction de l'état des cultures, ou encore la modulation intra-parcellaire des apports. Plus de détails concernant ces pratiques seront apportés dans la prochaine partie relative à l'agriculture de précision. Selon les méthodes utilisées, l'utilisation des intrants peut donc être plus ou moins optimisée. C'est ce qui explique **les fortes différences d'utilisation des engrais azotés entre pays** qui sont observables sur la figure suivante.

LA SUBSTITUTION

Le deuxième niveau de la grille, la substitution, concerne le remplacement de certains intrants par la mise en œuvre de méthodes de luttes alternatives ou par d'autres produits avec un moindre impact environnemental. À titre d'exemple, on peut citer la tendance observée en France à la substitution des insecticides de synthèse par d'autres produits alternatifs ou encore le remplacement des herbicides par des opérations de désherbage mécanique, comme le binage.

L'efficience : courbe de réponse aux engrais

Données : Mandrini *et al.* (2022)

Sur le graphique ci-dessous, les points représentent les rendements simulés pour une pluviométrie **inférieure à 200 mm** ou **supérieure à 600 mm**.

Pour la pluviométrie la plus faible, **l'eau devient vite le facteur limitant**, ce qui rend inutile l'augmentation des apports d'azote.

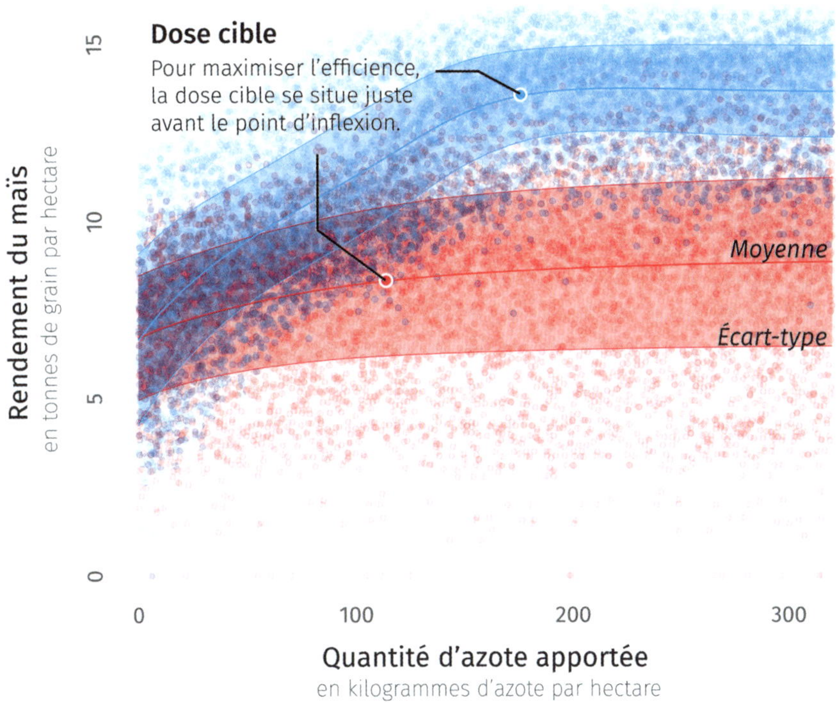

Principe de calcul de la dose cible

Le calcul du bilan azoté permet d'évaluer la quantité d'engrais à apporter comme la différence entre les entrées et les sorties d'azote minéral de la phase liquide du sol.

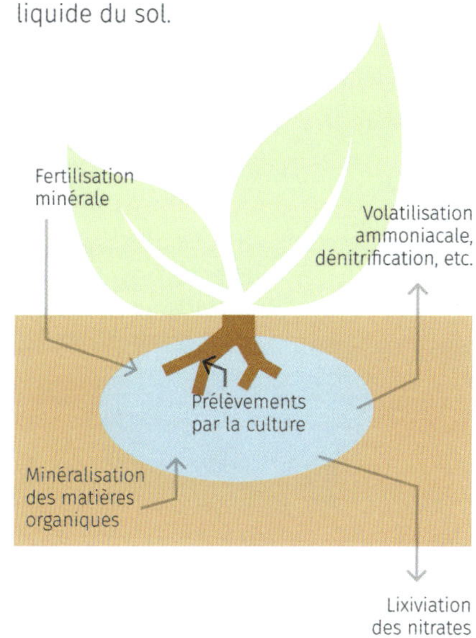

L'efficience : comparaison de l'efficience d'utilisation des engrais azotés entre pays

L'efficience d'utilisation des engrais peut être définie comme le rapport entre le rendement et la quantité d'engrais apportée.

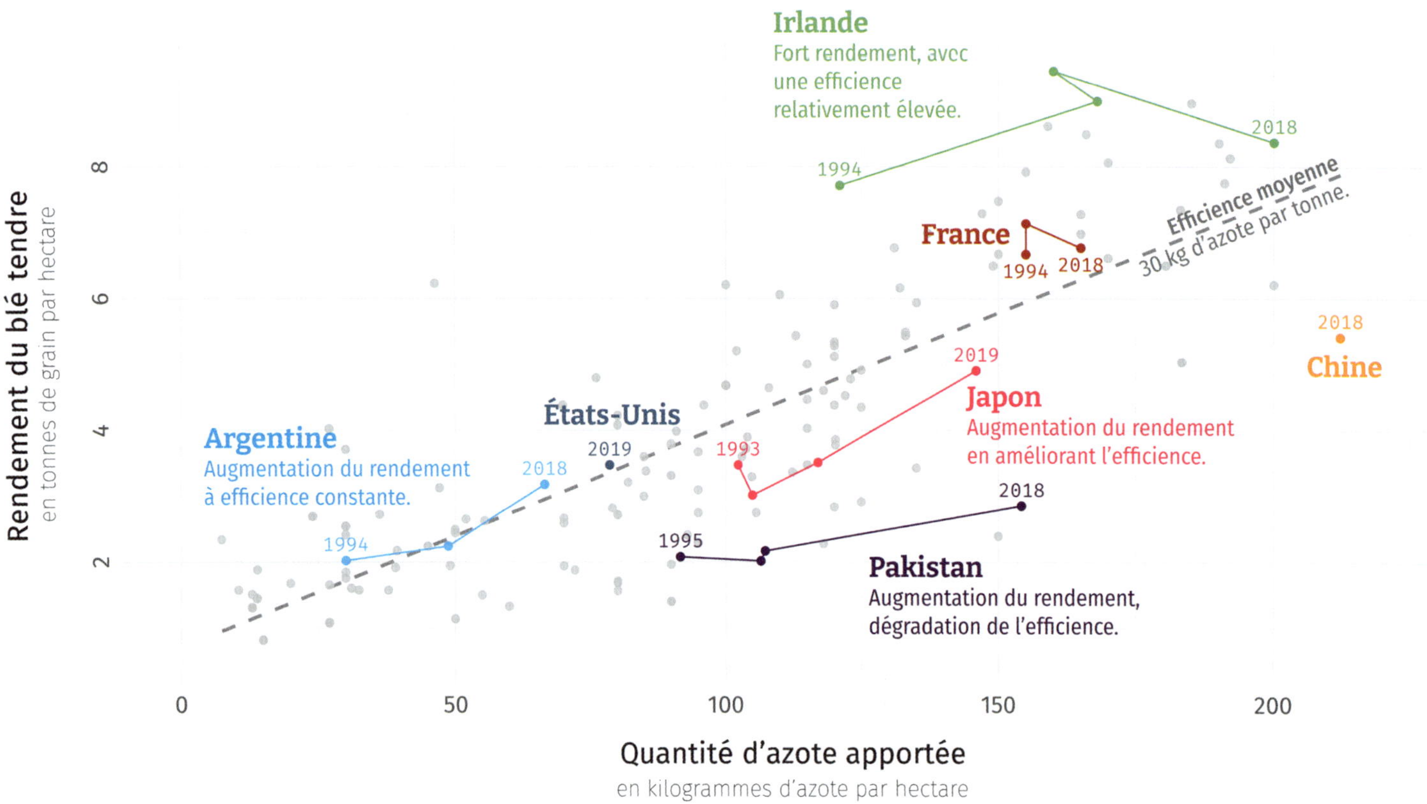

La substitution : évolution des ventes d'insecticides en France entre 2012 et 2020

L'augmentation des ventes d'insecticides est principalement due au développement des **traitements à base d'huile de paraffine.**

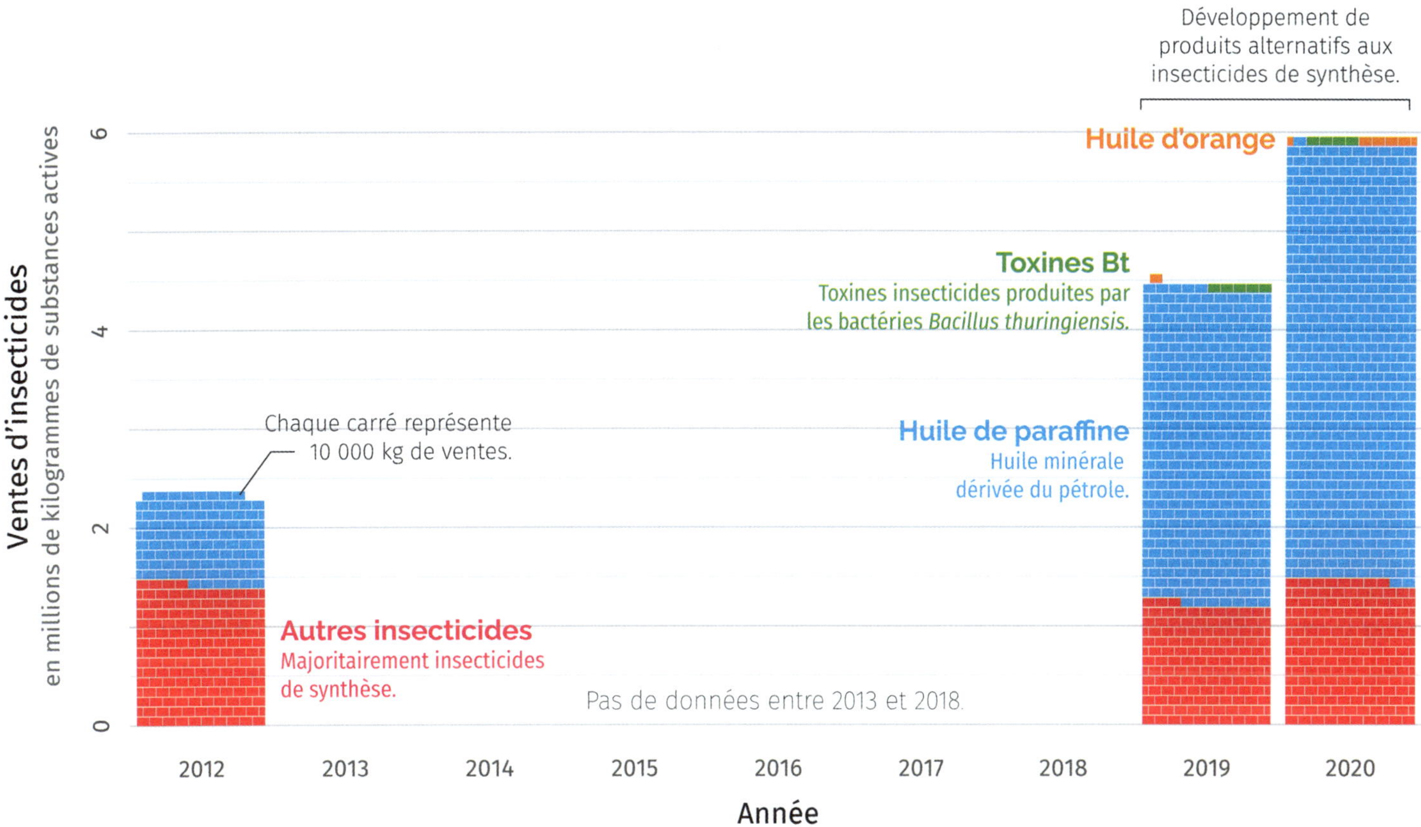

La reconception des systèmes agricoles

Les deux premières étapes de la grille ESR s'appuient encore principalement sur l'utilisation d'intrants, en cherchant à optimiser l'utilisation de ces intrants ou en les remplaçant par d'autres produits. **La troisième étape, la reconception, implique des modifications plus importantes des systèmes agricoles**. Ces changements sont nécessaires si l'objectif est de mobiliser les fonctionnalités offertes par les écosystèmes.

LA DIVERSIFICATION DES ROTATIONS

Un exemple de reconception fréquemment cité est l'allongement et la diversification des rotations culturales. La figure ci-contre représente **les rotations culturales en France sous forme de réseau** : deux cultures qui alternent sur une même parcelle sont reliées par un trait et la taille du trait est proportionnelle au nombre de parcelles avec cette succession. Ce réseau a été reconstitué d'après les données déclarées par les agriculteurs dans le cadre de la politique agricole commune (PAC). Au centre du réseau, on peut notamment deviner l'une des rotations les plus courantes dans les régions spécialisées dans les productions végétales, qui est une succession de trois ans commençant par le colza, suivi du blé et se terminant par l'orge. À l'inverse, malgré leurs valeurs agronomiques, les légumineuses restent des espèces mineures dans les rotations de cultures, comme le montre leur place périphérique dans le réseau. Mais cette représentation à l'échelle nationale cache d'importantes différences concernant les rotations culturales entre régions, comme on peut le voir sur la page suivante. Par exemple, les rotations de la région Rhône-Alpes apparaissent bien plus diversifiées que celles en Picardie (même si les légumineuses occupent toujours une place minoritaire quelle que soit la région). À partir de ces représentations, l'analyse des réseaux permet de simuler des délais de retour des cultures sur la même parcelle. C'est ainsi que l'on peut voir que, pour l'exemple du blé tendre, l'allongement du temps de retour est crucial pour diminuer le nombre de traitements.

LA DIFFICULTÉ DE LA RECONCEPTION

Des rotations de cultures diversifiées et plus longues sont un facteur clé pour réduire la pression des mauvaises herbes, des maladies et des ravageurs tout en réduisant l'utilisation de produits phytosanitaires. Comme le montre l'exemple détaillé ci-dessus, les légumineuses, encore peu présentes dans les rotations, pourraient être plus fréquemment cultivées pour atteindre cette diversification. Mais, si les agriculteurs sont bien les principaux acteurs des décisions prises sur leurs exploitations, **la mise en oeuvre de changements relevant de la reconception des systèmes agricoles implique aussi d'autres acteurs que les producteurs**. Dans le cas de l'introduction des légumineuses, la reconception des rotations concerne aussi les coopératives qui vont collecter les grains, les pouvoirs politiques, qui vont déterminer les aides allouées à ce type de culture, jusqu'aux consommateurs, dont les choix de régime alimentaire influencent la demande en produits agricoles.

Les rotations culturales en France

Données : registre parcellaire graphique

Deux cultures qui alternent sur une même parcelle sont reliées par un trait et la taille du trait est proportionnelle au nombre de parcelles avec cette succession.

Pour faciliter la lecture, les successions avec la répétition de la même culture ne sont pas représentées ici.

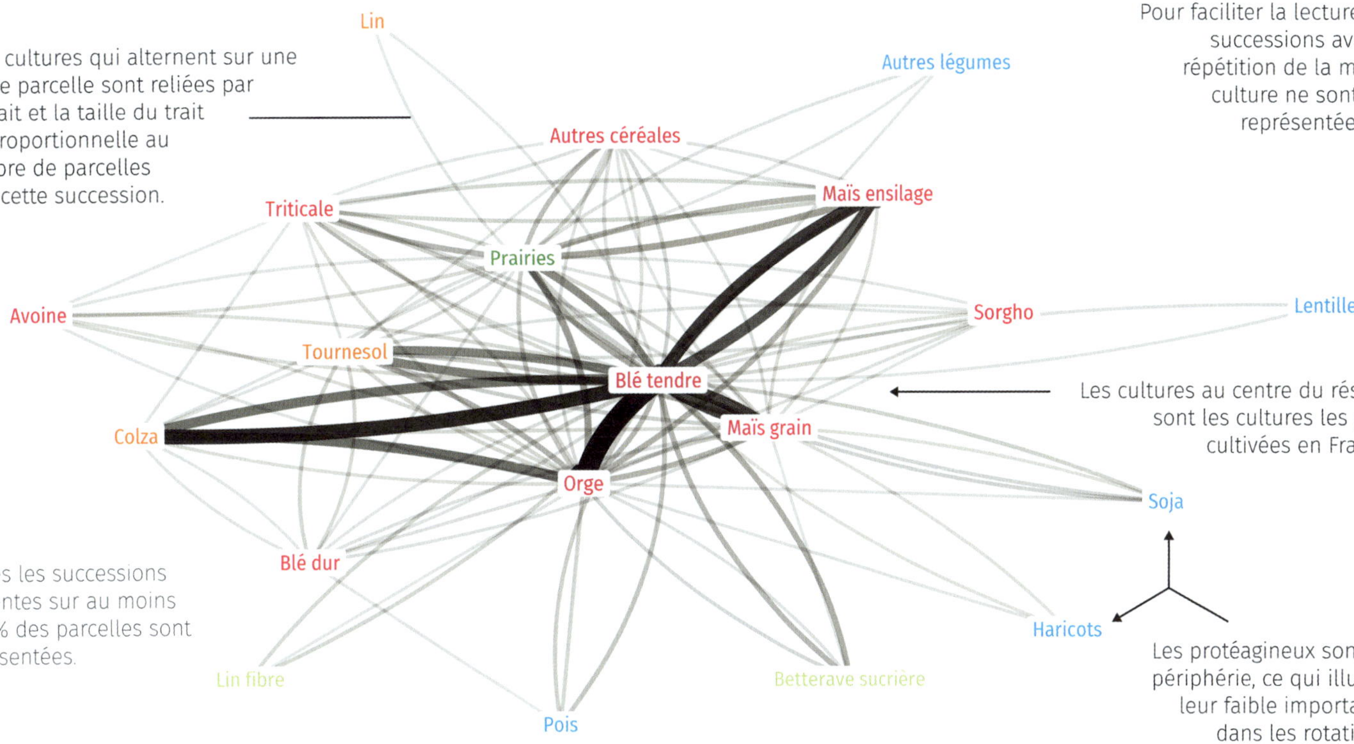

Les cultures au centre du réseau sont les cultures les plus cultivées en France.

Les protéagineux sont en périphérie, ce qui illustre leur faible importance dans les rotations.

Seules les successions présentes sur au moins 0,05 % des parcelles sont représentées.

Types de cultures : céréales, oléagineux, protéagineux, prairies ou autres

La diversité régionale des rotations

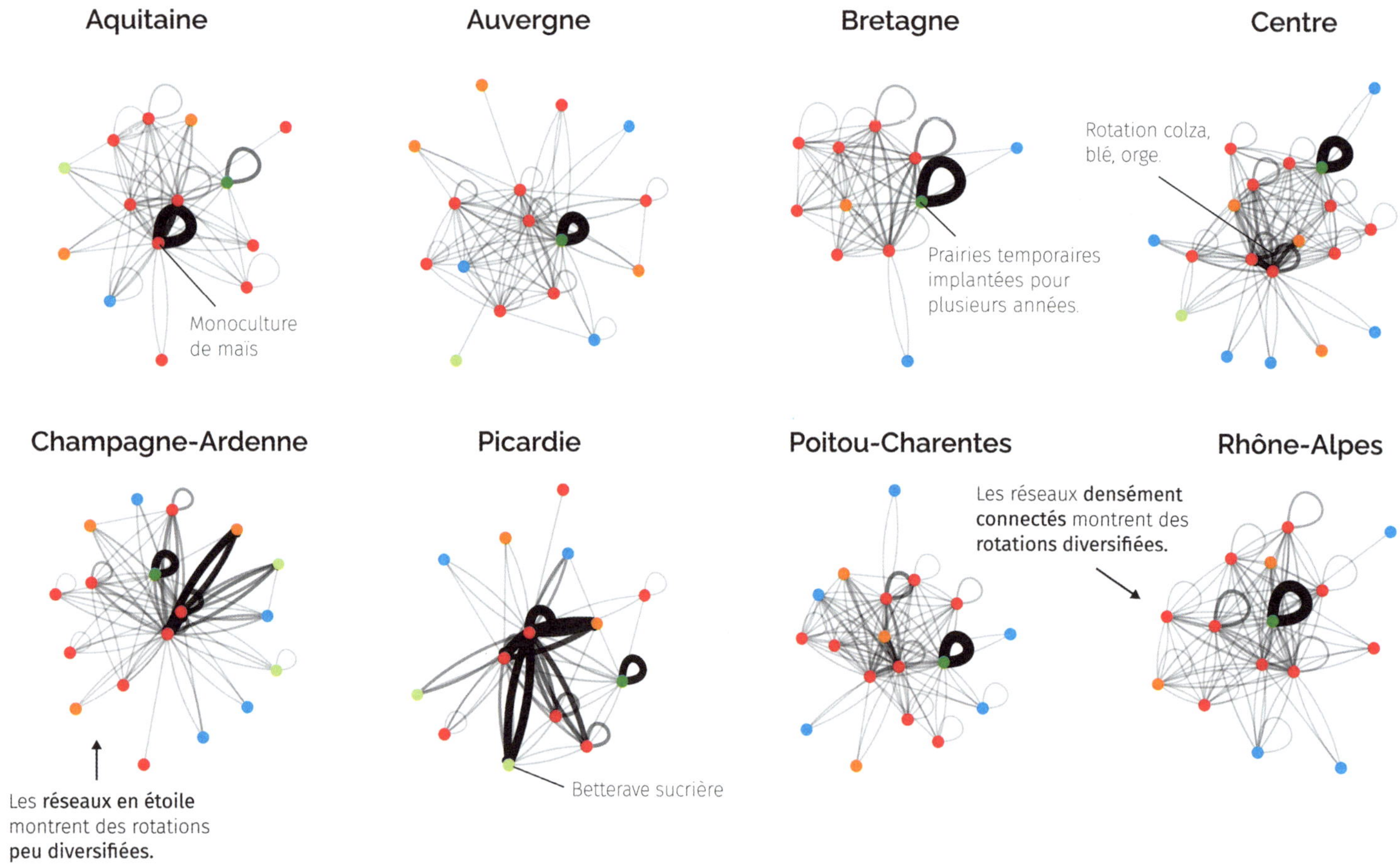

Types de cultures : céréales, oléagineux, protéagineux, prairies ou autres

La relation entre rotation, délai de retour et traitements phytosanitaires

Les **délais de retour** du blé tendre ont été estimés à partir des réseaux de la page précédente.
Le **nombre de traitements** sur cette culture provient des enquêtes Pratiques Culturales 2017 (Agreste).

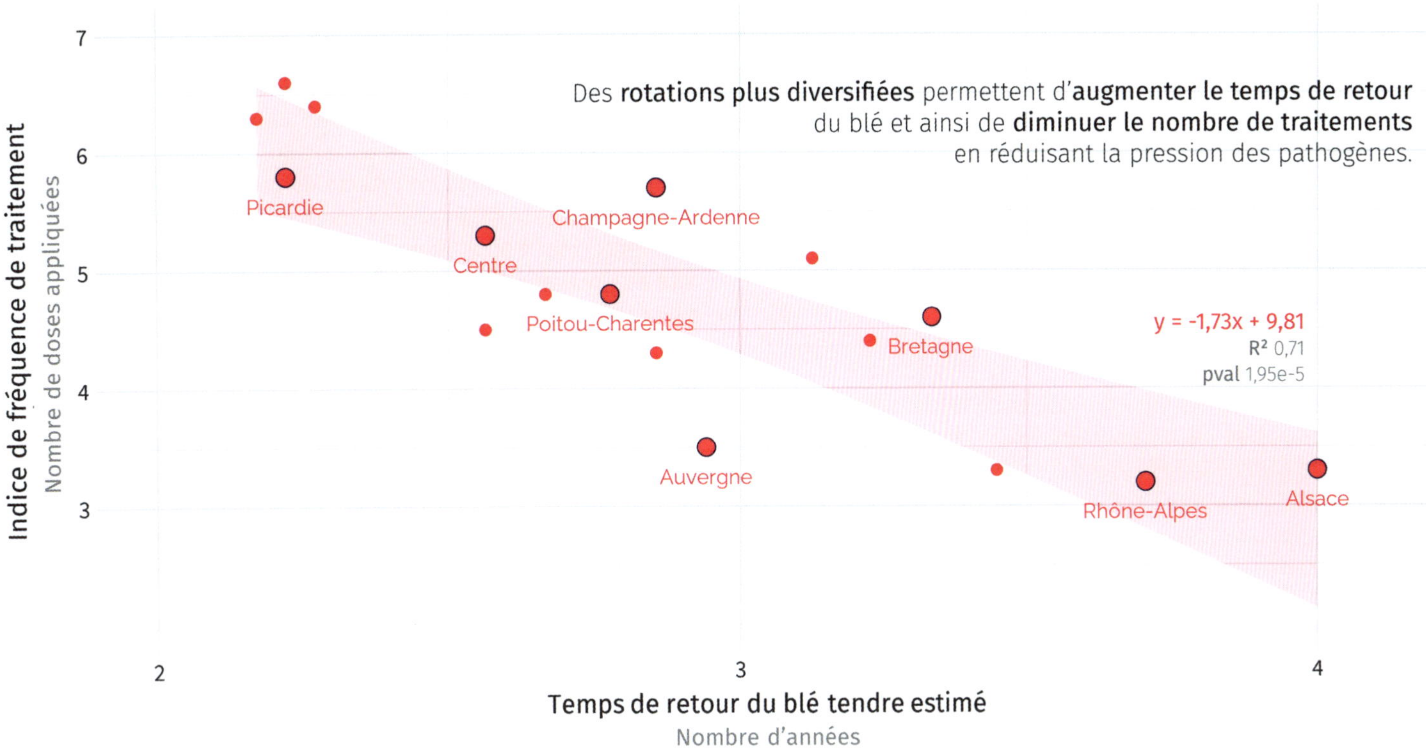

L'agriculture de précision

En raison de la cohérence entre les pratiques agricoles qui constituent les itinéraires, il est pertinent de définir **une typologie des systèmes de production** selon les objectifs recherchés. Dans la fin de ce chapitre, nous allons détailler deux grands systèmes de production qui sont fréquemment cités pour répondre aux enjeux actuels de l'agriculture : l'agriculture de précision et l'agriculture biologique.

LA DÉFINITION DE L'AGRICULTURE DE PRÉCISION

L'agriculture de précision est un concept de gestion qui repose sur la collecte et le traitement de données pour guider des actions ciblées qui améliorent l'efficacité, la productivité et la durabilité des opérations agricoles. Pour y parvenir, l'agriculture de précision cherche notamment à prendre en compte la variabilité qui existe à l'intérieur des parcelles agricoles, en faisant varier les doses d'intrants apportés. On parle de **modulation intra-parcellaire**. En se référant à la grille ESR mentionnée précédemment, l'agriculture de précision vise principalement à optimiser l'efficacité. Trois types de technologies sont nécessaires pour réaliser de la modulation intra-parcellaire. Tout d'abord, un système de positionnement, comme le GPS, est nécessaire pour se repérer sur les parcelles. Ensuite, des outils sont nécessaires pour cartographier les hétérogénéités intra-parcellaires. Pour cela, on distingue trois types de cartes : les cartes de sol, les cartes de peuplement et les cartes de rendement. Enfin, il faut que les outils agricoles soient capables d'intégrer ces informations, et de faire varier les doses appliquées en se déplaçant dans les parcelles.

L'ADOPTION DES PRATIQUES D'AGRICULTURE DE PRÉCISION

Une revue de la littérature pour le cas des exploitations de grandes cultures dans les pays développés montre **un développement rapide des technologies basées sur les systèmes de positionnement par satellite**, telles que l'utilisation de systèmes de guidage automatique des tracteurs ou encore la coupure automatique de tronçon, qui permet de couper l'épandage d'intrants lorsque le tracteur passe dans une zone qui a déjà été traitée, afin d'éviter le surdosage. Pour ces technologies, le taux d'adoption varie entre 60 % et 80 % en 2016. **La modulation intra-parcellaire a connu un rythme de croissance sensiblement plus lent**. Plusieurs hypothèses peuvent être avancées pour expliquer cette différence. Tout d'abord, **comme la modulation intra-parcellaire nécessite au préalable l'adoption d'autres technologies, il semble logique que cette pratique soit la dernière adoptée sur les exploitations**. La modulation intra-parcellaire pourra se développer plus rapidement lorsque les systèmes de navigation par satellite et les outils de diagnostic des hétérogénéités seront complètement implantés. Mais cet écart d'adoption peut aussi s'expliquer par **une préférence des agriculteurs pour les technologies qui améliorent les conditions de travail** plutôt que pour les applications qui maximisent l'efficience des moyens de production. À ce titre, un parallèle peut être fait entre le développement des systèmes de guidage par satellite dans les exploitations de grandes cultures et l'augmentation du nombre de robots de traite dans les exploitations d'élevage.

Définition de la modulation intra-parcellaire

Cette infographie présente le cas de **la modulation de la fertilisation phosphatée**.
Les doses sont définies selon **la teneur en phosphore** du sol, **le type de sol** et **les objectifs de rendement** définis pour chaque zone.

Une dose unique pour la parcelle entière

Une dose par zone

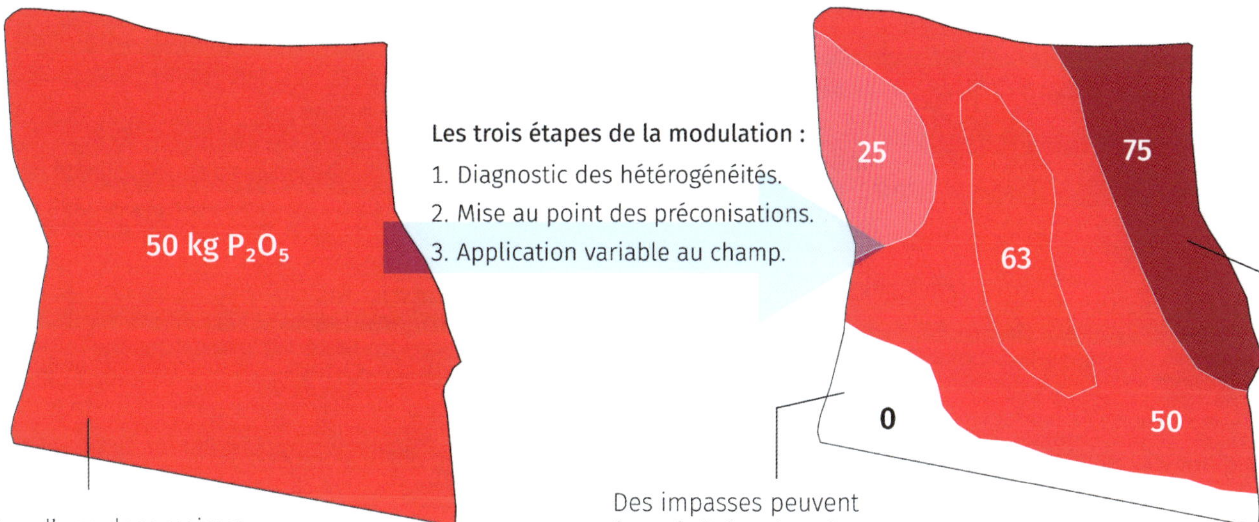

L'application d'une dose unique peut conduire à des pertes de rendements dans certaines zones et à des excès de fertilisants dans d'autres zones.

Des impasses peuvent être réalisées dans les zones les plus riches.

Les doses d'engrais les plus élevées correspondent aux zones où la teneur en phosphore du sol est la plus faible.

La typologie des technologies d'agriculture de précision

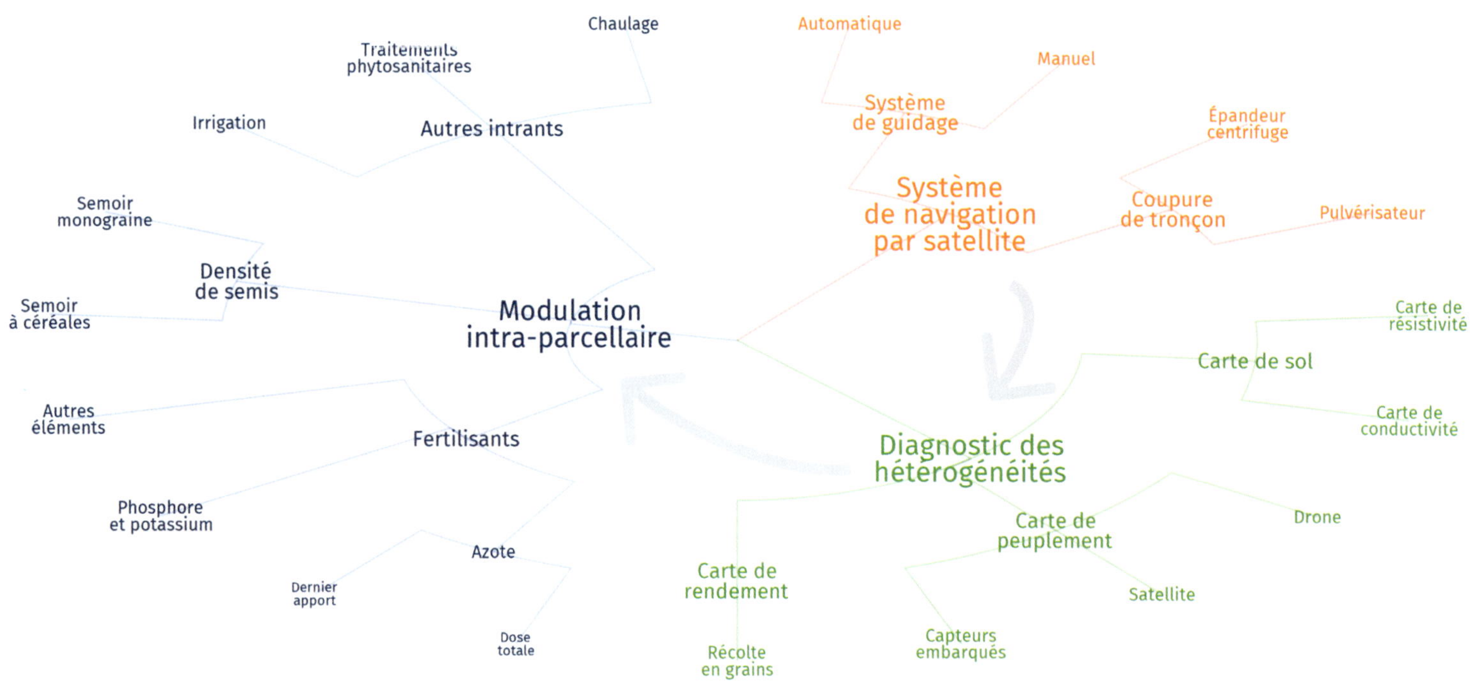

Le taux d'adoption des pratiques d'agriculture de précision

Cas des exploitations de grande culture dans les pays développés.

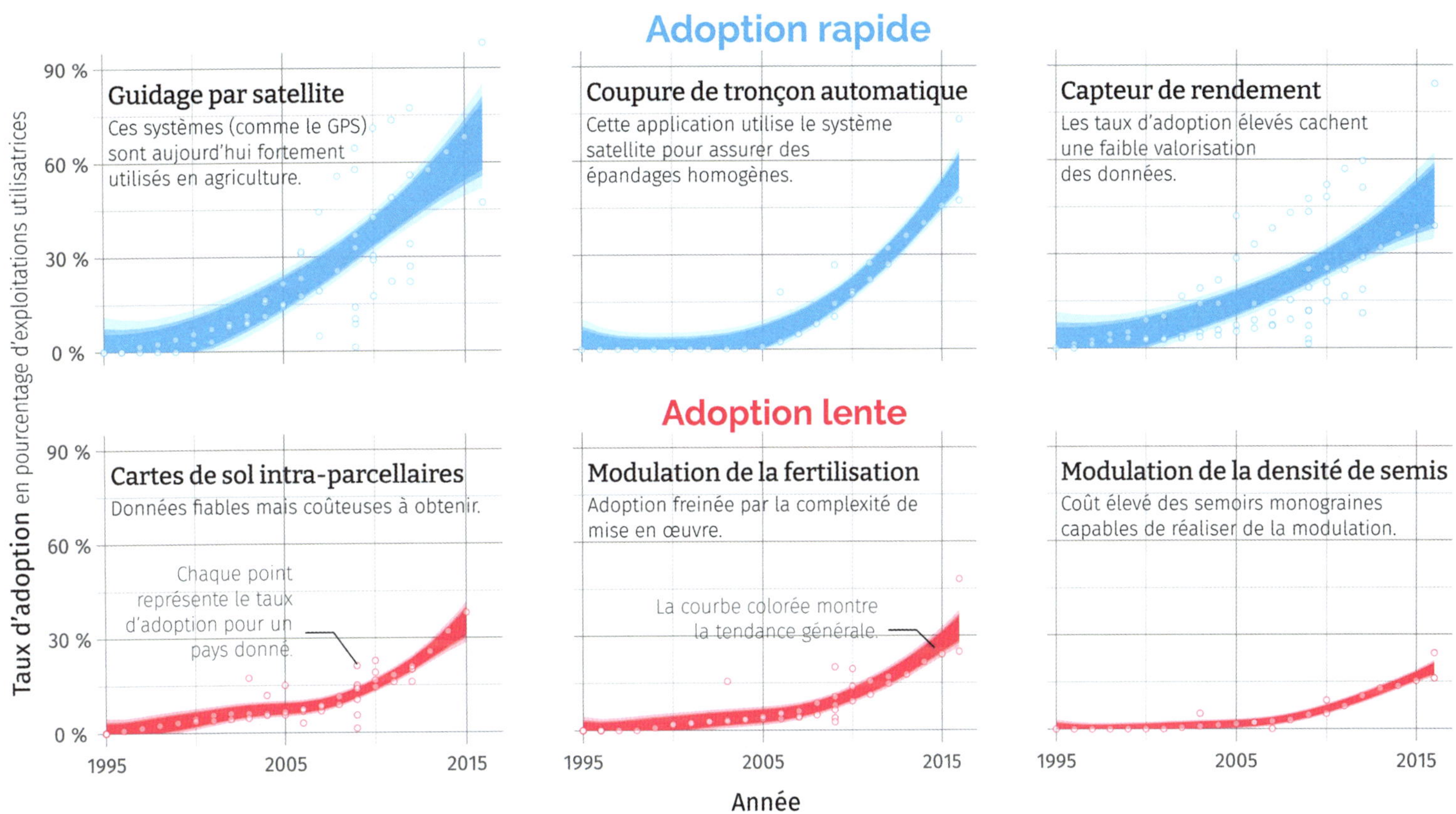

Le suivi des cultures par satellite

Les cartes de peuplement, qui traduisent la vigueur des cultures, sont des outils de diagnostic fréquemment utilisés pour cartographier les hétérogénéités intra-parcellaires.

LE PRINCIPE DES IMAGES MULTISPECTRALES

Les cartes de peuplement sont établies à partir d'images multispectrales, qui sont capturées par des drones ou des satellites. Comme les données *CORINE Land Cover* présentées précédemment, la constellation Sentinel-2 fait partie du programme européen de surveillance des terres Copernicus. Sentinel-2 est composé de deux satellites, S2A et S2B, **qui produisent des images multispectrales avec une résolution de 10 à 60 mètres**, selon les longueurs d'onde considérées. Les cartes de végétation présentées dans cette partie ont été réalisées à partir des images prises par ces satellites, qui sont disponibles gratuitement. Le flux de rayonnement solaire incident est composé de différentes longueurs d'onde. Le rayonnement visible est compris entre 400 et 800 nanomètres environ. Chaque couleur correspond à une longueur d'onde particulière (de 450 à 500 nanomètres pour le bleu, de 630 à 740 nanomètres pour le rouge, par exemple). Lorsque le rayonnement solaire arrive sur une feuille, il est absorbé par la plante, transmis aux étages foliaires inférieurs ou réfléchi vers l'espace. La répartition entre ces trois devenirs (absorption, transmission ou réflexion) dépend de l'état de la plante et des longueurs d'onde considérées. Par exemple, les pigments chlorophylliens d'une plante vigoureuse vont absorber majoritairement du bleu et du rouge. **La réflectance dans le rouge, qui correspond au ratio du rayonnement réfléchi sur le rayonnement incident, sera donc faible pour les végétaux**. Ce sont ces valeurs de réflectance qui sont données par les images multispectrales.

LE CALCUL DES INDICES DE VÉGÉTATION

Des indices de végétation peuvent être calculés en combinant les réflectances de différentes longueurs d'onde, afin de réaliser des suivis de végétation. **Le NDVI (pour *Normalized Difference Vegetation Index*) est le plus couramment utilisé**. Cet indice se base sur la réflectance dans le rouge et dans l'infrarouge pour évaluer l'état de la couverture végétale. Par construction, Le NDVI est toujours compris entre - 1 et 1. Par exemple, des valeurs négatives indiquent de l'eau ou de la neige, le sol nu est caractérisé par des valeurs entre 0,1 et 0,3 et les couverts végétaux bien développés présentent des valeurs de NDVI supérieures à 0,5. Comme ceci est présenté dans les figures suivantes, **cet indice de végétation peut être utilisé à différentes échelles**. À l'échelle d'une parcelle, il permet de distinguer des hétérogénéités de peuplement, et par exemple d'ajuster la fertilisation azotée en cours de saison en fonction de ces observations. À l'échelle territoriale, le NDVI permet de distinguer différents types d'occupation du sol.
Les images multispectrales peuvent donc avoir plusieurs intérêts pour l'évaluation des systèmes agricoles. Un exemple d'application sera donné dans le prochain chapitre.

Le principe des images multispectrales pour le suivi des cultures

Données : Clementon et Wojtasiewicz (2019)

Rayonnement solaire incident
composé de différentes longueurs d'onde.

Rayonnement solaire réfléchi
capté par le satellite.

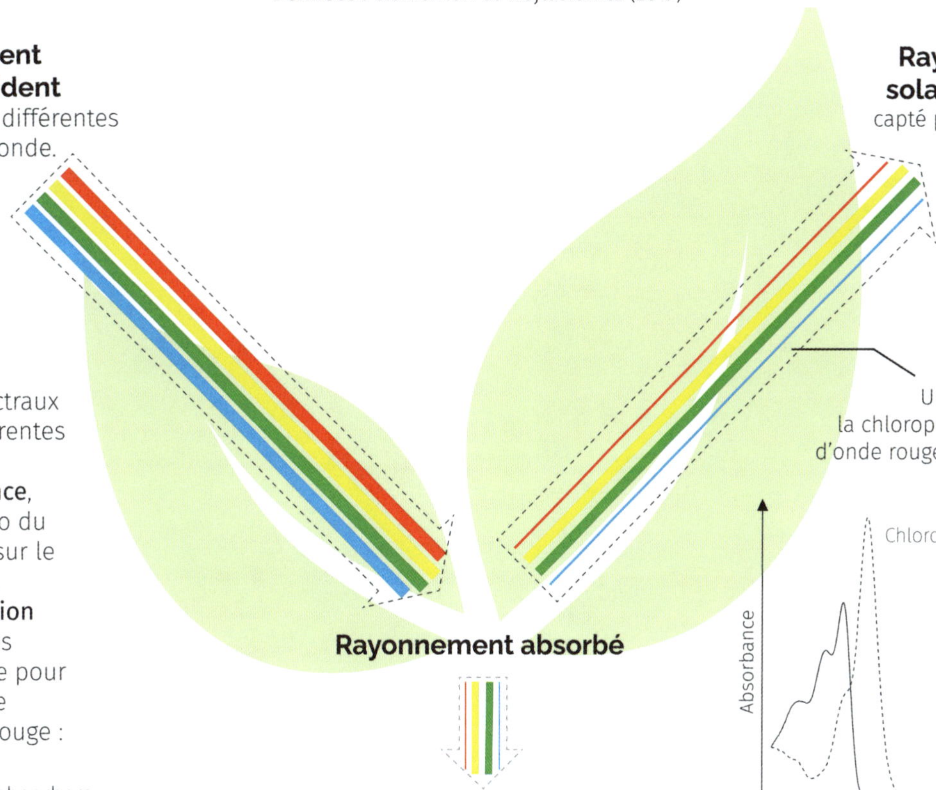

Une plante apparaît verte car la chlorophylle absorbe les longueurs d'onde rouge et bleue et renvoie le vert.

Les capteurs multispectraux fournissent, pour différentes longueurs d'onde, la **mesure de la réflectance**, qui correspond au ratio du rayonnement réfléchi sur le rayonnement incident.
Les **indices de végétation** développés à partir des mesures de réfléctance pour le **suivi des cultures** se basent surtout sur le rouge :

Plus une plante sera développée, plus elle absorbera de rayonnement dans le rouge.

Rayonnement absorbé

Rayonnement transmis
Les feuilles du bas reçoivent moins d'énergie lumineuse.

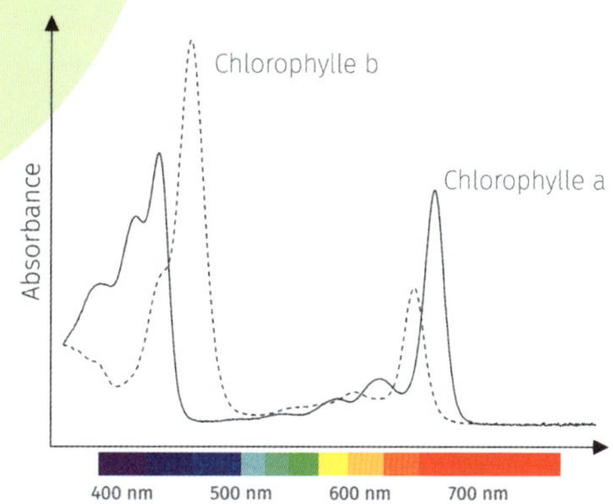

L'indice de végétation NDVI à l'échelle territoriale

Données : Sentinelle-2 (*European Space Agency*)

Du 1er janvier au 1er avril 2020 — **Du 1er juillet au 1er octobre 2020**

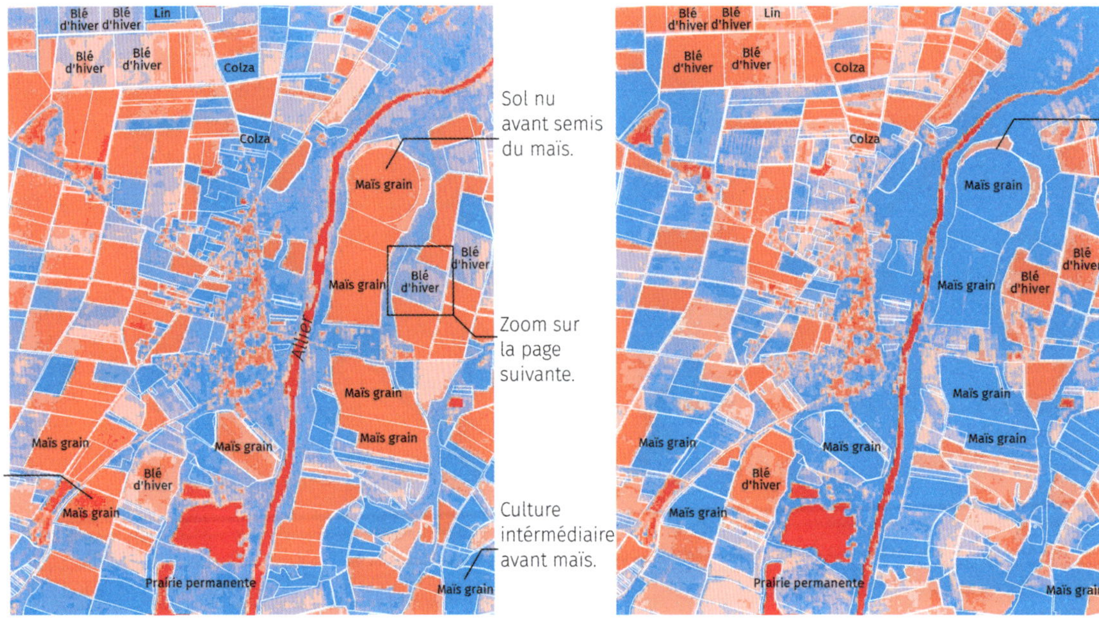

Chaque pixel représente la valeur moyenne du NDVI pour la période considérée.

Sol nu avant semis du maïs.

Zoom sur la page suivante.

Zone innondée.

Culture intérmédiaire avant maïs.

Les traits blancs correspondent aux limites des parcelles et les cultures indiquées aux récoltes pour l'année 2020.

Normalized Difference Vegetation Index (NDVI)

Un NDVI élevé indique des couverts végétaux développés.

0 0,1 0,2 0,3 0,4 0,5 0,6 0,7

L'indice de végétation NDVI à l'échelle intra-parcellaire

Données : Sentinelle-2 (*European Space Agency*)

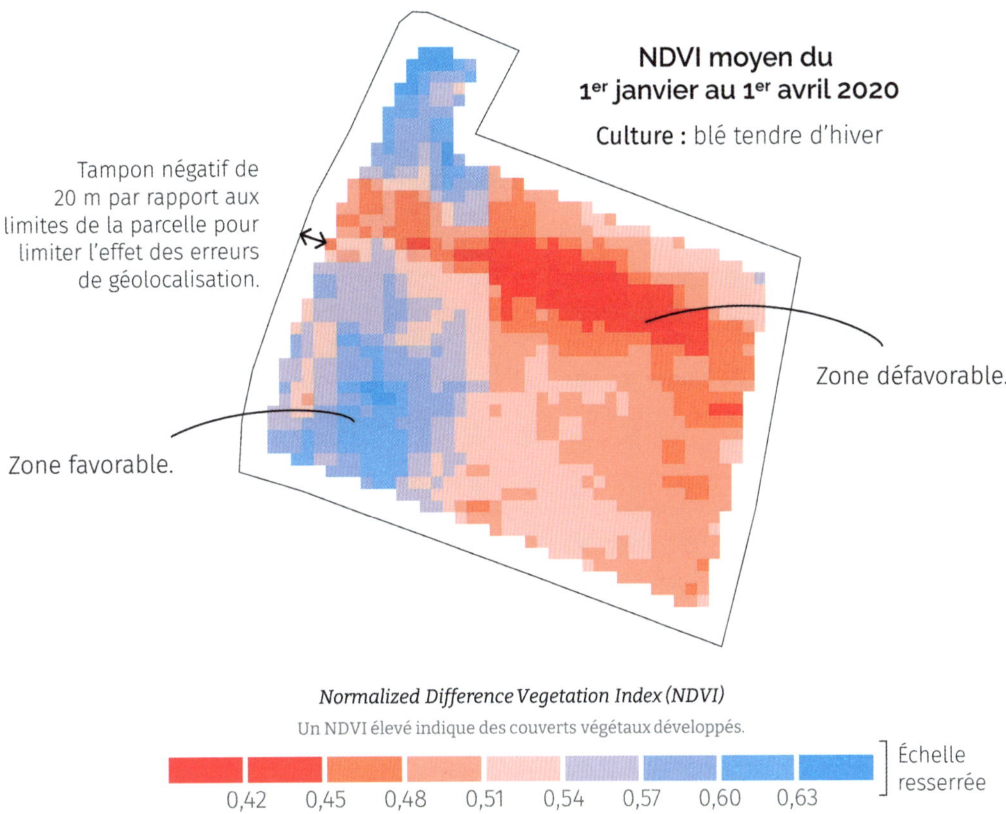

Favoriser la couverture végétale du sol

Les exemples précédents ont montré que le NDVI pouvait être utilisé pour distinguer les parcelles en sol nu par rapport aux parcelles avec un couvert végétal. Ainsi, **le suivi temporel du NDVI sur plusieurs saisons de culture entière peut permettre de détecter l'implantation de couverts intermédiaires entre deux cultures principales**. C'est cette méthode, appliquée à l'échelle de la France, qui a été utilisée pour obtenir la carte ci-jointe.

LA CARTOGRAPHIE DE LA COUVERTURE HIVERNALE

L'hiver est une période particulièrement sensible car à cette saison, l'évapotranspiration est faible et les précipitations sont importantes. Les sols sont gorgés d'eau, ce qui peut causer des transferts d'éléments minéraux aux nappes d'eau profondes ou encore des phénomènes d'érosion des sols en surface**. La couverture des sols est un moyen de limiter ces dégâts environnementaux**. Or, les sols peuvent être laissés à nu pendant l'hiver précédant le semis d'une culture de printemps (comme le maïs ou le tournesol). Les communes présentent des différences significatives en ce qui concerne la couverture de neige sur le sol en hiver avant le début des cultures de printemps. De manière générale, la couverture du sol est plus importante dans les régions d'élevage. Dans ces régions, les cultures intermédiaires peuvent être valorisées comme ressource fourragère supplémentaire, ce qui renforce l'attractivité de ces cultures. Mais la couverture du sol avant le semis de culture de printemps peut aussi être réalisée par la culture précédente, si celle-ci est récoltée ou détruite tardivement. C'est le cas des prairies temporaires qui peuvent être insérées dans les rotations céréalières dans les régions d'élevage.

FAVORISER LA COUVERTURE HIVERNALE

À l'inverse**, la couverture hivernale du sol est peu développée dans les régions céréalières**, même lorsque les communes sont classées en zones vulnérables aux nitrates, où la couverture du sol doit normalement être favorisée pour limiter les transferts en direction des masses d'eau. Les régions céréalières sont généralement des territoires avec des sols qui présentent des teneurs en argile relativement élevées. En raison de la capacité de rétention de l'eau de l'argile, ces sols sont généralement très humides en hiver, ce qui limite les possibilités de travail du sol, et donc de destruction des couverts végétaux. Par ailleurs, les cultures intermédiaires sont moins attractives pour des exploitations de grandes cultures, qui ont moins de possibilités de valoriser la biomasse végétale. Pour favoriser l'implantation de ces cultures, **l'utilisation d'images multispectrales pourrait permettre de quantifier la couverture du sol d'une parcelle donnée, et ainsi de rémunérer les agriculteurs mettant en place ces pratiques**.

La cartographie de la couverture hivernale du sol avant une culture de printemps

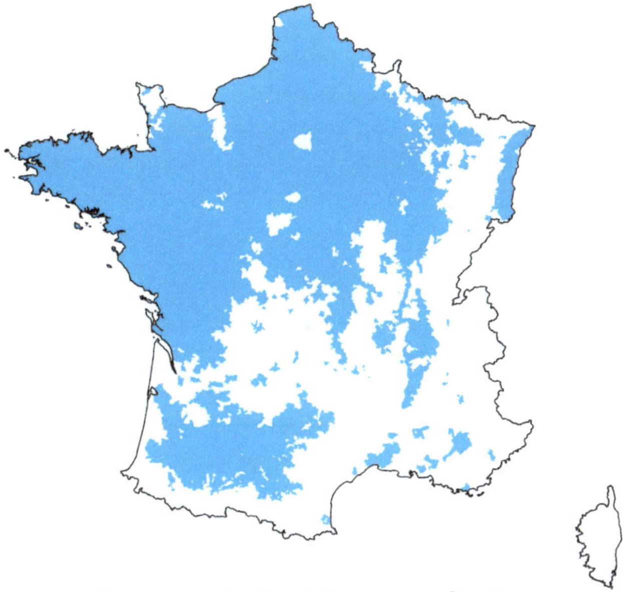

Zones vulnérables aux nitrates

Communes dont les masses d'eau présentent des teneurs en nitrates supérieures à certains seuils
50 $mg.L^{-1}$ pour les eaux de surface, 18 $mg.L^{-1}$ pour les eaux de profondeur.

Dans ces communes, des mesures doivent être prises pour limiter les transferts, dont la **couverture hivernale des sols.**

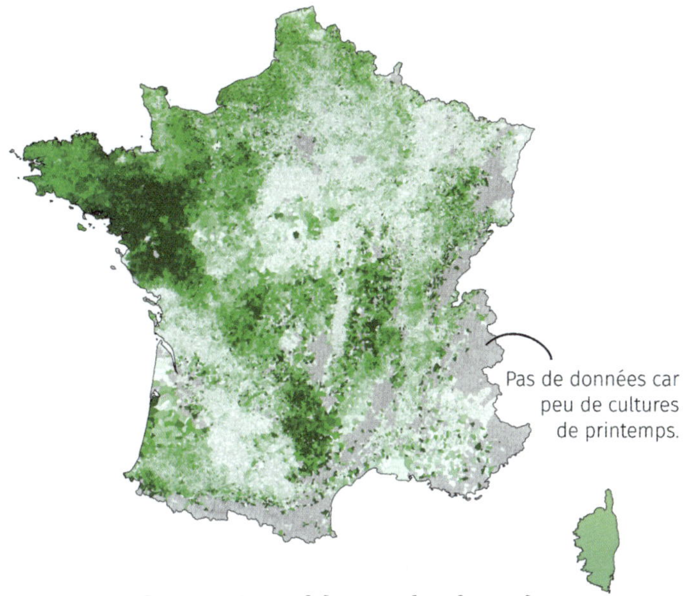

Couverture hivernale du sol

Couverture végétale **avant culture de printemps**

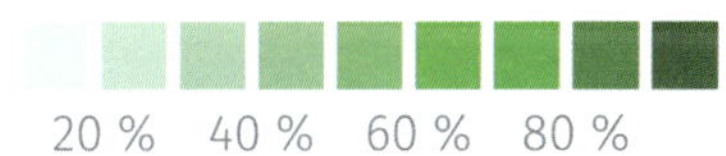

Le développement de l'agriculture biologique

Si les certifications relatives à la couverture des sols sont encore peu développées, ou mal identifiées par le grand public, ce n'est pas le cas du label biologique. **Le cahier des charges de l'agriculture biologique (AB) répond à plusieurs enjeux actuels** et aux attentes d'une part des consommateurs, comme l'interdiction du recours aux produits phytosanitaires de synthèse.

LA PART DE L'AB DANS LES SURFACES AGRICOLES

Les surfaces en agriculture biologique sont en croissance dans la quasi-totalité des pays européens. De 2012 à 2021, **la surface cultivée en agriculture biologique en Europe a augmenté de 68** %. Dans le même temps, cette progression est de 169 % en France. Avec environ 10 % des surfaces agricoles en AB, la France peut sembler en retard par rapport à des pays comme l'Autriche, où 25 % des surfaces sont en AB, mais la France est le premier pays européen en termes de surfaces affectées à l'agriculture biologique, avec 2,8 millions d'hectares convertis ou en cours de conversion en 2021. En 2021, 15,9 millions d'hectares étaient cultivés en agriculture biologique en Europe, soit environ 10 % des terres agricoles. L'Union européenne a pour objectif de poursuivre cette croissance pour atteindre 25 % des terres agricoles cultivées en agriculture biologique d'ici à 2030.

LA PRODUCTIVITÉ DE L'AB

Avec l'agriculture de précision, l'agriculture biologique est un autre mode de production fréquemment cité comme un idéal d'évolution des systèmes agricoles actuels. Au début des années 2010, deux méta-analyses (compilation d'études scientifiques) ont évalué que, à l'échelle mondiale, les rendements en agriculture biologique étaient inférieurs de 20 % aux rendements en agriculture conventionnelle. Toutefois, ces études incluaient des situations où les pratiques conventionnelles étaient proches des pratiques biologiques, avec des rendements peu élevés. Dans les pays où les rendements sont proches du potentiel maximal, l'écart est plus important. Ainsi, en France, l'écart de rendement entre le blé tendre biologique et conventionnel est évalué à –57 %, en faveur de l'agriculture conventionnelle. Cependant, cet écart n'est pas dû uniquement aux pratiques agricoles. En effet, la distribution géographique des deux cultures n'est pas la même : le principal bassin de production du blé conventionnel se situe dans le nord de la France, sur des sols profonds et avec un climat favorable à la culture. À l'inverse, le blé biologique est majoritairement cultivé dans le Sud-Ouest, sur des sols plus superficiels et avec un climat plus sec. Cette différence de contexte pédoclimatique explique une partie de l'écart de rendement observé.

L'évolution des surfaces en agriculture biologique en Europe de 2012 à 2020

Données : Eurostat

Dans l'Union européenne, environ **10 % des terres agricoles** sont en agriculture biologique (AB) avec un **objectif de 25 % d'ici à 2030.**

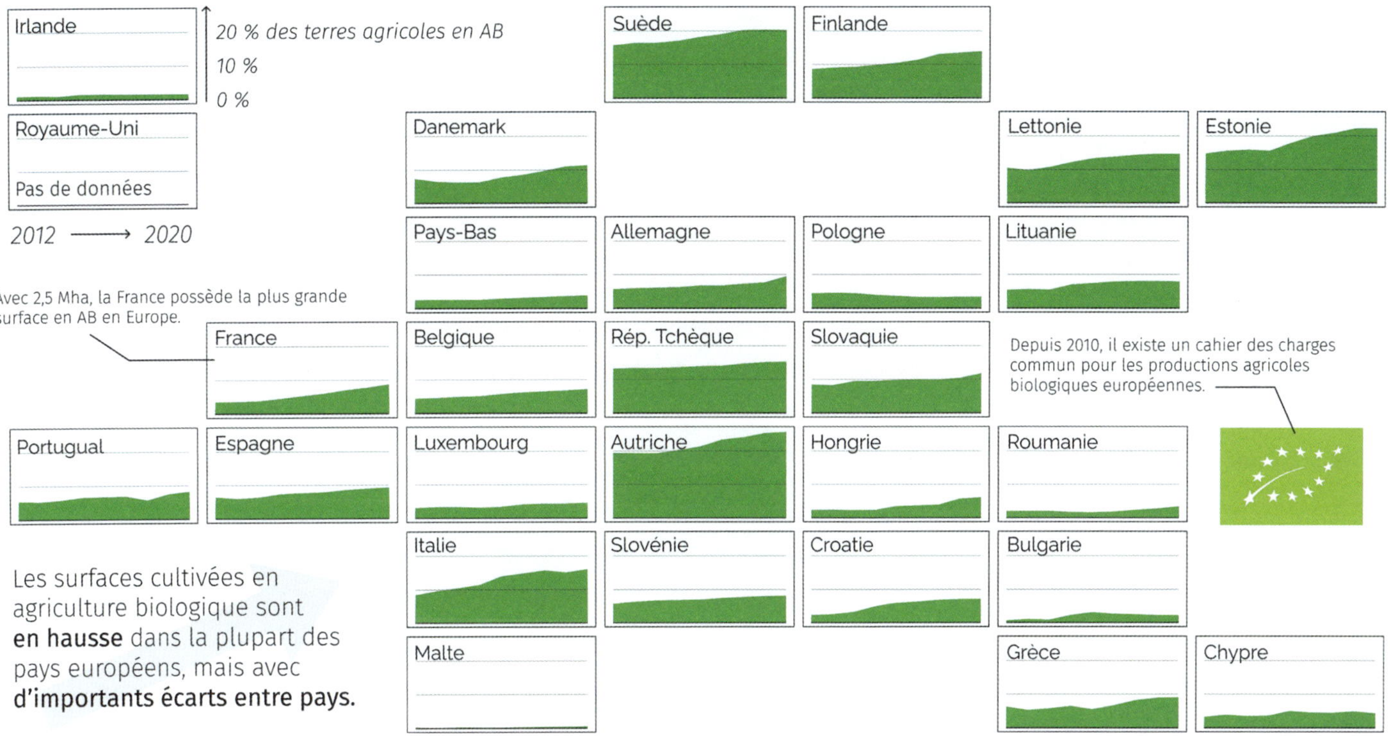

Les surfaces cultivées en agriculture biologique sont **en hausse** dans la plupart des pays européens, mais avec **d'importants écarts entre pays.**

L’écart de rendement entre agriculture biologique et conventionnelle en France

Données : Enquêtes Terres labourables 2022 (Agreste)

Pour toutes les cultures, **les rendements sont plus faibles en agriculture biologique**, avec un écart moindre pour les légumineuses

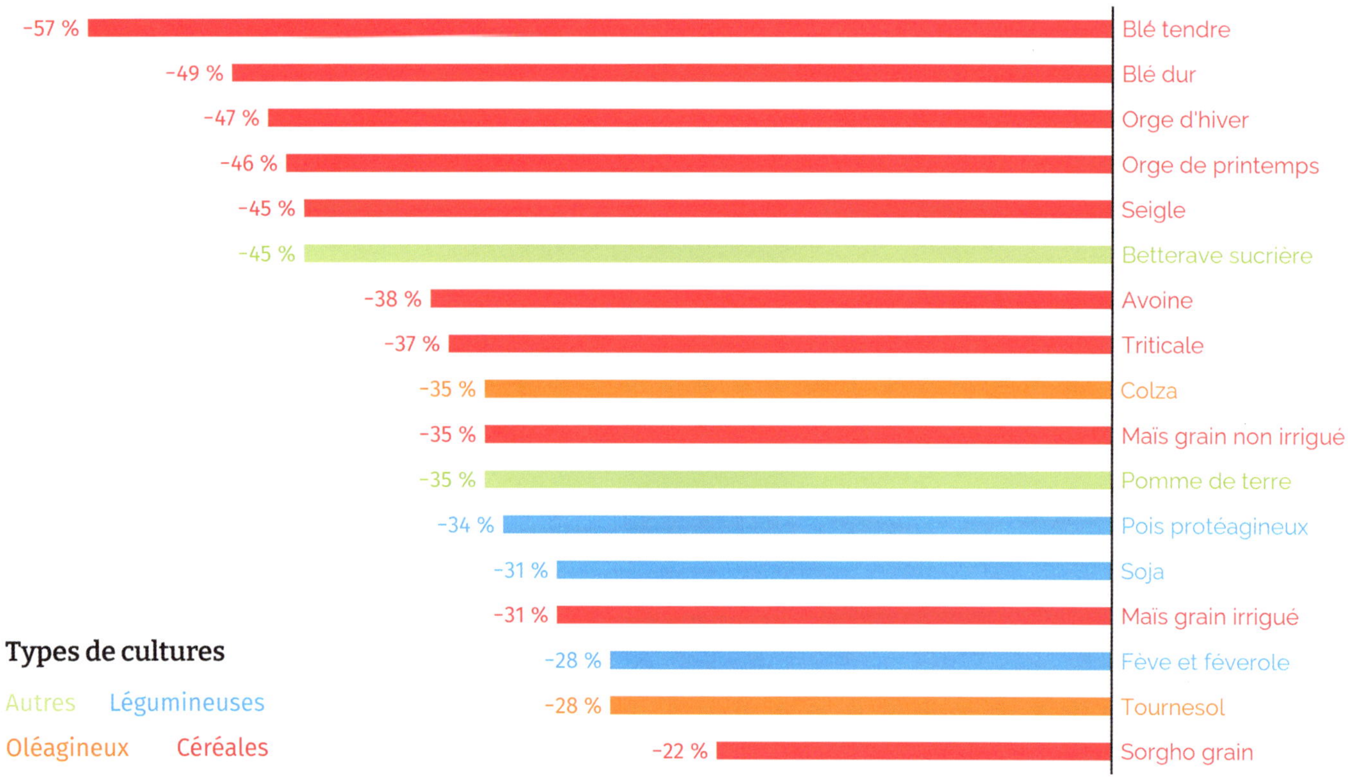

Une comparaison de la distribution des parcelles conventionnelles et biologiques

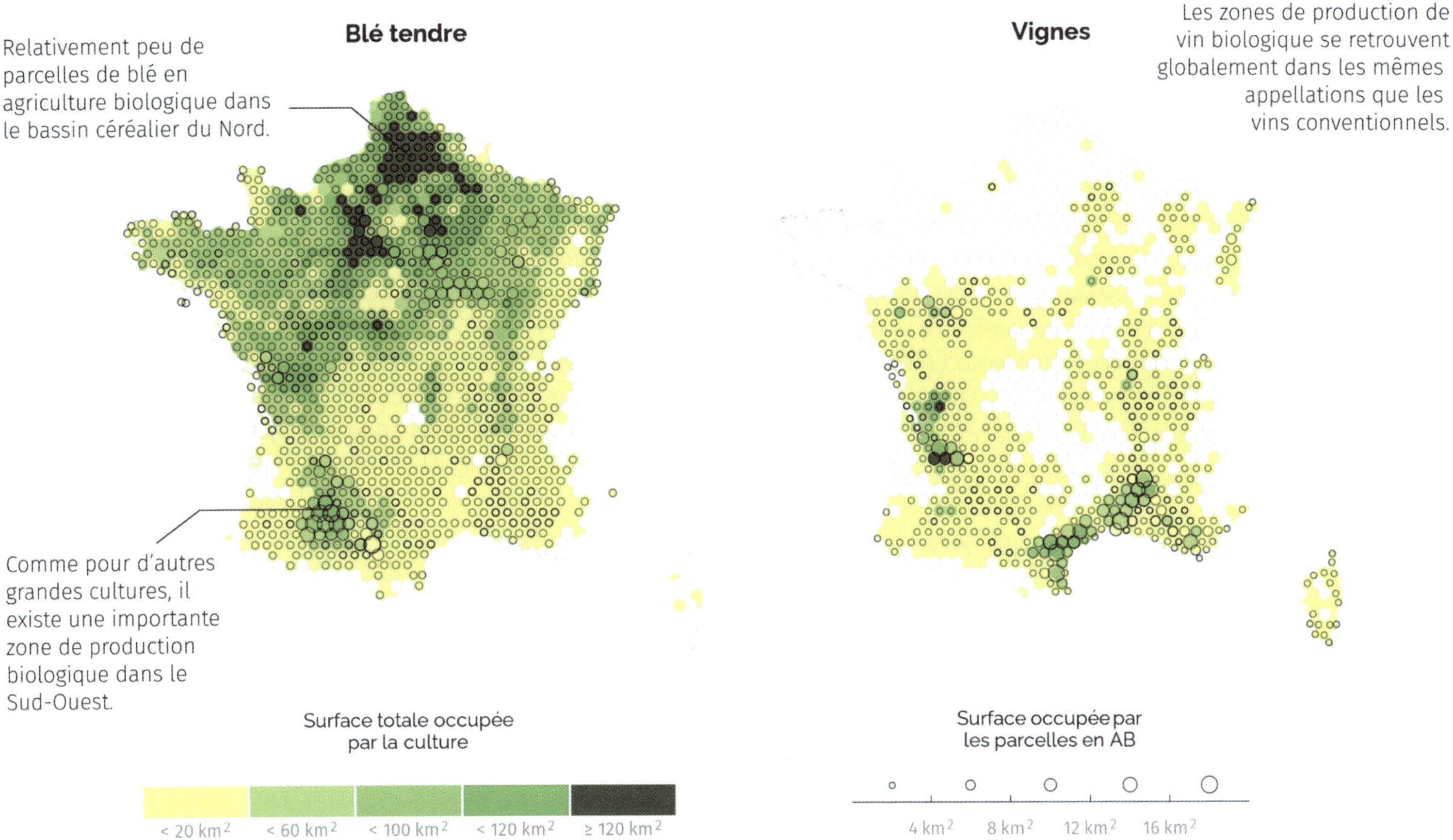

Les possibilités d'expansion de l'agriculture biologique

Au-delà de la question des rendements, l'une des interrogations concernant les possibilités d'expansion de l'agriculture biologique concerne **la gestion de la fertilité des sols**.

LES PRINCIPES DE L'AGRICULTURE BIOLOGIQUE

Le cahier des charges de l'agriculture biologique interdit l'utilisation des engrais de synthèse, comme les engrais azotés issus du procédé Haber-Bosch ou les minerais de phosphore traités pour en augmenter la solubilité (les minerais bruts, peu disponibles pour les cultures, sont autorisés). Pour faire le lien avec ce qui a été présenté au début de cet ouvrage, l'agriculture biologique cherche **à favoriser la nutrition des cultures par le renouvellement de la fertilité des sols et la minéralisation de la matière organique** plutôt que par l'apport d'éléments directement assimilables par les plantes avec les engrais. Pour cela, l'agriculture biologique met notamment l'accent sur le maintien du lien entre productions végétales et productions animales.

LES IMPORTATIONS DEPUIS L'AGRICULTURE CONVENTIONNELLE

D'après le cahier des charges de l'AB, les aliments pour les troupeaux doivent être produits exclusivement en AB mais les importations de pailles pour les litières, et surtout d'effluents d'élevage ou d'engrais organiques (farines de plumes, soies de porc, etc.) en provenance de l'agriculture conventionnelle sont autorisées.

En 2013, il avait été estimé que ces importations représentaient d'importantes sources d'éléments minéraux pour les exploitations biologiques en France (73 % des importations de phosphore, par exemple). **Ces transferts depuis l'agriculture conventionnelle peuvent représenter une dépendance indirecte aux engrais de synthèse**, et questionnent le maintien de la fertilité des sols dans le cas d'une forte augmentation des surfaces en agriculture biologique.

Conscients de cette question, les acteurs de l'agriculture biologique cherchent à limiter, voire à interdire complètement les apports en provenance de l'agriculture conventionnelle dans le cahier des charges. Toutefois, de récents travaux de modélisation, basés sur le cycle de l'azote, ont montré que, même grâce aux apports de la fixation symbiotique des légumineuses, **il sera difficile de se passer complètement des engrais de synthèse et de cultiver 100 % des surfaces en agriculture biologique**.

Au-delà du cas d'étude de l'AB, la question de la place des productions animales, et donc indirectement de la gestion de la fertilité des sols grâce aux effluents organiques associés, fait aujourd'hui l'objet d'un vif débat, notamment en raison des émissions de gaz à effet de serre des animaux d'élevage et de leur contribution au changement climatique. Ce point sera discuté dans la prochaine partie.

L'origine des entrées de phosphore pour 63 exploitations biologiques enquêtées

La majorité des entrées **provient de l'agriculture conventionnelle**, ce qui pose la question d'une dépendance indirecte aux engrais de synthèse.

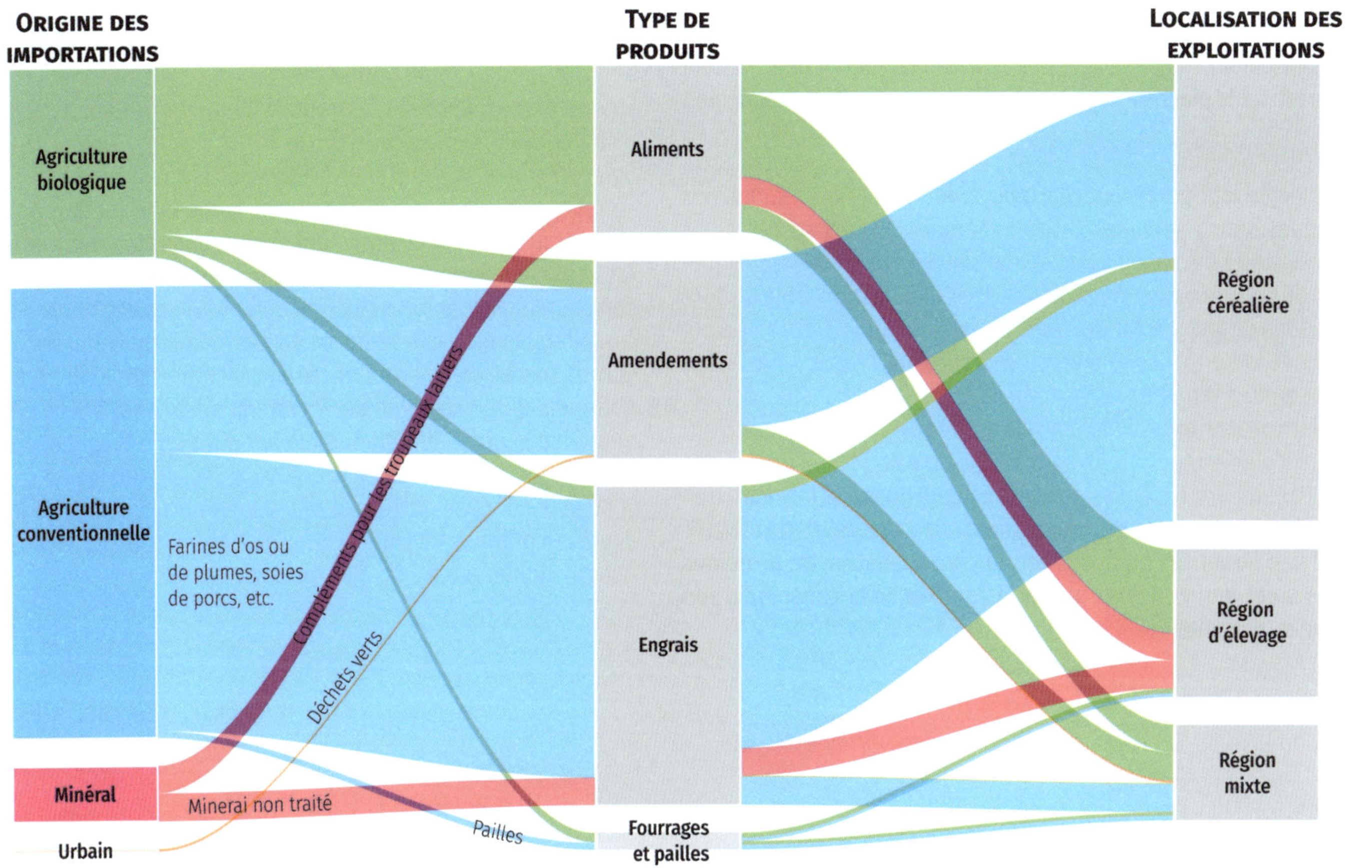

Vers une diminution de l'élevage ?

L'une des limites au développement de l'agriculture biologique concerne donc la disponibilité en éléments fertilisants. En l'absence de l'utilisation d'engrais de synthèse, la fertilité des sols dépend en grande partie des effluents d'élevage. Le cahier des charges de l'agriculture biologique favorise la réassociation des productions végétales et animales. **Mais des débats existent actuellement sur la place de l'élevage dans les futurs systèmes agricoles**.

LA CONTRIBUTION AU CHANGEMENT CLIMATIQUE

Paru en 2006, le rapport ***Livestock's long shadow*** de l'Organisation des Nations unies pour l'agriculture et l'alimentation (FAO) a été parmi les premiers travaux à mettre en avant le poids de l'élevage dans le changement climatique, en estimant que ce secteur était responsable de 18 % des émissions de gaz à effet de serre. Cette estimation a été vivement débattue par la suite. Les analyses de cycle de vie nécessaires pour réaliser de telles estimations sont complexes à réaliser car elles doivent prendre en compte toutes les émissions, depuis la fabrication d'aliments pour l'alimentation des troupeaux jusqu'à la transformation des produits. Par ailleurs, les émissions de méthane dues à la fermentation entérique lors de la rumination dépendent de la ration des animaux. Il reste que, **à quantités équivalentes, la consommation de protéines végétales émet moins de gaz à effet de serre que la consommation de protéines animales**.

L'INFLUENCE DES RÉGIMES ALIMENTAIRES

Fondé en 2014, le projet *Drawdown* cherche à développer des solutions pour diminuer la concentration de gaz à effet de serre dans l'atmosphère, soit en limitant les émissions par les activités humaines, soit en augmentant la séquestration du carbone dans des puits de stockage. Les membres du projet ont proposé 93 solutions pour atteindre cet objectif, et évalué l'impact de 87 de ces solutions. Comme montré sur la figure ci-contre, les mesures relatives à l'alimentation et à l'agriculture sont celles qui ont le plus d'impact. **Après la réduction du gaspillage alimentaire, c'est le changement des régimes alimentaires qui a un effet le plus important sur la limitation des émissions de gaz à effet de serre.** Un régime alimentaire riche en protéines végétales n'est pas nécessairement un régime sans protéines animales. Pour cette estimation, la consommation de protéines animales était simplement réduite, avec notamment un maximum de 57 grammes de viande rouge par jour. Si la moitié de la population mondiale adoptait un tel régime, cette mesure permettrait d'éviter les émissions de 78,33 gigatonnes de carbone d'ici 2050. Avec la mise en œuvre des autres mesures mentionnées sur la figure ci-contre, cette solution pourrait permettre de limiter le réchauffement climatique à 2 °C d'ici la fin du siècle.

Des solutions du projet *Drawdown* pour limiter les émissions de gaz à effet de serre

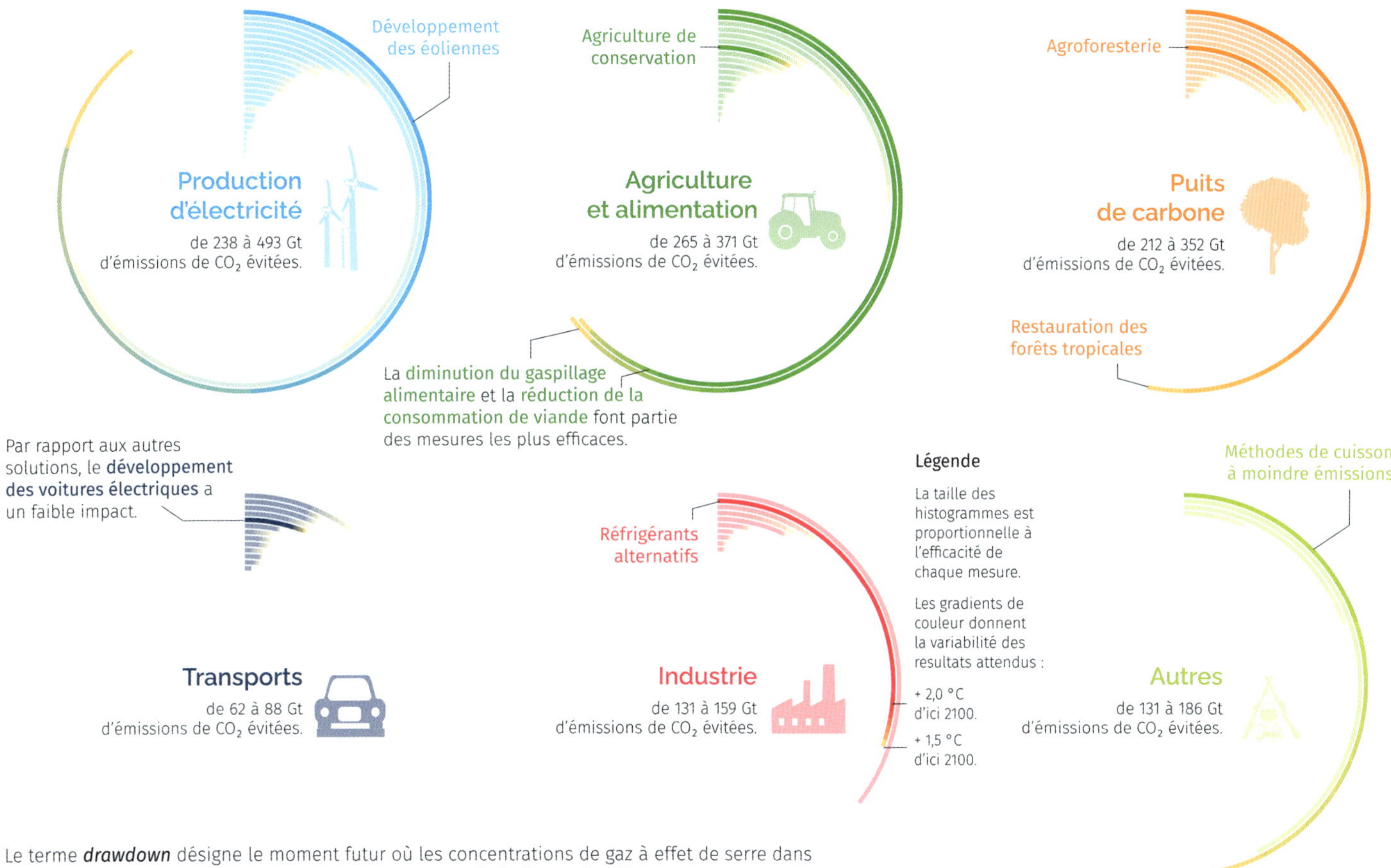

Le terme *drawdown* désigne le moment futur où les concentrations de gaz à effet de serre dans l'atmosphère **cesseront d'augmenter et commenceront à diminuer régulièrement**.

En résumé

Dans cette troisième partie, il a été mis en avant différents exemples d'évolution des pratiques agricoles pour répondre aux enjeux présentés dans la partie précédente. **Ces évolutions peuvent être classées en trois catégories, selon l'ampleur des modifications nécessaires pour mettre en œuvre ces évolutions**.

DE L'EFFICIENCE À LA RECONCEPTION

Le premier niveau regroupe les pratiques agricoles qui cherchent **à maximiser l'efficience d'utilisation des intrants**, tout en conservant les mêmes produits. Il s'agit par exemple de remplacer les systèmes d'irrigation par aspersion par des systèmes de micro-irrigation, comme le goutte-à-goutte, qui sont moins sensibles aux pertes par évaporation. Au deuxième niveau, **les intrants précédemment utilisés sont remplacés par d'autres pratiques**, comme les herbicides qui peuvent être remplacés par du désherbage mécanique, **ou par d'autres produits** avec un moindre impact sur l'environnement, comme nous l'avons vu avec l'évolution de l'utilisation des insecticides. Mais le passage d'une agriculture basée sur l'utilisation des intrants à une agriculture basée sur les processus écologiques nécessite **une reconception des systèmes de culture**. Au troisième niveau, l'utilisation des produits phytosanitaires peut par exemple être limitée par l'allongement et la diversification des rotations qui, en diminuant le temps de retour d'une espèce donnée, va diminuer la pression des bioagresseurs.

APPLICATION AU CAS DE LA GESTION DE LA FERTILITÉ DES SOLS

Nous avons commencé cet ouvrage en illustrant comment l'évolution des systèmes agricoles avait permis d'augmenter la population humaine au cours des millénaires. Pour rappel, la population maximale qui peut être nourrie grâce aux systèmes agricoles dépend des surfaces cultivées et des mécanismes de renouvellement de la fertilité. L'invention des engrais de synthèse a ainsi été un élément déterminant de la croissance de la population mondiale, en diminuant les temps de jachère et en augmentant les rendements. Mais aujourd'hui les nombreuses problématiques liées à l'utilisation de ces fertilisants incitent à faire évoluer les systèmes agricoles pour diminuer la dépendance de l'agriculture aux engrais de synthèse. Si des mesures peuvent être prises à l'échelle des systèmes agricoles pour augmenter l'efficience d'utilisation des engrais, comme le développement d'outil d'aides à la décision pour piloter finement les apports, la reconception des systèmes agricoles pour augmenter la part des légumineuses dans les rotations dépend de l'équilibre entre les protéines animales et les protéines végétales dans les régimes alimentaires. Ainsi, **les changements qui pourront être apportés aux systèmes agricoles pour répondre aux enjeux cités dans cet ouvrage dépendent aussi des évolutions sociétales et des attentes des consommateurs vis-à-vis de l'agriculture**.

De l'efficience à la reconception

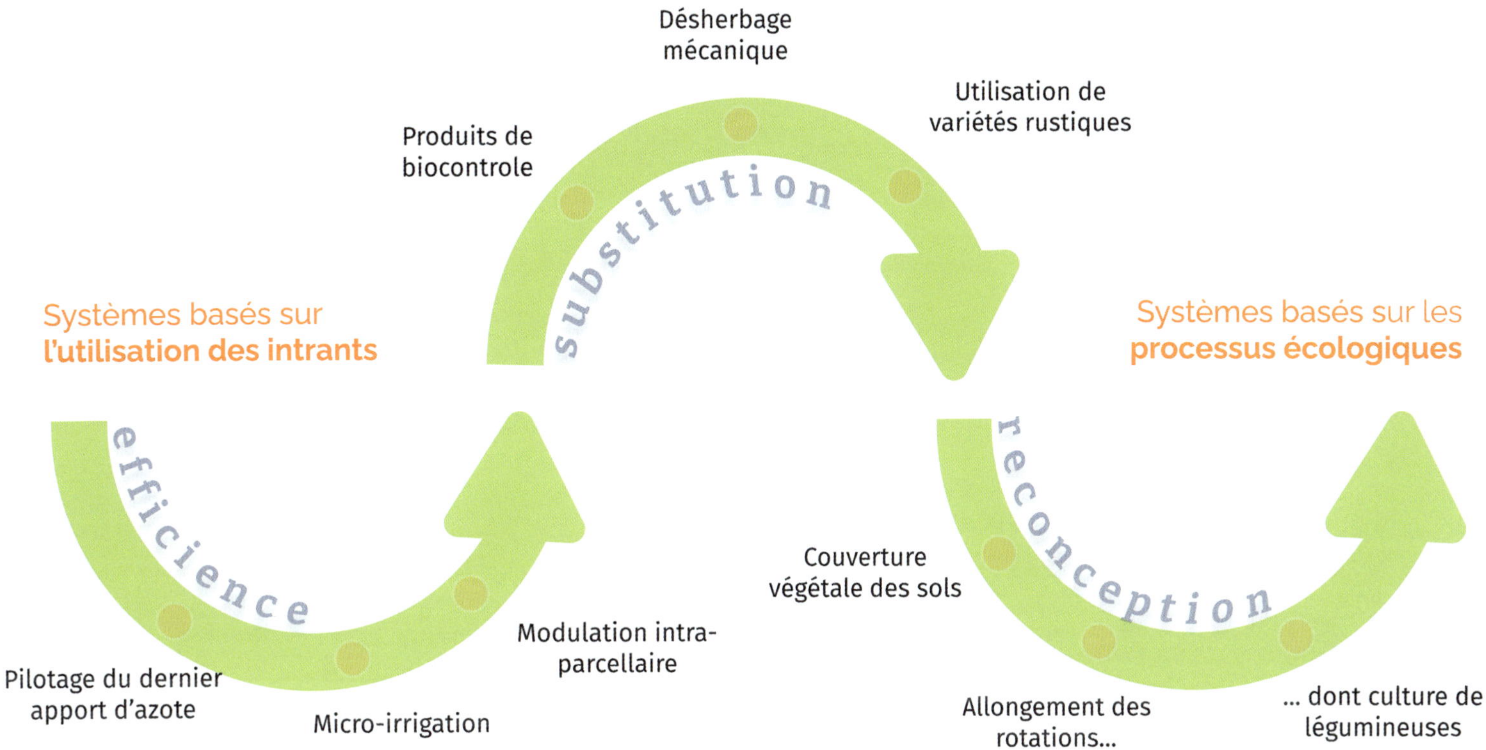

Partie 4
Pour aller plus loin

DE LA VISUALISATION DES DONNÉES À LA PRÉSENTATION DES RÉSULTATS

L'analyse exploratoire des données

Les exemples cités dans cet ouvrage ne sont pas exhaustifs et la plupart des questions qui ont été abordées nécessiteraient d'être approfondies. Heureusement, il existe aujourd'hui **de nombreuses sources de données disponibles en ligne** qui peuvent être mobilisées à ces fins. Cette partie donne quelques conseils pour explorer ces informations en s'appuyant sur la visualisation des données.

LES PRINCIPALES BASES DE DONNÉES AGRICOLES

La principale source d'information agricole à l'échelle nationale est **Agreste**, le service statistique du ministère en charge de l'Agriculture. Le moteur de recherche du site dédié à la diffusion de ces informations n'est pas le plus facile à utiliser, en comparaison des autres sources qui seront citées ensuite, mais les données sont disponibles jusqu'à l'échelle communale. **Eurostat** est le service de la Commission européenne dédié à la diffusion des statistiques européennes. Contrairement à Agreste, Eurostat n'est pas spécialisé dans les informations relatives à l'agriculture. Les données sont disponibles à l'échelle nationale mais aussi à des échelles plus fines : les **nomenclatures des unités territoriales statistiques (NUTS). Les délimitations de ces entités sont fondées sur des critères démographiques :** de 3 millions à 7 millions d'habitants pour les NUTS 1, de 800 000 à 3 millions pour les NUTS 2 et de 150 000 à 800 000 pour les NUTS 3. À l'échelle mondiale, la base de données agricole de référence est celle de l'Organisation des Nations unies pour l'agriculture et l'alimentation, **FAOSTAT**. Cette base de données est principalement alimentée par les informations fournies par les services statistiques de chaque pays (comme Agreste pour la France). La quantité d'information disponible, ainsi que la précision des données peuvent donc varier entre pays. Pour pallier cette hétérogénéité, chaque valeur est fournie avec un indicateur de confiance, qui permet de distinguer entre chiffre officiel et valeur estimée. L'historique est important (de nombreuses séries temporelles fournit par FAOSTAT débutent en 1962) et la base de données est facile à utiliser.

LA VISUALISATION DES DONNÉES

La visualisation intervient à différentes étapes du processus d'analyse des données. L'importance de l'analyse exploratoire des données a été mise en avant par le statisticien John Tukey, qui regrettait que **les outils statistiques classiques soient de plus en plus utilisés pour trouver des tendances, alors qu'ils avaient été initialement conçus pour valider des hypothèses**. Pour Tukey, les représentations graphiques sont des puissants outils d'exploration des données. Les exemples suivants proviennent du package R. Le graphique ci-contre montre que les douze jeux de données pris comme exemple ont tous une moyenne et un écart type similaire, sur l'axe des abscisses comme sur l'axe des ordonnées. Mais en tournant la page, on voit que ces jeux de données cachent des distributions des points bien différentes lorsqu'ils sont représentés en entier ! Si le jeu de données est très grand, il est possible de ne représenter qu'un sous-ensemble, extrait de façon aléatoire, de ce jeu de données. Ces graphiques permettent de définir les questions qui seront les plus intéressantes à approfondir lors du traitement statistique des données.

Exemple de comparaison des moyennes et des écarts-types avec {DatasauRus}

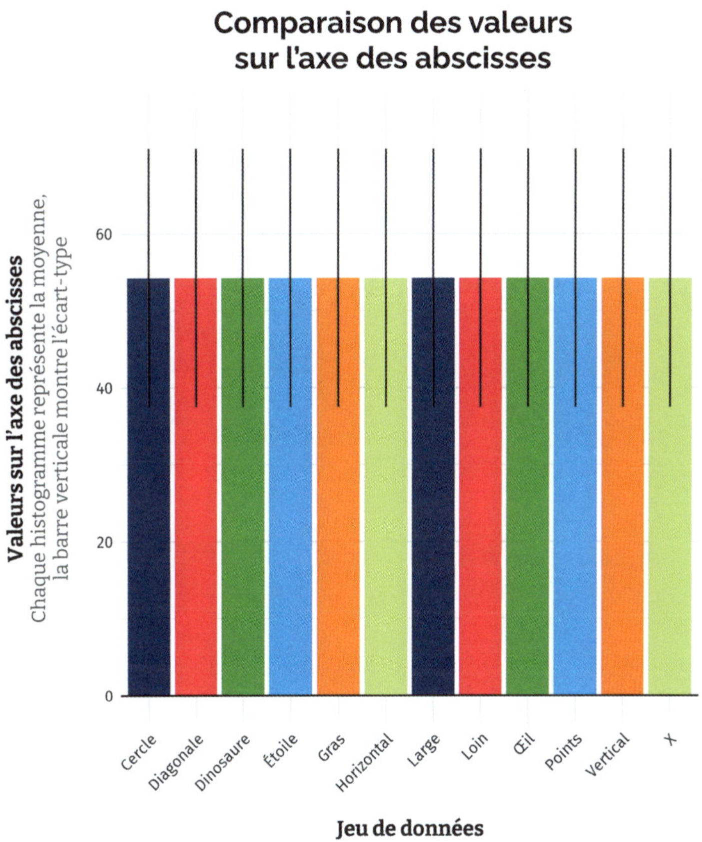

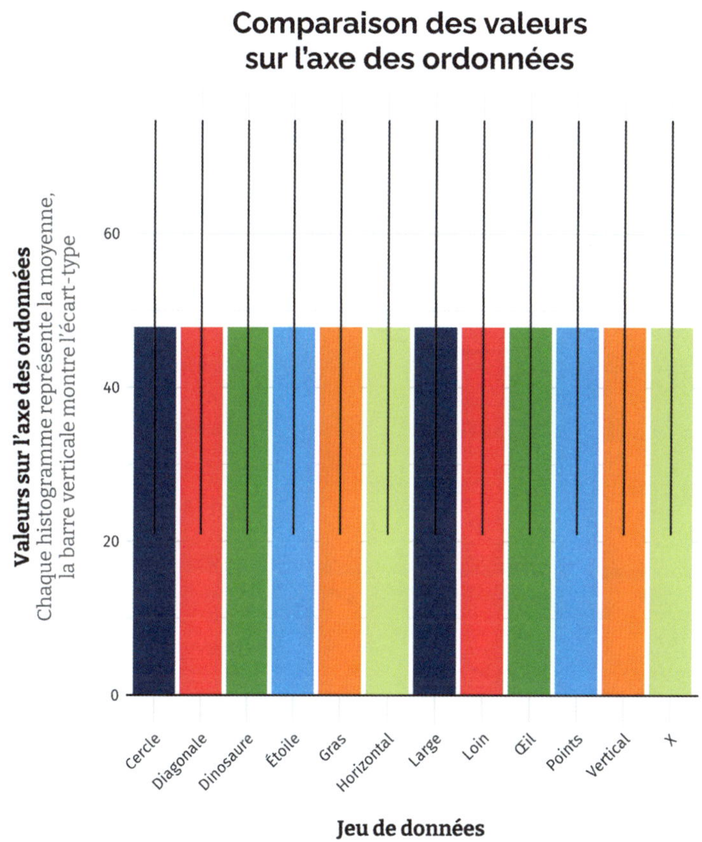

La représentation de la distribution des données avec {DATASAURUS} (1)

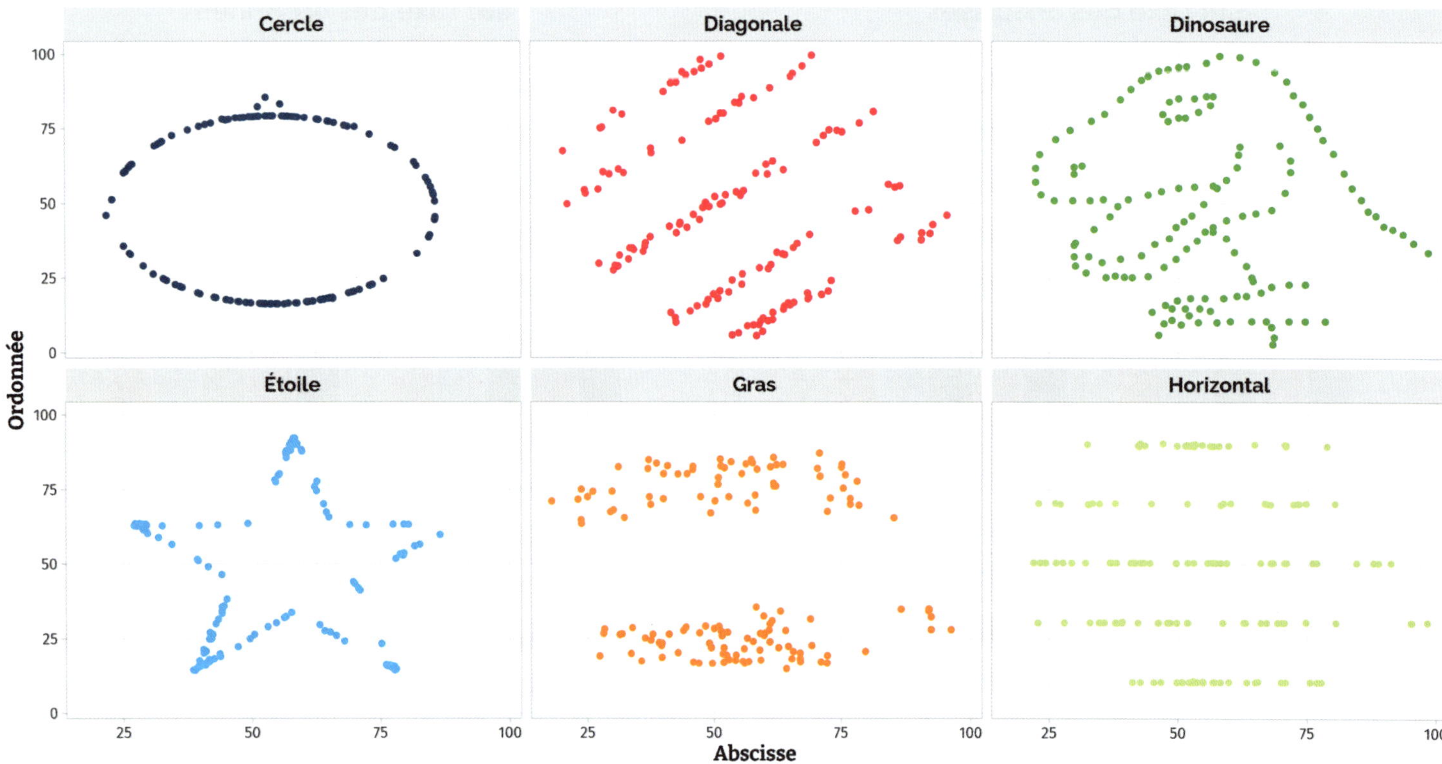

La représentation de la distribution des données avec {DATASAURUS} (2)

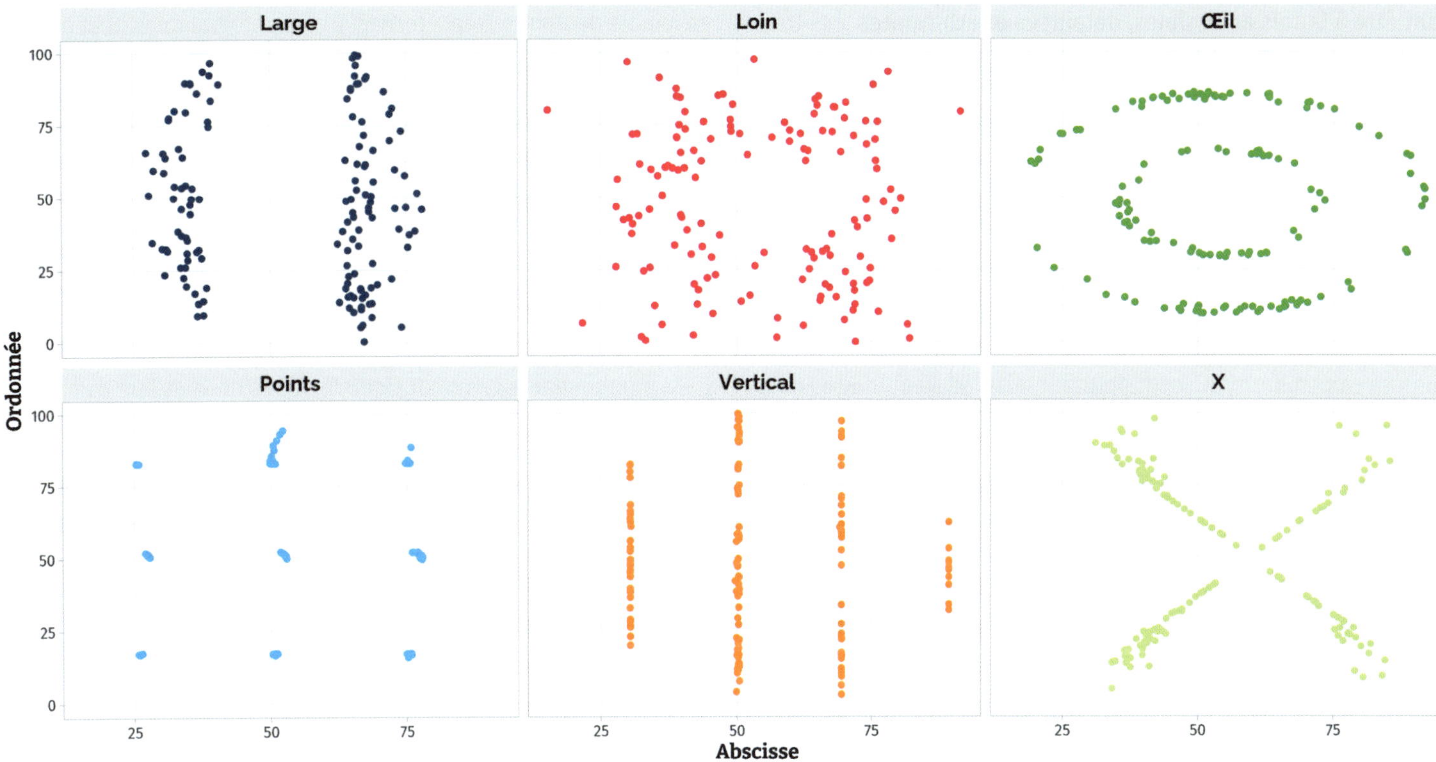

Représenter les résultats

En fin d'analyse, la représentation des résultats est une autre étape dans laquelle la mise en forme des graphiques occupe une place importante. **Les figures qui montrent les résultats ont trois grands objectifs : elles doivent être à la fois accessibles, détaillées et attrayantes**. Ces trois objectifs peuvent être contradictoires, comme cela va être discuté dans les prochains paragraphes.

MONTRER LES DONNÉES BRUTES

Les figures doivent être accessibles, c'est-à-dire qu'elles doivent être facilement lisibles et interprétables par les lecteurs. Les histogrammes permettent de représenter simplement des données et sont particulièrement utiles si l'on veut comparer des valeurs uniques, sans répétitions, comme c'est par exemple le cas pour l'assolement d'une exploitation agricole une année donnée. Ils seront plus faciles à lire que les graphiques en camemberts, qui sont pourtant aussi souvent utilisés pour cet usage, car il est beaucoup plus aisé de comparer la hauteur de différentes barres que l'aire de plusieurs secteurs. Comme illustré sur la figure ci-contre, il faut éviter d'utiliser un gradient de couleur pour représenter la surface de chaque culture, qui est déjà donnée par la hauteur de chaque barre. D'autres exemples de présentation qui peuvent améliorer la lisibilité des histogrammes sont d'ordonner les barres selon un ordre croisant ou décroissant et d'utiliser une couleur qui soit en relation avec le thème du graphique.

Comme déjà détaillé lors de la comparaison des jeux de données précédents, les histogrammes cachent une bonne partie des informations lorsque l'on cherche à représenter les valeurs caractéristiques d'un ensemble de points. Une alternative aux histogrammes peut donc être d'utiliser des diagrammes à moustaches (ou *boxplot*) qui vont synthétiser l'information, **en les combinant avec des points qui représentent les données individuelles** (en ajoutant un peu de « bruit » sur l'axe des abscisses pour éviter que les points ne se superposent). Ainsi, ce type de représentation est plus détaillée que la première, mais moins accessible, les diagrammes à moustaches étant moins connus que les histogrammes.

LIMITER LE NOMBRE DE GROUPES À COMPARER

Représenter trop de données sur un même graphique nuit à la lisibilité. C'est notamment le cas si plusieurs groupes doivent être comparés en utilisant différentes couleurs. Pour ce type de graphique, il est conseillé de ne pas dépasser cinq ou six couleurs différentes, sinon les nuances seront difficiles à distinguer (pour répondre à l'objectif de détails, les autres groupes peuvent être représentés de façon homogène et plus discrète, en grisé par exemple). Par ailleurs, ajouter la signification de la légende directement dans la figure (et non dans un encadré à part) permet également de faciliter l'interprétation.

Un exemple de présentation des données

À éviter

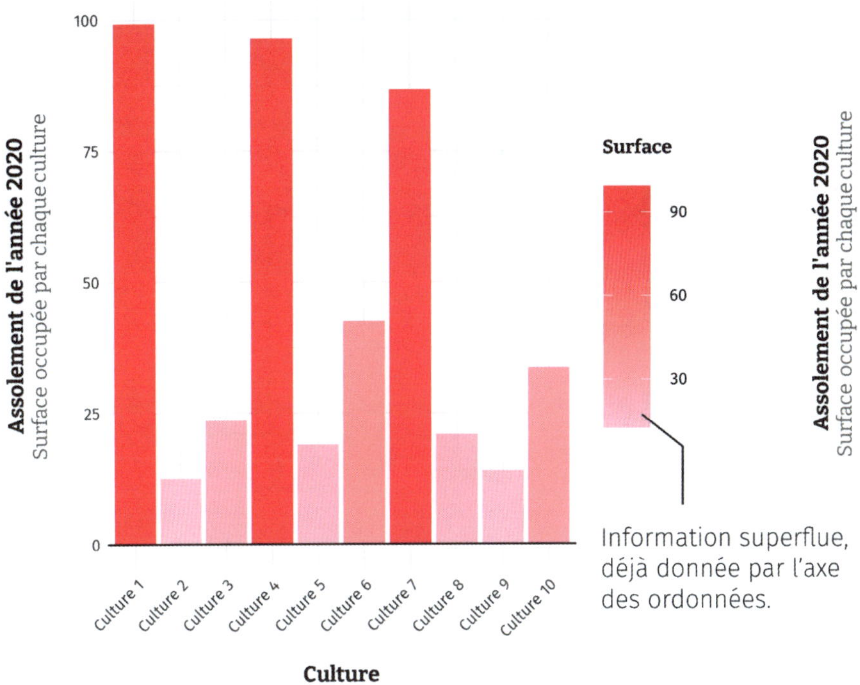

À essayer

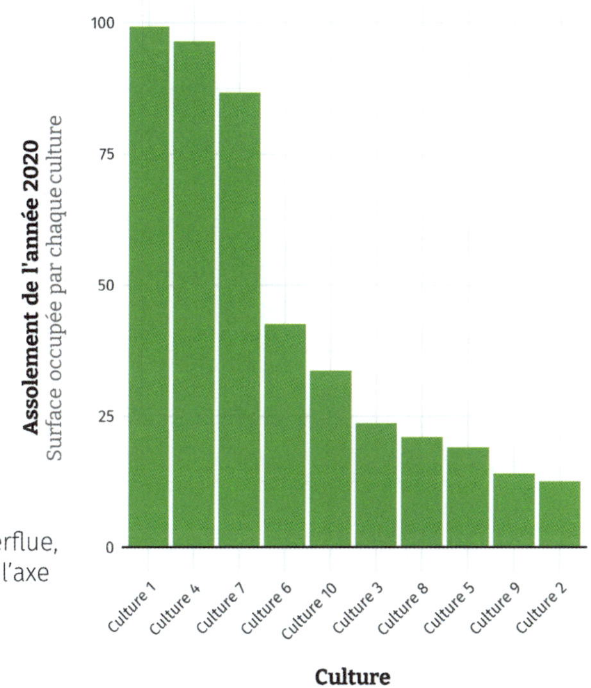

La présentation de la distribution des variables

À éviter

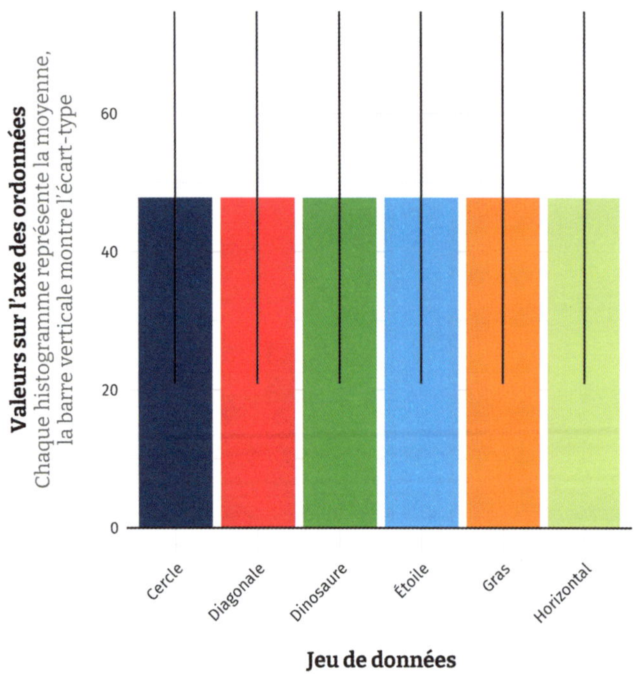

Ce graphe donne une idée de la distribution des données.

À essayer

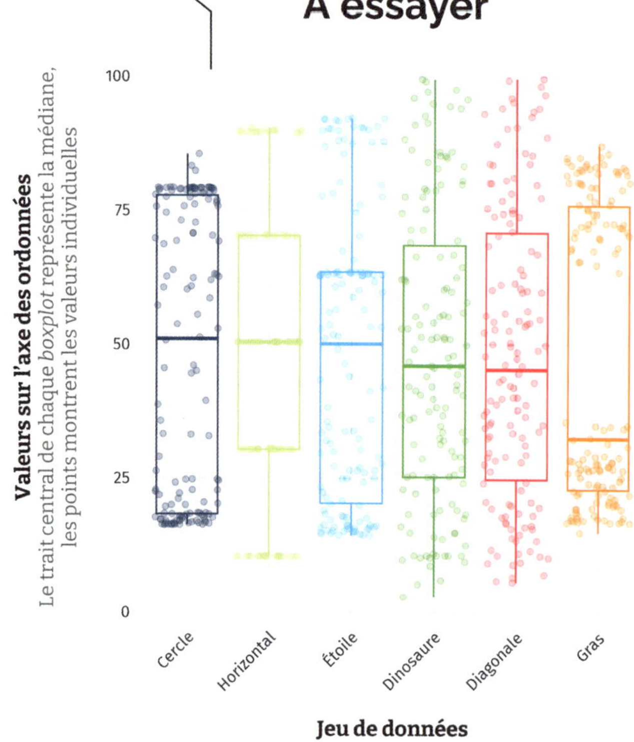

Limiter le nombre de groupes à comparer

À éviter

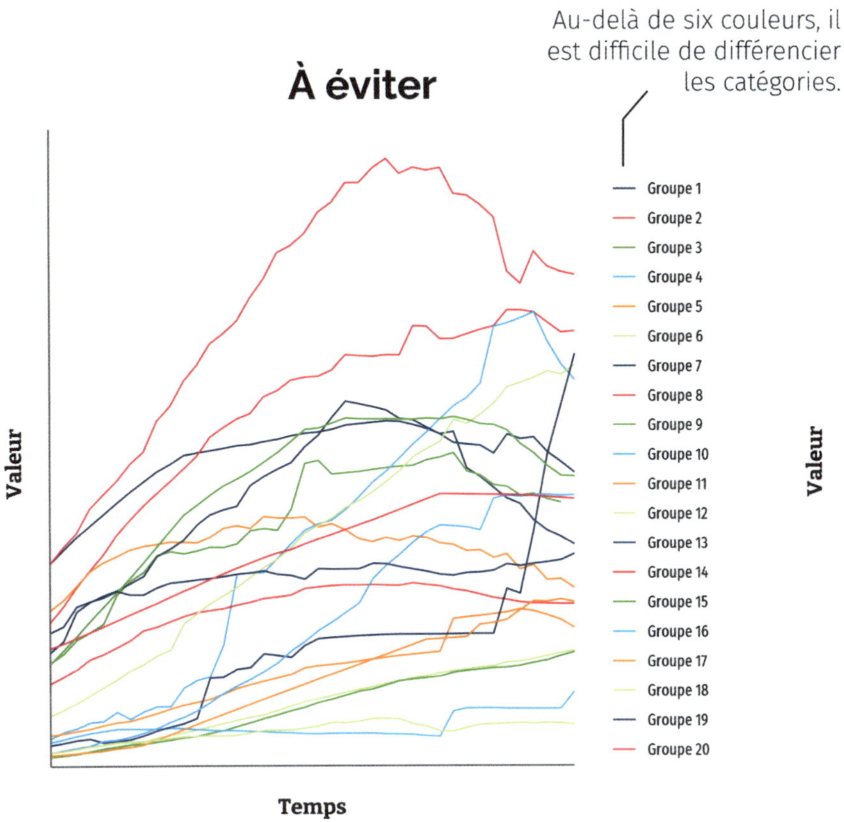

À essayer

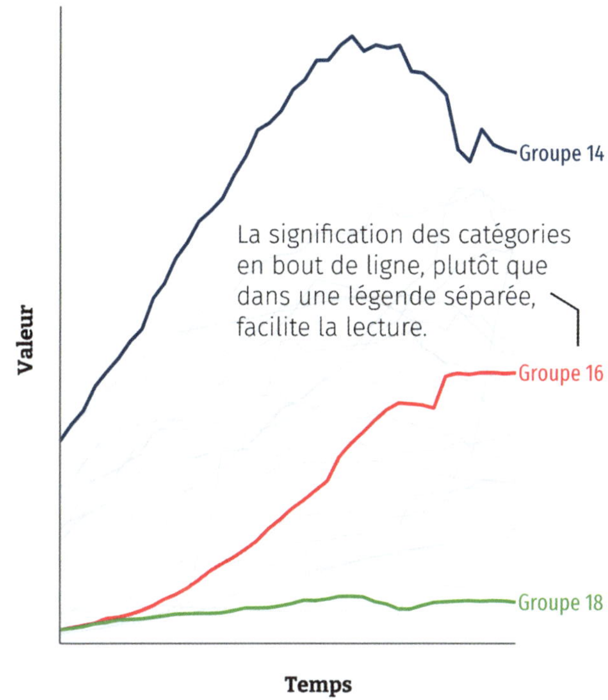

Éveiller la curiosité

En matière d'analyse des données, le fond est toujours plus important que la forme. Mais, alors que de plus en plus d'informations sont disponibles, notamment via les moyens de communication numérique, **l'importance de l'attractivité des graphiques ne doit pas être négligée afin de susciter la curiosité des lecteurs**.

DIFFÉRENTES FAÇONS DE REPRÉSENTER LES DONNÉES

L'exemple ci-contre montre **huit façons différentes de représenter le même jeu de données**, en l'occurrence l'exemple présenté précédemment concernant la répartition de l'assolement en différentes cultures, mais bien d'autres façons pourraient encore être imaginées ! Le choix de l'un ou l'autre des graphiques dépend de l'objectif que l'on recherche. Un histogramme classique sera le plus facile à interpréter. Il permettra de comparer la surface des différentes cultures, même si les surfaces sont proches, tout en permettant de lire facilement les valeurs absolues atteintes par chaque culture. La plupart du temps, les barres débutent à la valeur nulle mais, pour certaines raisons, il peut être décidé de décaler la base de l'histogramme sur une autre valeur (valeur seuil pour déclencher le versement d'une aide de diversification des cultures, comparaison avec la moyenne, etc.). Avec les histogrammes en coordonnées polaires, il est plus difficile de lire la surface de chaque culture que sur un graphique en coordonnées cartésiennes, mais ces alternatives peuvent être envisagées si l'objectif principal est de mettre en avant le classement des cultures, de la plus cultivée à la moins cultivée. Comme il est plus difficile de comparer des aires que la taille des barres, l'interprétation sera plus difficile avec le graphique en camembert, et dans une moindre mesure sur le graphique « en donut », sa variante avec un espace vide au centre.

CHOISIR SELON L'OBJECTIF

Malgré les limites inhérentes à la comparaison des aires, des cartes proportionnelles (aussi appelée ***treemap***) pour représenter les assolements en France (voir **Partie 1**) sont utilisées dans cet ouvrage. Initialement créé pour représenter l'arborescence et la taille des fichiers informatiques sur un disque dur, ce type de représentation permet de montrer de façon relativement intuitive l'importance relative de différents éléments à plusieurs niveaux d'organisation. Dans le cas de l'assolement, les cartes proportionnelles permettaient ainsi de montrer la surface occupée par les terres arables, les surfaces toujours en herbe et les cultures pérennes tout en détaillant les principales cultures de chaque catégorie (blé tendre, maïs, etc.). De plus, avec un nombre important de catégories à représenter, cette représentation permettait de concentrer plus d'informations qu'un histogramme. Enfin, sur la forme, cette représentation en rectangles est assez proche du parcellaire des exploitations agricoles et semblait donc bien adaptée au thème de la visualisation.
En résumé, **il n'y a pas de règle absolue en termes de représentations des résultats**. La « bonne représentation » dépend de l'objectif que l'on veut favoriser parmi les trois objectifs cités précédemment. L'important est de connaître les points forts et les points faibles des modes de représentation que l'on sélectionne.

Huit façons de représenter le même jeu de données

Les bases de données spatialisées

Les cartes sont une autre façon de représenter les données, mais l'analyse des données spatialisées nécessite des méthodes et des traitements adaptés.

LE MODE VECTEUR ET LE MODE RASTER

Les données géographiques ont **des formats spécifiques**. Il existe de nombreuses bases de données spatialisées en lien avec l'agriculture. En France par exemple, une source de données très riche est le registre parcellaire graphique (RPG) qui fournit annuellement les contours des parcelles déclarées dans le cadre de la politique agricole commune (PAC). **Ces données sont stockées au format vectoriel**. Autrement dit, c'est la forme de chaque parcelle qui est stockée dans le fichier. Les caractéristiques de chaque parcelle sont renseignées dans la table d'attribut. Dans cette table, une ligne correspond à une parcelle et les colonnes précisent différentes caractéristiques comme la culture récoltée ou encore la surface déclarée à la PAC.

L'autre grand format des données spatialisées est le format raster. **Un raster peut être comparé à une photographie**. Chaque image est composée d'une grille de pixel de taille régulière et la largeur d'un pixel correspond à la résolution du raster. Dans le cas des images multispectrales fournies par la constellation de satellites Sentinel-2, la résolution va de 10 à 60 mètres (selon la longueur d'onde). Pour chaque longueur d'onde, c'est la valeur de la réflectance, c'est-à-dire le ratio du rayonnement réfléchi sur le rayonnement incident, qui est stocké dans un pixel. Des indices de végétation peuvent être calculés en combinant les rasters de différentes longueurs d'onde (par exemple, le rouge et l'infrarouge pour le calcul du NDVI).

L'ACCÈS AUX DONNÉES

Si la manipulation des données spatialisées semble difficile, certaines cartes peuvent être visualisables avec la plate-forme Géoportail, mais ne peuvent pas être téléchargées directement depuis cette interface. De nombreuses couches vecteurs ou rasters sont disponibles par ailleurs. L'Institut national de l'information géographique et forestière (IGN) fournit des bases de données détaillées pour chacun des départements français. Une fois téléchargées, ces cartes peuvent être visualisées avec un logiciel de type **système d'information géographique** (SIG). Les données du programme Copernicus, comme les images Sentinel-2, peuvent également être téléchargées gratuitement. Un premier exercice pour se familiariser avec ces données peut être de créer une carte NDVI pour une prise d'image, d'une largeur d'environ 300 kilomètres, en combinant les réflectances dans le rouge est dans l'infrarouge. Mais pour travailler sur des cas d'étude qui nécessitent de combiner plusieurs milliers de prises d'images, pour couvrir une large zone géographique sur plusieurs années par exemple, il est plus confortable de fonctionner avec une interface de programmation d'application (API). Une API va permettre de **traiter uniquement la requête demandée** (par exemple calculer le NDVI moyen par parcelle, comme dans l'exemple ci-contre), sans avoir à télécharger toutes les images. La plate-forme Google Earth Engine est une bonne solution pour cela.

Le mode vecteur et le mode raster

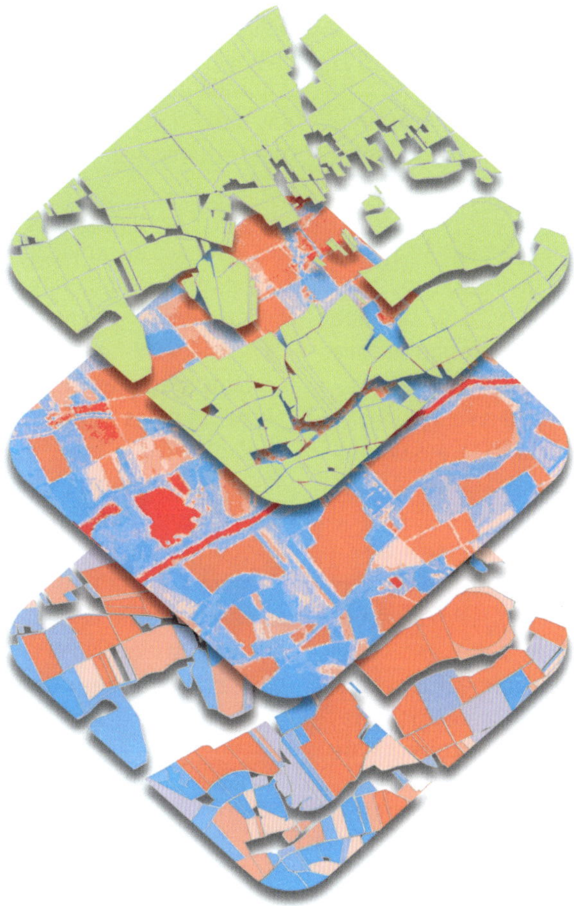

Les systèmes de projection

La Terre n'est pas plate. La représentation du monde sur une surface plane implique des concessions. La comparaison avec une orange est une image couramment utilisée dans les cours de cartographie pour illustrer cela. Il n'est pas possible de peler le fruit puis d'étaler parfaitement sa peau sur une table, sans la déchirer. C'est ce que les systèmes de projection essayent de faire pour la Terre.

REPRÉSENTER LA TERRE

Un système de projection désigne un procédé mathématique permettant de représenter la surface de la Terre sur une carte. **Aucun système de projection ne permet de représenter une sphère sur une surface plane et continue sans déformation**. Les projections dites « conformes » préservent la forme générale des continents ainsi que les directions et les angles entre deux lignes mais elles déforment la taille des entités. Certains pays vont apparaître plus gros qu'ils ne le sont réellement, alors que d'autres seront plus petits. La projection conforme la plus connue est la projection Mercator, qui a été mise au point par le géographe du même nom en 1569. Vous pouvez notamment observer cette projection sur l'outil cartographique de Google. Sur Google Maps, si vous dézoomez jusqu'à faire apparaître la carte du monde en entier, vous vous apercevrez que la taille des deux pôles est grossièrement exagérée. À l'inverse, les projections dites « équivalentes » conservent les aires mais elles déforment les contours des entités. **Aucune projection ne peut être à la fois conforme et équivalente**. Concernant l'utilisation de ces systèmes de projection, il est préférable d'utiliser des projections équivalentes pour des cartes qui montrent la Terre entière, alors que les projections conformes doivent être choisies pour cartographier de petites zones géographiques.

UNE QUESTION DE COMPROMIS

Les systèmes de projection strictement conformes ou strictement équivalents peuvent conduire à d'importantes distorsions. Avec la projection de Mercator, le Groenland apparaît aussi grand que l'Afrique alors que ce dernier continent est en réalité 14 fois plus grand. **Pour limiter cela, certains systèmes de projection cherchent à réduire simultanément plusieurs types de distorsion**. C'est notamment le cas de la projection de Winkel-Tripel, créée par Oswald Winkel en 1921. Cette projection a été conçue pour minimiser trois types de distorsions : les distorsions de surface, de direction et de distance. Sans être strictement conforme ou équivalente, elle offre l'un des meilleurs compromis lorsqu'il s'agit de représenter la Terre entière. Par ailleurs, pour limiter les distorsions à l'échelle locale et pour homogénéiser les représentations cartographiques, des systèmes de projection spécifiques peuvent être utilisés pour différentes régions du monde. Par exemple, pour la France, le système de projection de references est le Lambert 93.

Des exemples de systèmes de projection cartographiques de la Terre

Robinson

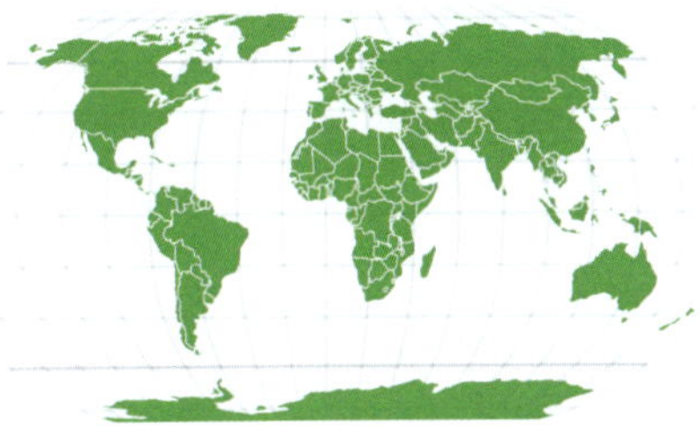

Werner

Eckert II

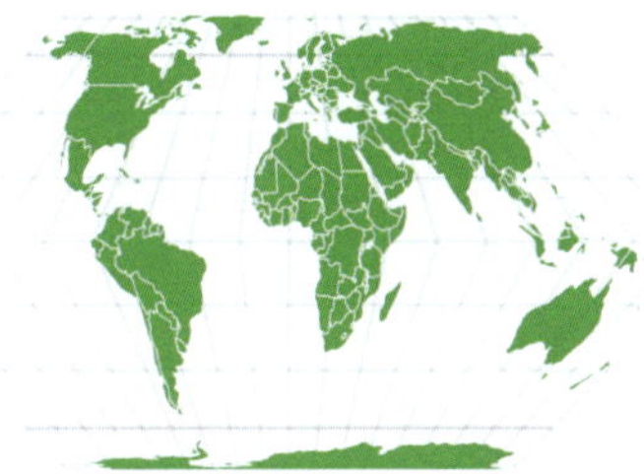

Winkel-Tripel

Van de Grinten IV

Représenter les données sur une carte

Dans le cas de la plupart des graphiques, comme un nuage de points par exemple, la position des points par rapport à l'axe des abscisses et à l'axe des ordonnées est la première source d'information. Dans le cas d'une série temporelle, cette position peut par exemple indiquer le nombre de tracteurs en service une année donnée. Mais sur une carte l'axe des abscisses et l'axe des ordonnées (respectivement longitude et latitude) sont utilisés pour **représenter la position géographique des entités**. D'autres moyens doivent donc être utilisés pour représenter les données associées à ces entités.

LE MODE RASTER

Pour les rasters, dans la majorité des cas, **la valeur de chaque pixel est indiquée en utilisant un gradient de couleur**. Plusieurs méthodes peuvent être utilisées pour définir les limites qui vont borner les différentes classes de couleur. Avec une échelle à intervalles égaux, toutes les classes ont la même étendue (par exemple, une première classe pour les valeurs de 1 à 2, une seconde pour les valeurs de 2 à 3, et ainsi de suite). Les ruptures peuvent aussi être basées sur les quantiles. Ainsi, avec une échelle à effectifs égaux, chaque classe aura le même nombre de pixels. D'autres méthodes existent, comme les seuils naturels (ou ruptures naturelles) de Jenks, qui va chercher à définir les bornes des classes aux endroits où se trouvent de grandes différences dans les valeurs de données. **Selon la méthodologie choisie pour définir les bornes des classes, le rendu de la carte finale peut être très différent et ainsi influencer l'interprétation qui en sera faite**, comme ceci peut être visible sur l'exemple ci-contre.

LE MODE VECTEUR

En plus des gradients de couleur, **des symbologies supplémentaires sont disponibles pour le mode vecteur**. Les données de type vecteur peuvent être des points, des lignes ou des polygones. Les points peuvent être différenciés selon leur couleur, mais aussi selon leur taille ou leur forme (rond, carré, rectangle, etc.), alors que les lignes peuvent être distinguées selon leur couleur, leur épaisseur ou encore leur tracé (continu, tiret, etc.). Plusieurs variables peuvent ainsi être cartographiées simultanément en combinant ces types de représentation. Par exemple, pour cartographier les exploitations agricoles d'une commune donnée, les points représentant le siège social des exploitations peuvent être plus ou moins gros selon la taille des exploitations, alors que la couleur des points peut préciser la spécialisation des fermes (grandes cultures, élevage, etc.).

En comparaison des vecteurs de type point ou ligne, il y a moins de possibilités pour cartographier les variables relatives aux vecteurs de type polygone. Pour ces vecteurs, le principal moyen de représenter des données est la couleur des entités, comme nous le verrons dans la partie suivante.

Différentes méthodes pour créer un gradient de couleur

Le rendu des cartes change **selon la méthode choisie pour construire les gradients de couleurs**.

Intervalles égaux

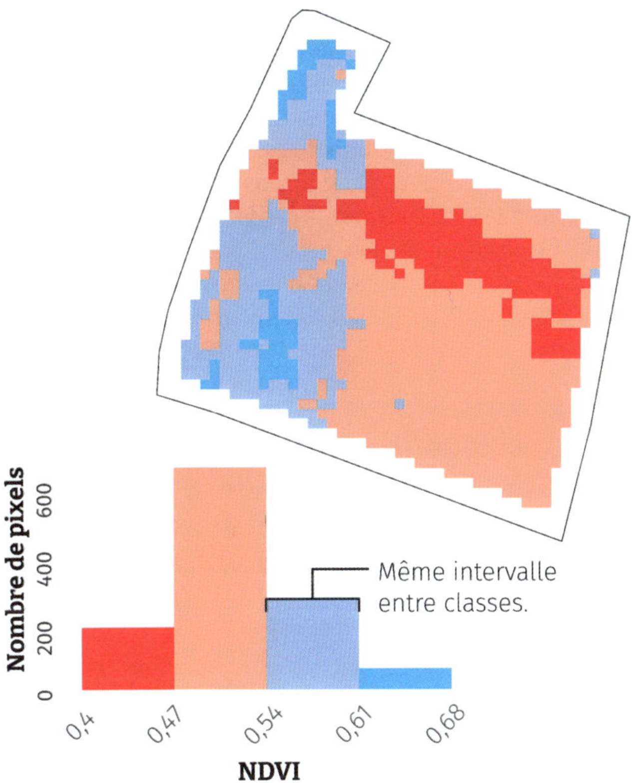

Effectifs égaux

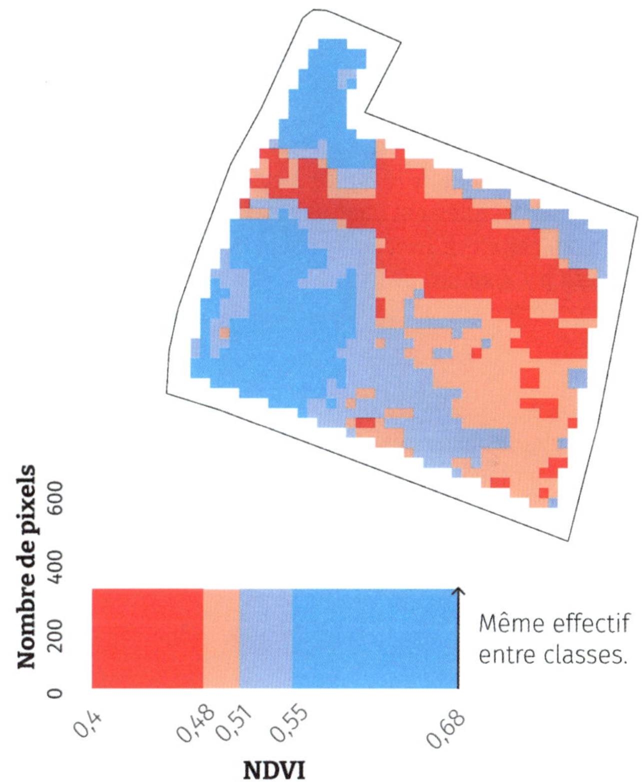

Les cartes choroplèthes

Pour les polygones, la couleur est le moyen le plus simple de différencier les entités. **Les cartes choroplèthes sont le type de représentation cartographique le plus connu et le plus fréquemment utilisé**. Sur ces cartes, chaque entité est colorée selon la valeur prise par la variable quantitative que l'on souhaite représenter.

LES CHOROPLÈTHES UNIVARIÉES

Si la représentation cartographique des données quantitatives selon un gradient de couleur est aujourd'hui intuitive, ce type de carte est relativement récent. La première carte choroplèthe, la ***Carte figurative de l'instruction populaire de la France***, a été imaginée par Charles Dupin en 1826. Chaque département français est coloré selon le ratio du nombre d'habitants par élève, avec un gradient du plus clair au plus foncé. À noter qu'il n'y avait pas de légende sur cette carte : les valeurs étaient inscrites directement sur les départements, avec un texte explicatif en dessous de la carte.

LES CHOROPLÈTHES BIVARIÉES

Les choroplèthes bivariées ont été imaginées pour représenter deux variables simultanément sur une même carte. Le principe de la création d'une telle carte repose sur la combinaison de deux gradients de couleur, un pour chaque variable, comme ceci est résumé dans l'exemple ci-contre. Les choroplèthes bivariées peuvent être assez difficiles à lire et à interpréter. Il est recommandé de ne pas dépasser neuf classes de couleurs pour préserver la lisibilité. De plus, l'ajout d'annotations directement sur la carte permet de faciliter la compréhension de la légende. La choroplèthe bivariée ci-contre permet de représenter simultanément le chargement animal, et plus particulièrement le nombre de bovins par hectare, et le pourcentage de la surface agricole occupée par les surfaces toujours en herbe. En croisant ces deux variables, **on peut voir deux grandes zones d'élevage de bovins avec des caractéristiques différentes**. Dans le Massif central, la production de ressources fourragères est principalement assurée par des prairies permanentes (avec un chargement animal important et une importante proportion de la surface agricole en surfaces toujours en herbe), alors qu'en Bretagne la production de fourrages est principalement assurée par des prairies temporaires (chargement important mais peu de surfaces toujours en herbe). La carte permet également de représenter les zones spécialisées dans la production céréalière, comme le Bassin parisien, qui présentent un faible chargement animal et peu de surfaces toujours en herbe.

Le principe d'une carte choroplèthe bivariée

Une carte choroplèthe bivariée est créée **en mélangeant deux gradients de couleurs**.

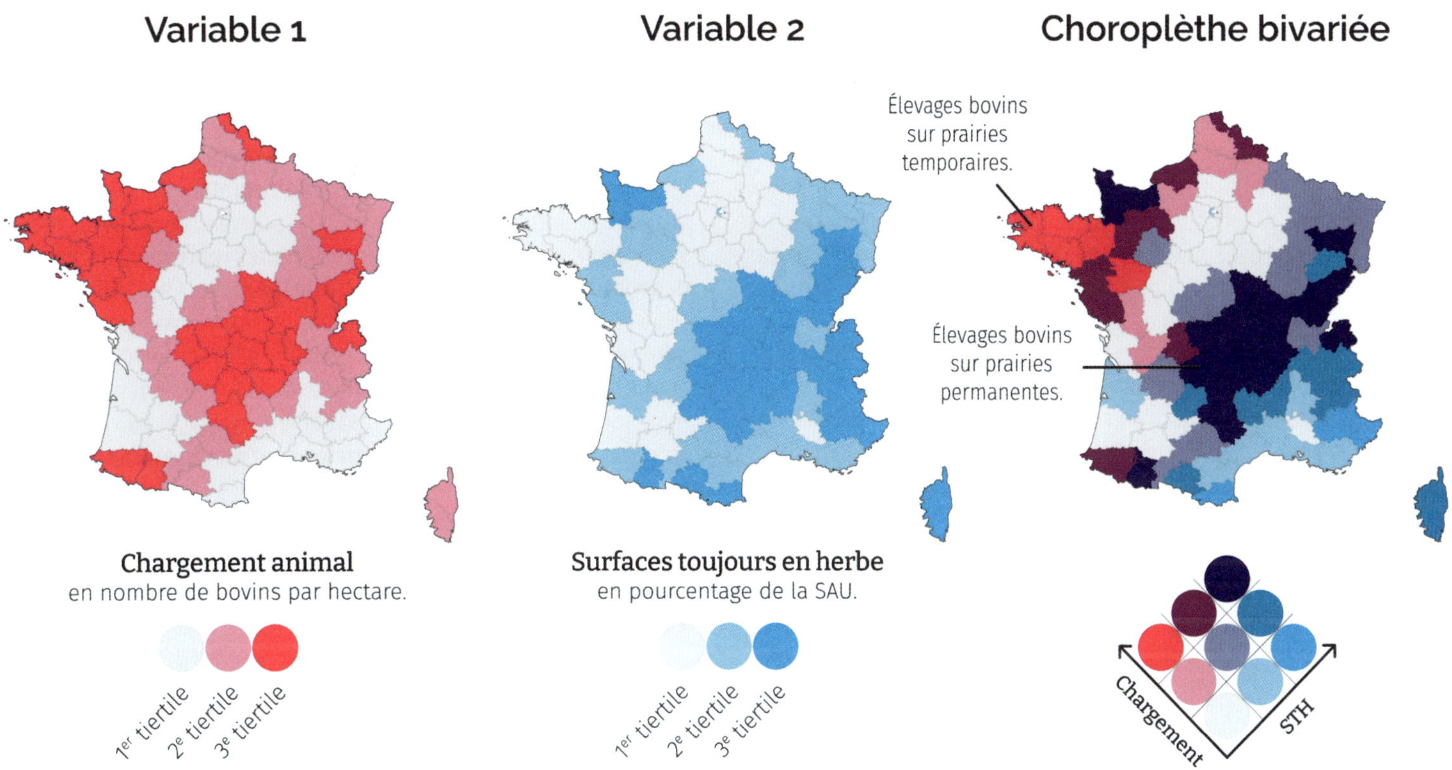

L'analyse des réseaux

Un réseau peut être considéré comme une carte particulière, dans laquelle la position des points ne traduit pas leur localisation géographique mais **leur place au sein des interactions entre les éléments étudiés**.

L'HISTORIQUE DE L'ANALYSE DES RÉSEAUX

Un réseau est constitué de points, aussi appelés « sommets », qui peuvent être reliés par des lignes (les arêtes) lorsqu'il existe une connexion entre eux. **La matrice de transition synthétise les liens existants dans le réseau**. La résolution du problème des sept ponts de Königsberg par le mathématicien Leonhard Euler en 1735 est connue pour être à l'origine de la théorie des graphes, la discipline mathématique mise en œuvre dans l'analyse des réseaux. Grâce à de nouveaux concepts et méthodes, Euler a montré qu'il était impossible d'imaginer une boucle parcourant une et une seule fois chacun des sept ponts de la ville.

LE DÉVELOPPEMENT DE L'ANALYSE DES RÉSEAUX

L'analyse des réseaux a été mise en œuvre dans plusieurs disciplines telles que l'écologie, pour l'étude des réseaux trophiques, ou les sciences sociales. Par exemple, un sociogramme est une représentation graphique des relations individuelles au sein d'un groupe de personnes. La matrice de transition synthétise alors les connexions interpersonnelles. Aujourd'hui, de tels outils peuvent notamment être mis en œuvre pour étudier la structuration des liens au sein des réseaux sociaux numériques. Mais bien d'autres applications peuvent être imaginées. Dans cet ouvrage, l'analyse des réseaux a notamment été mise en œuvre pour évaluer la diversité des rotations culturales entre régions ou encore pour estimer l'intensité du recyclage des éléments minéraux lié aux échanges de matière entre exploitations agricoles.

LA REPRÉSENTATION DES RÉSEAUX

La lisibilité des graphes et l'interprétation qui pourra en être faite repose entièrement sur **le positionnement des points**. Différents algorithmes ont été développés pour optimiser ce placement, comme cela est illustré sur la figure ci-contre qui montre **différentes représentations du réseau des rotations de culture à l'échelle de la France**. Avec l'algorithme « focus », ici centré sur la culture de blé tendre d'hiver, la représentation montre que toutes les cultures peuvent alterner avec le blé. Avec les algorithmes qui cherchent à minimiser le « coût énergétique » de la représentation graphique, comme Kamada-Kawai et Fruchterman-Reingold, **les sommets les plus connectés sont placés au centre**. À l'inverse, les sommets avec le moins de lien sont placés en périphérie. Un autre objectif peut être d'éviter le chevauchement des liens. De manière générale, le partage de règles communes facilite la lisibilité des figures.

Des exemples d'algorithmes de placement des nœuds

Dans le vocabulaire des réseaux, les **nœuds** sont les points qui sont reliés entre eux par des **arêtes.** L'**interprétation visuelle des réseaux** est dépendante de l'algorithme utilisé pour le placement des nœuds.

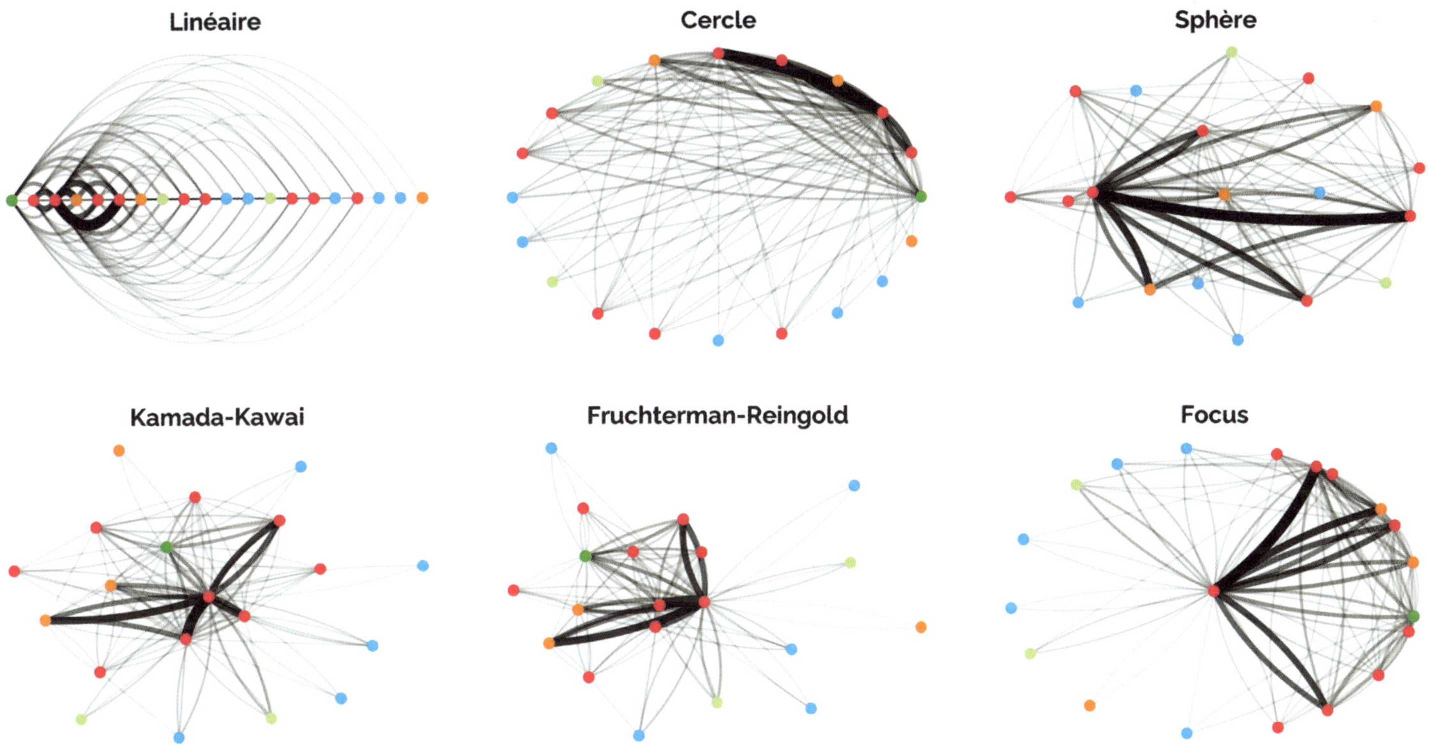

Le processus d'analyse des données

La figure ci-contre propose un résumé du processus d'analyse des données, de la recherche bibliographique à la présentation des résultats. Pour conclure cet ouvrage, voici **quelques ressources utiles pour mettre en œuvre ce processus**, en rapport avec des sujets agricoles ou non.

TROUVER LES DONNÉES

En dehors des bases de données agricoles citées précédemment, de nombreuses sources sont disponibles en ligne. Par exemple, le projet *TidyTuesday* propose chaque semaine un nouveau jeu de données pour s'entraîner à l'analyse des données. Ces fichiers sont hébergés sur la plateforme GitHub et sont accessibles directement, sans avoir besoin de les télécharger. Par ailleurs, ces fichiers ont déjà été partiellement « nettoyés », ce qui limite le temps passé sur cette étape, qui peut être très chronophage**. Les sujets abordés par le projet *TidyTuesday* sont très variés.**

ANALYSER LES DONNÉES

De nombreux logiciels sont disponibles gratuitement pour l'analyse statistique, l'exploration et la visualisation de données. La grande majorité des analyses et des graphiques réalisés ont par exemple été réalisés avec **le logiciel R**, avec l'environnement de développement RStudio, qui facilite l'utilisation du logiciel. Python est un autre exemple de langage de programmation populaire, fréquemment utilisé pour l'analyse des données. Les traitements de données spatiales peuvent être réalisés avec R ou Python, mais également avec des logiciels spécifiquement conçus pour le traitement de ce type de données : les systèmes d'information géographique (SIG). **Le logiciel Quantum GIS (QGIS)** est un exemple de SIG gratuit.

SAVOIR DEMANDER DE L'AIDE

L'un des avantages des logiciels libres et gratuits, comme R, Python et QGIS par exemple, est que de nombreuses extensions peuvent être développées par la communauté, pour être ensuite mises à profit par les autres utilisateurs. Un autre point fort est qu'il est assez facile de trouver de l'aide en ligne, en **postant des messages sur les forums spécialisés** comme StackOverflow, par exemple. Ainsi, si les outils mentionnés plus hauts peuvent paraître intimidants au premier abord et nécessitent effectivement un certain investissement pour pouvoir être utilisés efficacement, les nombreuses ressources que l'on peut trouver en ligne peuvent éviter de se retrouver bloqué. Le point le plus important est alors d'avoir **clairement défini ce que l'on cherche à faire** pour pouvoir trouver la solution que l'on cherche.

Les principales étapes de l'analyse des données

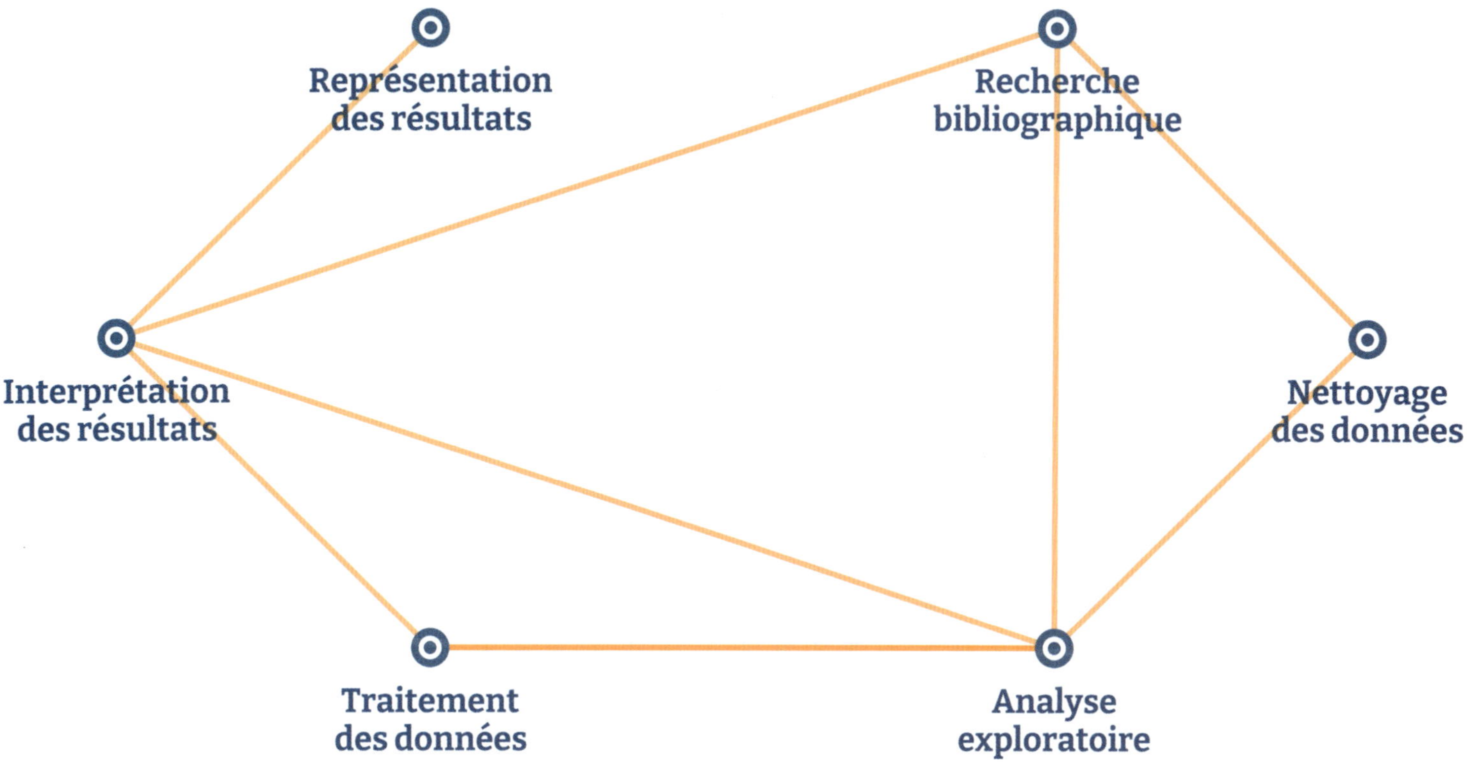

Glossaire

Adventice : Souvent désignées sous le terme de « mauvaises herbes », les adventices sont les plantes qui poussent spontanément dans une culture, sans avoir été semées. Elles peuvent avoir un effet plus ou moins nocif sur la culture en place, notamment en raison de la compétition pour la lumière, l'eau ou encore les éléments minéraux comme l'azote et le phosphore.

Agronomie : Discipline scientifique relative à l'optimisation de la conduite des productions végétales.

Assolement : Répartition spatiale des cultures sur la surface agricole d'une entité donnée (pays, région, exploitation agricole, etc.).

Bilan hydrique : Méthode de calcul pour suivre l'évolution de la réserve utile du sol, en soustrayant les pertes dues au drainage ou au prélèvement par les cultures et en ajoutant les précipitations.

Bioagresseurs : Les bioagresseurs des cultures désignent l'ensemble des organismes vivants qui peuvent causer des dégâts aux plantes cultivées comme les insectes phytophages, les bactéries ou encore les champignons, qui peuvent être responsables de l'apparition de maladies sur les cultures.

Cultures intermédiaires : Cultures en place pendant la période entre la récolte d'une culture principale et le semis de la suivante. Les objectifs des cultures principales peuvent être variés, comme la production de ressources fourragères supplémentaires, la lutte contre l'érosion ou encore la limitation de la lixiviation des nitrates. Dans ce dernier cas, on parle de **cultures intermédiaires pièges à nitrates** (CIPAN).

Cultures permanentes : Cultures pérennes, plantées pour plus de cinq ans, comme la vigne ou les arbres fruitiers.

Délai de retour : Durée, exprimée en années, entre la répétition de la même culture sur une parcelle donnée. Selon la sensibilité des cultures aux maladies, le délai de retour conseillé peut être plus ou moins loin.

Effet précédent : Effet de la culture précédente sur la culture suivante. Cet effet peut être positif, comme dans le cas d'un précédent pois qui restitue plus d'azote à la culture de blé suivante. Il peut également être négatif. Par exemple, la répétition de plusieurs cultures de légumineuses génère un effet précédent négatif en raison des bioagresseurs communs à ces cultures. En raison de la persistance de certains effets, les agronomes s'intéressent parfois aussi à l'effet de l'antéprécédent (soit la culture récoltée deux ans avant la culture en place).

Eutrophisation : Le transfert d'éléments minéraux nutritifs, comme l'azote et le phosphore depuis les systèmes agricoles vers les écosystèmes naturels peut être responsable de l'eutrophisation des eaux. Ce phénomène est dû à un apport excessif d'éléments minéraux qui va déséquilibrer l'écosystème, avec une prolifération des espèces végétales et un appauvrissement en oxygène des eaux.

Hectare : Un hectare est une unité de surface fréquemment utilisée en agronomie, dont l'ordre de grandeur est proche de celui de la taille des parcelles agricoles. Un hectare correspond à un carré avec des côtés de 100 mètres (soit une surface de 10 000 mètres carrés).

Humidité à la capacité au champ : Humidité du sol lorsque celui-ci atteint sa capacité maximale de rétention de l'eau. Au-delà de l'humidité à la capacité au champ, l'eau est perdue par ruissellement à la surface ou par drainage en profondeur.

Humidité au point de flétrissement : Humidité du sol en dessous de laquelle l'eau ne peut plus être prélevée par les plantes (le pouvoir de succion des racines étant inférieur au pouvoir de rétention des particules de sol).

Indice de fréquence de traitement : Très souvent abrégé en IFT, l'indice de fréquence de traitement comptabilise le nombre de doses de référence appliquées à une culture donnée. Le nombre de doses de référence peut être différent du nombre de passages. Par exemple, deux passages à demi-dose compteront comme un seul traitement. La dose de référence dépend du produit, de la cible et de la culture sur laquelle le produit est appliqué.

Indice de végétation : Désigne les indices multispectraux calculés à partir de la réflectance dans différentes longueurs d'onde. Le plus connu des indices de végétation, le *Normalized Difference Vegetation Index* (NDVI), est calculé à partir des valeurs de réflectance dans le rouge et dans l'infrarouge afin d'évaluer l'intensité de l'activité photosynthétique des plantes.

Itinéraire technique : Enchaînement logique et ordonné de pratiques agricoles lors d'une saison culturale afin d'optimiser la conduite des productions végétales.

Lixiviation : Terme qui décrit l'entraînement des ions en profondeur, sous l'action du drainage de l'eau (comme la lixiviation des nitrates). Le terme de lessivage doit être réservé à l'entraînement des particules solides (comme le lessivage des argiles).

Lutte biologique : Méthode de lutte contre des bioagresseurs en utilisant des organismes vivants antagonistes de ceux-ci (par exemple des coccinelles contre des pucerons).

Métabolite : Les métabolites de pesticides désignent les composés secondaires qui se forment à partir des substances actives des produits phytosanitaires, à la suite de l'épandage de ces produits sur les parcelles agricoles.

Mode d'action : Le mode d'action d'un produit phytosanitaire est la manière dont la substance active agit pour contrôler le bioagresseur ciblé. Varier les modes d'action est un moyen de limiter l'apparition de résistances aux produits phytosanitaires chez les bioagresseurs.

Phyllochrone : Le phyllochrone correspond à l'intervalle de temps entre l'émergence de deux feuilles successives. Comme le développement des plantes est principalement contrôlé par la chaleur, le phyllochrone s'exprime en somme de température, plutôt qu'en nombre de jours.

Réserve utile : La réserve utile d'un sol désigne la quantité d'eau qui peut être retenue par les particules fines du sol, tout en restant disponible pour le prélèvement par les racines des plantes.

Rotation culturale : Succession des cultures dans le temps, sur une même parcelle. La rotation culturale inclut généralement les cultures principales, mais aussi les cultures intermédiaires qui peuvent être semées entre deux cultures principales.

Sénescence : Processus physiologique de vieillissement naturel des tissus et des organismes (chez les végétaux, jaunissement des feuilles par réduction de leur teneur en chlorophylle à l'automne pour les espèces pérennes par exemple).

Substance active : De manière similaire aux médicaments, la substance active d'un produit phytosanitaire désigne le composé qui lui confère ses propriétés (action contre les insectes pour un insecticide, par exemple). Le mode d'action d'un produit phytosanitaire peut varier selon la substance active contenue dans le produit.

Superficie agricole utilisée : Fréquemment abrégée en SAU, la superficie agricole utilisée désigne la surface agricole totale, en prenant en compte des terres arables, les surfaces toujours en herbe (prairies permanentes, estives, etc.) et les cultures permanentes (vignes, vergers, etc.).

Surfaces toujours en herbe : Surface en herbe, naturelle ou semée depuis plus de cinq ans ou naturelle (prairies permanentes, landes, estives, etc.).

Système de culture : Ensemble de modalités techniques mises en œuvre sur une parcelle, ou sur un groupe de parcelles partageant des caractéristiques similaires. Chaque système de culture est défini par une rotation culturale et par les itinéraires techniques appliqués à ces différentes cultures.

Température de base : La température de base désigne la température en dessous de laquelle la croissance des plantes est nulle. Cette valeur peut varier selon les espèces (0 °C pour le blé contre 6 °C pour le maïs, par exemple).

Terres arables : Ensemble des surfaces agricoles qui peuvent être soumises au travail du sol et où les cultures se succèdent relativement rapidement (la même culture pouvant être en place cinq ans au maximum).

Références bibliographiques

Partie 1

Agreste. Recensement agricole 2020. Ministère de l'Agriculture et de la Souveraineté alimentaire. https://agreste.agriculture.gouv.fr/agreste-web/disaron/Pri2213/detail/.

Blackman, J., Bingham, J., & Davidson, J. (1978). « Response of semi-dwarf and conventional winter wheat varieties to the application of nitrogen fertilizer ». *The Journal of Agricultural Science*, 90(3), 543-550. https://doi.org/10.1017/S0021859600056070.

Data.gouv.fr. Registre Parcellaire Graphique (RPG) : contours des parcelles et îlots culturaux et leur groupe de cultures majoritaire. https://www.data.gouv.fr/fr/datasets/registre-parcellaire-graphique-rpg-contours-des-parcelles-et-ilots-culturaux-et-leur-groupe-de-cultures-majoritaire.

e-RA Rothamsted Archive. Rothamsted Long-term Experiments. https://www.era.rothamsted.ac.uk/.

Erisman, J., Sutton, M., Galloway, J. et al. (2008). « How a century of ammonia synthesis changed the world ». *Nature Geosci*, 1, 636-639. https://doi.org/10.1038/ngeo325.

Organisation des Nations unies pour l'alimentation et l'agriculture (ONUAA). FAOSTAT Statistical Database. License : CC BY-NC-SA 3.0 IGO. https://www.fao.org/faostat/en/#home.

Harchaoui, S., & Chatzimpiros, P. (2019). « Energy, Nitrogen, and Farm Surplus Transitions in Agriculture from Historical Data Modeling. France, 1882–2013 ». *Journal of Industrial Ecology*, 23(2), 412-425. https://doi.org/10.1111/jiec.12760.

Van Ittersum, M.K., Cassman, K.G., Grassini, P., Wolf, J., Tittonell, P., Hochman, Z. (2013). « Yield gap analysis with local to global relevance—A review ». *Field Crops Research*, 143, 4-17. ISSN 0378-4290. https://doi.org/10.1016/j.fcr.2012.09.009.

Klein Goldewijk, K., Beusen, A., Doelman, J., & Stehfest, E. (2017). « Anthropogenic land use estimates for the Holocene ». *Earth Syst. Sci. Data*, 9, 927-953. https://doi.org/10.5194/essd-9-927-2017.

Knittel, F. « Agronomie des engrais en France au XIXe siècle. Salpêtre, déchets urbains, engrais chimiques : trois exemples de valorisation agricole ». *Histoire & Sociétés Rurales*, 2017/2(48), 177-200. https://www.cairn.info/revue-histoire-et-societes-rurales-2017-2-page-177.htm.

Leterme, P. & Viaux, P. (2021). *Pourquoi les rotations des cultures ?* Académie d'agriculture de France. https://www.academie-agriculture.fr/sites/default/files/publications/encyclopedie/final_01.06.q01_pourquoi_les_rotations_des_cultures.pdf.

Mazoyer, M., & Roudart, L. (2017). *Histoire des agricultures du monde. Du néolithique à la crise contemporaine*. Média Diffusion.

Nowak, B., & Marliac, G. (2020). « Optimization of carbon stock models to local conditions using farmers' soil tests: A case study with AMGv2 for a cereal plain in central France ». *Soil Use and Management*, 36(4), 633-645. https://doi.org/10.1111/sum.12608.

IGN. Remonter le Temps. Télécharger des images et des clichés historiques. https://remonterletemps.ign.fr/.

Kahlon, C.S., Board, J.E. & Kang, M.S. (2011). « An Analysis of Yield Component Changes for New vs. Old Soybean Cultivars ». *Agron. J.*, 103, 13-22. https://doi.org/10.2134/agronj2010.0300.

Leterme, P., Manichon, H., Roger-Estrade, J., & Buisson, O. (1994). « Analyse intégrée des rendements du blé tendre et de leurs causes de variation dans un réseau de parcelles d'agriculteurs du Thymerais ». *Agronomie*, 14 (6), 341-361. https://doi.org/10.1051/agro:19940601.

Lowder, S. K., Sánchez, M.V., & Bertini R. (2021). « Which farms feed the world and has farmland become more concentrated? ». *World Development*, 142, 105455, ISSN 0305-750X. https://doi.org/10.1016/j.worlddev.2021.105455.

Morel, E. (1876). « Le commerce et la consommation du guano en Europe ». *Journal de la société française de statistique*, 17, 323-326.

Rodrigues, P. & Micael, J. (2021). « The importance of guano birds to the Inca Empire and the first conservation measures implemented by humans ». *Ibis*, 163, 283-291. https://doi.org/10.1111/ibi.12867.

Roser, M. (2013). « Employment in Agriculture ». *Our World in Data*. https://ourworldindata.org/employment-in-agriculture.

Umburanas, R.C., Kawakami, J., Ainsworth, E.A. *et al.* (2022). « Changes in soybean cultivars released over the past 50 years in southern Brazil ». *Scientific Reports*, 12, 508. https://doi.org/10.1038/s41598-021-04043-8.

Partie 2

Ballet, B. (2021). « L'occupation du sol entre 1982 et 2018 ». *Agreste*.

Brlík, V., Šilarová, E., Škorpilová, J., Alonso, H., Anton, M., Aunins, A., & Klvaňová, A. (2021). « Long-term and large-scale multispecies dataset tracking population changes of common European breeding birds ». *Scientific data*, 8(1), 21.

Bruckner, S., Steinhauer, N., Engelsma, J., *et al.* « Bee Informed Partnership ». https://research.beeinformed.org/.

Cordell, D., Drangert, J. O., & White, S. (2009). « The story of phosphorus: global food security and food for thought ». *Global environmental change*, 19(2), 292-305. https://doi.org/10.1016/j.gloenvcha.2008.10.009.

Cordell, D., & White, S. (2011). « Peak phosphorus: clarifying the key issues of a vigorous debate about long-term phosphorus security ». *Sustainability*, 3(10), 2027-2049. https://doi.org/10.3390/su3102027.

Cornell Lab of Ornithology. « Project FeederWatch Database ». https://feederwatch.org/explore/raw-dataset-requests/.

Demay, J., Ringeval, B., Pellerin, S., & Nesme, T. (2023). « Half of global agricultural soil phosphorus fertility derived from anthropogenic sources ». *Nature Geoscience*, 1-6. https://doi.org/10.1038/s41561-022-01092-0.

Commission européenne. Centre commun de recherche (JRC). Estimated soil erosion by water. https://ec.europa.eu/eurostat/databrowser/view/sdg_15_50/default/table?lang=en.

Agence européenne pour l'environnement (AEE). Service Copernicus de surveillance des terres (CLMS). CORINE Land Cover. https://land.copernicus.eu/pan-european/corine-land-cover.

Fontaine, B., Moussy, C., Chiffard Carricaburu, J., Dupuis, J., Corolleur, E., Schmaltz, L., Lorrillière, R., Loïs G., Gaudard C. (2020). « Suivi des oiseaux communs en France 1989-2019 : 30 ans de suivis participatifs ». MNHN-Centre d'écologie et des sciences de la conservation, LPO BirdLife France-Service Connaissance, Ministère de la Transition écologique et solidaire ; 46. https://www.vigienature.fr/sites/vigienature/files/atoms/files/syntheseoiseauxcommuns2020_final.pdf.

Galloway, J. N., Aber, J. D., Erisman, J. W., Seitzinger, S. P., Howarth, R. W., Cowling, E. B., & Cosby, B. J. (2003). « The nitrogen cascade ». *Bioscience*, 53(4), 341-356. https://doi.org/10.1641/0006-3568(2003)053[0341:TNC]2.0.CO;2.

Guilpart, N., Bertin, I., Valantin-Morison, M., & Barbu, C. M. (2022). « How much agricultural land is there close to residential areas? An assessment at the national scale in France ». *Building and Environment*, 226, 109662. https://doi.org/10.1016/j.buildenv.2022.109662.

Keller, T., & Or, D. (2022). « Farm vehicles approaching weights of sauropods exceed safe mechanical limits for soil functioning ». *Proceedings of the National Academy of Sciences*, 119(21), e2117699119. https://doi.org/10.1073/pnas.2117699119.

Meynard, J. M., Messéan, A., Charlier, A., Charrier, F., Le Bail, M., Magrini, M. B., & Savini, I. (2013). « Freins et leviers à la diversification des cultures : étude au niveau des exploitations agricoles et des filières ». *Ocl*, 20(4), D403. https://doi.org/10.1051/ocl/2013007.

Mota-Sanchez, D. & Wise, J.C. (2023). « The Arthropod Pesticide Resistance Database ». Michigan State University. http://www.pesticideresistance.org.

Office fédéral de l'agriculture. (2022). « Substances actives de produits phytosanitaires : volume des ventes ». Confédération Suisse. https://www.blw.admin.ch/blw/fr/home/nachhaltige-produktion/pflanzenschutz/verkaufsmengen-der-pflanzenschutzmittel-wirkstoffe.html.

Rigal, S., Dakos, V., Alonso, H., Auniņš, A., Benkő, Z., Brotons, L., & Devictor, V. (2023). « Farmland practices are driving bird population decline across Europe ». *Proceedings of the National Academy of Sciences*, 120(21), https://www.pnas.org/doi/10.1073/pnas.2216573120.

Schauberger, B., Ben-Ari, T., Makowski, D., Kato, T., Kato, H., & Ciais, P. (2018). « Yield trends, variability and stagnation analysis of major crops in France over more than a century ». *Scientific reports*, 8(1), 16865. https://doi.org/10.1038/s41598-018-35351-1.

Scholz, R. W., & Wellmer, F. W. (2013). « Approaching a dynamic view on the availability of mineral resources: what we may learn from the case of phosphorus? ». *Global Environmental Change*, 23(1), 11-27. https://doi.org/10.1016/j.gloenvcha.2012.10.013.

Smil, V. (2000). « Phosphorus in the environment: natural flows and human interferences ». *Annual review of energy and the environment*, 25(1), 53-88. https://doi.org/10.1146/annurev.energy.25.1.53.

Stanton, R. L., Morrissey, C. A., & Clark, R. G. (2018). « Analysis of trends and agricultural drivers of farmland bird declines in North America: A review ». *Agriculture, Ecosystems & Environment*, 254, 244-254. https://doi.org/10.1016/j.agee.2017.11.028.

Steen, I. (1998). « Phosphorus availability in the 21st century: management of a non-renewable resource ». *Phosphorus & Potassium*, 217, 25-31. https://phosphorusplatform.eu/images/download/PK-Steen-P-reserves-1998.pdf.

Steffen, W., Richardson, K., Rockström, J., Cornell, S. E., Fetzer, I., Bennett, E. M. et al. (2015). « Planetary boundaries: Guiding human development on a changing planet ». *Science*, 347(6223), 1259855. https://doi.org/10.1126/science.1259855.

Sverdrup, H. U., & Ragnarsdottir, K. V. (2011). « Challenging the planetary boundaries II: Assessing the sustainable global population and phosphate supply, using a systems dynamics assessment model ». *Applied Geochemistry*, 26, S307-S310. https://doi.org/10.1016/j.apgeochem.2011.03.089.

Van Vuuren, D. P., Bouwman, A. F., & Beusen, A. H. (2010). « Phosphorus demand for the 1970–2100 period: a scenario analysis of resource depletion ». *Global environmental change*, 20(3), 428-439. https://doi.org/10.1016/j.gloenvcha.2010.04.004.

Veyrac, C. (2022). « Données de vente de produits phytopharmaceutiques 2011 à 2020 ». Agreste. https://agreste.agriculture.gouv.fr/agreste-web/disaron/Chd2216/detail/.

Urban, M., Cuzick, A., Seager, J., Wood, V., Rutherford, K., Venkatesh, S. Y., & Hammond-Kosack, K. E. (2022). « PHI-base in 2022: a multi-species phenotype database for Pathogen–Host Interactions ». *Nucleic Acids Research*, 50(D1), D837-D847. https://doi.org/10.1093/nar/gkab1037.

Partie 3

Bebber, D. P., Ramotowski, M. A., & Gurr, S. J. (2013). « Crop pests and pathogens move polewards in a warming world ». *Nature climate change*, 3(11), 985-988. https://doi.org/10.1038/nclimate1990.

Christidis, N., Aono, Y., & Stott, P. A. (2022). « Human influence increases the likelihood of extremely early cherry tree flowering in Kyoto ». *Environmental Research Letters*, 17(5), 054051.

Clementson, L. A., & Wojtasiewicz, B. (2019). « Dataset on the absorption characteristics of extracted phytoplankton pigments ». *Data in brief*, 24, 103875. https://doi.org/10.1016/j.dib.2019.103875.

Agence spatiale européenne (ESA). « Sentinel-2 multispectral images ». https://sentinel.esa.int/web/sentinel/missions/sentinel-2.

Organisation des Nations unies pour l'alimentation et l'agriculture (ONUAA). Aquastat. https://web.archive.org/web/20190320163309/http://www.fao.org:80/nr/water/aquastat/main/index.stm.

Hasegawa, T., Wakatsuki, H., Ju, H., Vyas, S., Nelson, G. C., Farrell, A., & Makowski, D. (2022). « A global dataset for the projected impacts of climate change on four major crops ». *Scientific data*, 9(1), 58. https://doi.org/10.1038/s41597-022-01150-7.

Hengl, T., Mendes de Jesus, J., Heuvelink, G. B., Ruiperez Gonzalez, M., Kilibarda, M., Blagotić, A., & Kempen, B. (2017). « SoilGrids250m: Global gridded soil information based on machine learning ». *PLoS one*, 12(2), e0169748. https://doi.org/10.1371/journal.pone.0169748.

Hill, S. B., & MacRae, R. J. (1996). « Conceptual framework for the transition from conventional to sustainable agriculture ». *Journal of sustainable agriculture*, 7(1), 81-87. https://doi.org/10.1300/J064v07n01_07.

Lal, R. (2007). « Carbon management in agricultural soils ». *Mitigation and adaptation strategies for global change*, 12, 303-322. https://doi.org/10.1007/s11027-006-9036-7.

Lehmann, J., & Kleber, M. (2015). « The contentious nature of soil organic matter ». *Nature*, 528(7580), 60-68. https://doi.org/10.1038/nature16069.

Ludemann, C. I., Gruere, A., Heffer, P., & Dobermann, A. (2022). « Global data on fertilizer use by crop and by country ». *Scientific data*, 9(1), 501. https://doi.org/10.1038/s41597-022-01592-z.

Mandrini, G., Pittelkow, C. M., Archontoulis, S., Kanter, D., & Martin, N. F. (2022). « Exploring Trade-Offs Between Profit, Yield, and the Environmental Footprint of Potential Nitrogen Fertilizer Regulations in the US Midwest ». *Frontiers in plant science*, 13. https://doi.org/10.3389%2Ffpls.2022.852116.

NASA-USDA Enhanced SMAP Global Soil Moisture Data. https://earth.gsfc.nasa.gov/hydro/data/nasa-usda-global-soil-moisture-data.

Nowak, B. (2021). « Precision agriculture: Where do we stand? A review of the adoption of precision agriculture technologies on field crops farms in developed countries ». *Agricultural Research*, 10(4), 515-522. https://doi.org/10.1007/s40003-021-00539-x.

Nowak, B. (2021). « Territorial mapping to increase soil carbon storage ». *Regional Studies, Regional Science*, 8(1), 308-310. https://doi.org/10.1080/21681376.2021.1960889.

Nowak, B., Marliac, G., & Michaud, A. (2021). « Estimation of winter soil cover by vegetation before spring-sown crops for mainland France using multispectral satellite imagery ». *Environmental Research Letters*, 16(6), 064024. https://doi.org/10.1088/1748-9326/ac007c.

Nowak, B., Michaud, A., & Marliac, G. (2022). « Soil-climate factors have a greater influence on the presence of winter cover crops than regulatory constraints in France ». *Agronomy for Sustainable Development*, 42(2), 28. https://doi.org/10.1007/s13593-022-00770-y.

Nowak, B., Michaud, A., & Marliac, G. (2022). « Assessment of the diversity of crop rotations based on network analysis indicators ». *Agricultural Systems*, 199, 103402. https://doi.org/10.1016/j.agsy.2022.103402.

Nowak, B., Nesme, T., David, C., & Pellerin, S. (2013). « To what extent does organic farming rely on nutrient inflows from conventional farming? ». *Environmental Research Letters*, 8(4), 044045. https://doi.org/10.1088/1748-9326/8/4/044045.

Nowak, B., Nesme, T., David, C., & Pellerin, S. (2015). « Nutrient recycling in organic farming is related to diversity in farm types at the local level ». *Agriculture, Ecosystems & Environment*, 204, 17-26. https://doi.org/10.1016/j.agee.2015.02.010.

Project Drawdown. Table of solutions. https://drawdown.org.

Ritchie, H., & Roser, M. (2017). « Water Use and Stress ». *Our World in Data*. https://ourworldindata.org/water-use-stress.

Serra-Wittling, C., Molle, B., & Cheviron, B. (2020). « La modernisation des systèmes d'irrigation en France : quelles économies d'eau possibles à l'échelle de la parcelle ? ». *Sciences Eaux & Territoires*, (34), 46-53. https://doi.org/10.14758/SET-REVUE.2020.5.09.

University of Nebraska-Lincoln. National Drought Mitigation Center. US Drought Monitor. https://droughtmonitor.unl.edu/.

Partie 4

Cairo, A. (2016). « The truthful art: Data, charts, and maps for communication ». New Riders.

Davies, R., Locke, S., D'Agostino McGowan, L. (2022). datasauRus: Datasets from the Datasaurus Dozen. https://github.com/jumpingrivers/datasauRus, https://jumpingrivers.github.io/datasauRus.

Gorelick, N., Hancher, M., Dixon, M., Ilyushchenko, S., Thau, D., & Moore, R. (2017). « Google Earth Engine: Planetary-scale geospatial analysis for everyone ». *Remote sensing of Environment*, 202, 18-27. https://doi.org/10.1016/j.rse.2017.06.031.

Mock, T. (2022). « Tidy Tuesday: A weekly data project aimed at the R ecosystem». https://github.com/rfordatascience/tidytuesday.

QGIS.org. (2023). « QGIS Geographic Information System ». *QGIS Association*. http://www.qgis.org.

R Core Team. (2023). « R: A language and environment for statistical computing ». *R Foundation for Statistical Computing*. https://www.R-project.org/.

RStudio Team. (2023). « RStudio: Integrated Development for R ». http://www.rstudio.com/.

Index

86178 - (I) - SOP 90 - BPE - CMU
Imprimerie CHIRAT - 42540 Saint-Just-la-Pendue

Dépôt légal : février 2024

Imprimé en France